VITAMINS AND HORMONES

VOLUME 56

CUMULATIVE SUBJECT INDEX
VOLUMES 30–54

Editorial Board

FRANK CHYTIL

MARY F. DALLMAN

JENNY P. GLUSKER

ANTHONY R. MEANS

BERT W. O'MALLEY

VERN L. SCHRAMM

MICHAEL SPORN

ARMEN H. TASHJIAN, JR.

VITAMINS AND HORMONES

ADVANCES IN RESEARCH AND APPLICATIONS

CUMULATIVE SUBJECT INDEX
VOLUMES 30–54

Editor-in-Chief

GERALD LITWACK

Department of Biochemistry and Molecular Pharmacology
Jefferson Medical College
Thomas Jefferson University
Philadelphia, Pennsylvania

VOLUME 56

ACADEMIC PRESS

San Diego   London   Boston   New York   Sydney   Tokyo   Toronto

This book is printed on acid-free paper.

Copyright © 1999 by ACADEMIC PRESS

All Rights Reserved.
 No part of this publication may be reproduced or transmitted in any form or by any means, electronic or mechanical, including photocopy, recording, or any information storage and retrieval system, without permission in writing from the Publisher.
 The appearance of the code at the bottom of the first page of a chapter in this book indicates the Publisher's consent that copies of the chapter may be made for personal or internal use of specific clients. This consent is given on the condition, however, that the copier pay the stated per copy fee through the Copyright Clearance Center, Inc. (222 Rosewood Drive, Danvers, Massachusetts 01923), for copying beyond that permitted by Sections 107 or 108 of the U.S. Copyright Law. This consent does not extend to other kinds of copying, such as copying for general distribution, for advertising or promotional purposes, for creating new collective works, or for resale. Copy fees for pre-1999 chapters are as shown on the title pages. If no fee code appears on the title page, the copy fee is the same as for current chapters.
0083-6729/99 $25.00

Academic Press
a division of Harcourt Brace & Company
525 B Street, Suite 1900, San Diego, California 92101-4495, USA
http://www.apnet.com

Academic Press
24-28 Oval Road, London NW1 7DX, UK
http://www.hbuk.co.uk/ap/

International Standard Book Number: 0-12-709856-9

PRINTED IN THE UNITED STATES OF AMERICA
98 99 00 01 02 03 EB 9 8 7 6 5 4 3 2 1

Former Editors

ROBERT S. HARRIS
Newton, Massachusetts

JOHN A. LORRAINE
*University of Edinburgh
Edinburgh, Scotland*

PAUL L. MUNSON
*University of North Carolina
Chapel Hill, North Carolina*

JOHN GLOVER
*University of Liverpool
Liverpool, England*

GERALD D. AURBACH
*Metabolic Diseases Branch
National Institute of Diabetes
and Digestive and Kidney Diseases
National Institutes of Health
Bethesda, Maryland*

KENNETH V. THIMANN
*University of California
Santa Cruz, California*

IRA G. WOOL
*University of Chicago
Chicago, Illinois*

EGON DICZFALUSY
*Karolinska Sjukhuset
Stockholm, Sweden*

ROBERT OLSON
*School of Medicine
State University of New York
at Stony Brook
Stony Brook, New York*

DONALD B. MCCORMICK
*Department of Biochemistry
Emory University School of Medicine
Atlanta, Georgia*

Contents

CONTENTS OF VOLUMES 30–54 ix

SUBJECT INDEX 1

CONTRIBUTOR INDEX 155

Contents of Volumes 30–54

VOLUME 30

Biological Hydroxylations and Ascorbic Acid with Special Regard to Collagen Metabolism
M. J. Barnes and E. Kodicek 1

Effect of Vitamin E Deficiency on Cellular Membranes
I. Molenaar, J. Vos, and F. A. Hommes 45

FSH-Releasing Hormone and LH-Releasing Hormone
A. V. Schally, A. J. Kastin, and A. Arimura 83

Hypothalamic Control of Prolactin Secretion
Joseph Meites and James A. Clemens 165

Comparative Endocrinology of Gestation
I. John Davies and Kenneth J. Ryan 223

Hormonal Changes in Pathological Pregnancy
Hubertus A. Van Leusden 281

VOLUME 31

Retinol-Binding Proteins
J. Glover 1

Vitamin D, Calcium, and Protein Synthesis
R. H. WASSERMAN AND R. A. CORRADINO 43

Erythropoietin
ALBERT S. GORDON 105

Immunology of Gonadal Steroids
MICHEL FERIN, SAM M. BEISER,
AND RAYMOND L. VANDE WIELE 175

Hormonal Control of Ovoimplantation
ALEXANDRE PSYCHOYOS 201

Hormonal Effects on Human Myometrial Activity
LARS PHILIP BENGTSSON 257

VOLUME 32

Biochemistry of Covalently Bound Flavins
THOMAS P. SINGER AND WILLIAM C. KENNEY 1

Gastrin
JAMES E. MCGUIGAN 47

The Role of Estrophilin in Estrogen Action
ELWOOD V. JENSEN, SURESH MOHLA, THOMAS A. GORELL,
AND EUGENE R. DE SOMBRE 89

**INTERNATIONAL SYMPOSIUM ON RECENT KNOWLEDGE
CONCERNING THE METABOLISM AND FUNCTION
OF THE FAT-SOLUBLE VITAMINS IN HONOR
OF PROFESSOR R. A. MORTON**

Introductory Address: The Fat-Soluble Vitamins in Modern Medicine
JOHN MARKS 131

The Vitamin Concept
R. A. Morton 155

Vitamin A Transport and Retinol-Binding Protein Metabolism
DeWitt S. Goodman 167

Aspects of the Metabolism of Retinol-Binding Protein and Retinol
Per A. Peterson, Sten F. Nilsson, Lars Östberg, Lars Rask, and Anders Vahlquist 181

Distribution of Retinol-Binding Protein in Tissues
J. Glover, Caroline Jay, and G. H. White 215

Metabolism of Vitamin A and the Determination of Vitamin A Status
P. Rietz, O. Wiss, and F. Weber 237

Vitamin A Metabolism and Requirements in the Human Studied with the Use of Labeled Retinol
H. E. Sauberlich, R. E. Hodges, D. L. Wallace, H. Kolder, J. E. Canham, J. Hood, N. Raica, Jr., and L. K. Lowry 251

Molecular Action of Vitamin D in the Chick Intestine
D. E. M. Lawson and J. S. Emtage 277

Some Aspects of Vitamin D Action: Calcium Absorption and the Vitamin D-Dependent Calcium-Binding Protein
R. H. Wasserman, R. A. Corradino, C. S. Fullmer, and A. N. Taylor 299

The Hormone-like Action of 1,25-$(OH)_2$-Cholecalciferol (A Metabolite of the Fat-Soluble Vitamin D) in the Intestine
Anthony W. Norman 325

Synthetic Analogs of 1α,25-Dihydroxyvitamin D_3 and Their Biological Activity
HEINRICH K. SCHNOES AND HECTOR F. DELUCA 385

Vitamin D Binding Proteins
S. EDELSTEIN 407

New Evidence Concerning Mechanisms of Action of Vitamin E and Selenium
M. L. SCOTT, T. NOGUCHI, AND G. F. COMBS, JR. 429

Vitamin E, Selenium, and the Membrane-Associated Drug-Metabolizing Enzyme System of Rat Liver
A. T. DIPLOCK 495

Metabolism and Properties of a Liver Precursor to Prothrombin
J. W. SUTTIE 463

New Concepts Relating to the Mode of Action of Vitamin K
ROBERT E. OLSON 483

Studies on the Absorption and Metabolism of Phylloquinone (Vitamin K_1) in Man
M. J. SHEARER, A. MCBURNEY, AND P. BARKHAN 513

Concluding Remarks
T. MOORE 543

VOLUME 33

ENDOCRINE CONTROL OF THE PROSTATE AN INTERNATIONAL SYMPOSIUM IN HONOR OF DR. CHARLES HUGGINS

Morphological and Biochemical Parameters of Androgen Effects on Rat Ventral Prostate in Organ Culture
E. E. BAULIEU, C. LE GOASCOGNE, A. GROYER, T. FEYEL-CABANES, AND P. ROBEL 1

Polynucleotide Polymerizations and Prostate Proliferation
H. G. WILLIAMS-ASHMAN, B. TADOLINI, J. WILSON,
AND A. CORTI 39

Hormonal Effects on Cell Proliferation in Rat Prostate
N. BRUCHOVSKY, B. LESSER, E. VAN DOORN,
AND S. CRAVEN 61

Animal Models in the Study of Antiprostatic Drugs
F. NEUMANN, K.-D. RICHTER, AND TH. SENGE 103

Effects of Hormone–Cytostatic Complexes on the Rat Ventral Prostate *in Vivo* and *in Vitro*
J. G. FORSBERG AND P. A. HØISÆTER 137

Potential Test Systems for Chemotherapeutic Agents against Prostatic Cancer
A. A. SANDBERG 155

Round Table Discussion on the Evaluation of Drugs and Hormones Effective against Prostatic Disease
H. G. WILLIAMS-ASHMAN 189

Androgen Metabolism by the Perfused Prostate
K. B. EIK-NES 193

Production of Testosterone by Prostate and Other Peripheral Tissues in Man
MORTIMER B. LIPSETT 209

Steroid Hormone Receptors: A Survey
W. I. P. MAINWARING 223

Androgen Binding and Metabolism in the Human Prostate
A. ATTRAMADAL, K. J. TVETER, S. C. WEDDINGTON, O. DJÖSELAND,
O. NAESS, V. HANSSON, AND O. TORGERSEN 247

Testosterone Receptors in the Prostate and Other Tissues
G. Verhoeven, W. Heyns, and P. De Moor 265

Androgen Binding and Transport in Testis Epididymis
E. Ritzén, L. Hagenäs, V. Hansson, S. C. Weddington,
F. S. French, and S. N. Nayfeh 283

Androgen Receptors and Androgen-Dependent Initiation of Protein Synthesis in the Prostate
S. Liao, J. L. Tymoczko, E. Castañeda, and T. Liang 297

Androgen Receptors in the Rat Ventral Prostate and Their Hormonal Control
J. P. Blondeau, C. Corpechot, C. Le Goascogne,
E. E. Baulieu, and P. Robel 319

Round Table Discussion on Prostatic Receptors
E. E. Baulieu 347

Treatment of Prostatic Carcinoma with Various Types of Estrogen Derivatives
G. Jönsson, A. M. Olsson, W. Luttrop, Z. Cekan, K. Purvis, and E. Diczfalusy 351

The Nonsurgical Treatment of Prostatic Carcinoma
G. D. Chisholm and E. P. N. O'Donoghue 377

Management of Reactivated Prostatic Cancer
G. P. Murphy 399

Androgen Metabolism in Patients with Benign Prostatic Hypertrophy
K.-D. Voigt, H.-J. Horst, and M. Krieg 417

Nonsurgical Treatment of Human Benign Prostatic Hyperplasia
W. W. Scott and D. S. Coffey 439

Thiaminases and Their Effects on Animals
W. Charles Evans 467

Pellagra and Amino Acid Imbalance
C. Gopalan and Kamala S. Jaya Rao 505

myo-Inositol Lipids
J. N. Hawthorne and D. A. White 529

Hormonal Regulation of Cartilage Growth and Metabolism
Harold E. Lebovitz and George S. Eisenbarth 575

Steroid Hormone Receptors
Etienne-Emile Baulieu, Michel Atger, Martin Best-Belpomme, Pierre Corvol, Jean-Claude Courvalin, Jan Mester, Edwin Milgrom, Paul Robel, Henri Rochefort, and Denise de Catalogne 649

VOLUME 34

The Role of Vitamin B_{12} and Folic Acid in Hemato- and Other Cell-Poiesis
Victor Herbert and Kshitish C. Das 1

Vitamin E
John G. Bieri and Philip M. Farrell 31

The Biochemistry of Vitamin E in Plants
W. Janiszowska and J. F. Pennock 77

The Role of Prolactin in Carcinogenesis
Untae Kim and Jacob Furth 107

Evidence for Chemical Communication in Primates
Richard P. Micheal, Robert W. Bonsall, and Doris Zumpe 137

Hormonal Regulation of Spermatogenesis
VIDAR HANSSON, RICARDO CALANDRA, KENNETH PURVIS,
MARTIN RITZEN, AND FRANK S. FRENCH 187

A New Concept: Control of Early Pregnancy by Steroid
Hormones Originating in the Preimplantation Embryo
ZEEV DICKMANN, SUDHANSU K. DEY,
AND JAYASREE SEN GUPTA 215

VOLUME 35

The Direct Involvement of Vitamin A in Glycosyl Transfer
Reactions of Mammalian Membranes
LUIGI M. DE LUCA 1

Vitamin K and γ-Carboxyglutamate Biosynthesis
ROBERT E. OLSON AND JOHN W. SUTTIE 59

Estrogens in Pregnancy
MORTIMER LEVITZ AND BRUCE K. YOUNG 109

Structure and Biosynthesis of Human Placental
Peptide Hormones
MEERA CHATTERJEE AND HAMISH N. MUNRO 149

Substance P
EDMUND A. MROZ AND SUSAN E. LEEMAN 209

Invertebrate Systems for the Study of Hormonal Effects
on Behavior
JAMES W. TRUMAN AND LYNN M. RIDDIFORD 283

VOLUME 36

Cellular Vitamin A Binding Proteins
FRANK CHYTIL AND DAVID E. ONG 1

Studies on Ascorbic Acid Related to the Genetic Basis of Scurvy
Paul Sato and Sidney Udenfriend 33

The Interactions between Vitamin B_6 and Hormones
David P. Rose 53

Hormonal Factors in Lipogenesis in Mammary Gland
R. J. Mayer 101

Biological Effects of Antibodies to Gonadal Steroids
Eberhard Nieschlag and E. Jean Wickings 165

Effects of Cannabinoids on Reproduction and Development
Eric Bloch, Benjamin Thysen, Gene A. Morrill, Eliot Gardner, and George Fujimoto 203

Steroid Hormone Regulation of Specific Gene Expression
Lawrence Chan, Anthony R. Means, and Bert W. O'Malley 259

Enkephalins and Endorphins
Richard J. Miller and Pedro Cuatrecasas 297

Hormonal Control of Hepatic Gluconeogenesis
S. J. Pilkis, C. R. Park, and T. H. Claus 383

Gonadotropin Receptors and Regulation of Steroidogenesis in the Testis and Ovary
Maria L. Dufau and Kevin J. Catt 461

VOLUME 37

Aspects of the Metabolism and Function of Vitamin D
D. E. M. Lawson and M. Davie 1

Epidermal Growth Factor-Urogastrone, a Polypeptide Acquiring Hormonal Status
MORLEY D. HOLLENBERG 69

Control of ACTH Secretion by Corticotropin-Releasing Factor(s)
ALVIN BRODISH 111

Modulation of Memory by Pituitary Hormones and Related Peptides
HENK RIGTER AND JOHN C. CRABBE 153

Inhibin: From Concept to Reality
P. FRANCHIMONT, J. VERSTRAELEN-PROYARD,
M. T. HAZEE-HAGELSTEIN, CH. RENARD, A. DEMOULIN,
J. P. BOURGUIGNON, AND J. HUSTIN 243

Hormonal Control of Calcium Metabolism in Lactation
SVEIN U. TOVERUD AND AGNA BOASS 303

VOLUME 38

Systemic Mode of Action of Vitamin A
J. GANGULY, M. R. S. RAO, S. K. MURTHY, AND K. SARADA 1

Aldosterone Action in Target Epithelia
DIANA MARVER 57

Thyroid-Stimulating Autoantibodies
D. D. ADAMS 119

Role of Cyclic Nucleotides in Secretory Mechanisms and Actions of Parathyroid Hormone and Calcitonin
E. M. BROWN AND G. D. AURBACH 205

Recent Approaches to Fertility Control Based on Derivatives of LH-RH
Andrew V. Schally, Akira Arimura, and David H. Coy 257

Sexual Differentiation of the Brain
Günter Dörner 325

VOLUME 39

Leukotrienes: A Novel Group of Biologically Active Compounds
B. Samuelsson and S. Hammarström 1

Newer Approaches to the Isolation, Identification, and Quantitation of Steroids in Biological Materials
Jan Sjövall and Magnus Axelson 31

Insulin: The Effects and Mode of Action of the Hormone
Rachmiel Levine 145

Formation of Thyroid Hormones
J. Nunez and J. Pommier 175

Chemistry of the Gastrointestinal Hormones and Hormone-like Peptides and a Sketch of Their Physiology and Pharmacology
Viktor Mutt 231

VOLUME 40

Biosynthesis of Ubiquinone
Robert E. Olson and Harry Rudney 1

Synthesis and Analysis of the Pteroylpolyglutamates
Carlos L. Krumdieck, Tsunenobu Tamura, and Isao Eto 45

Vitamin A and Cancer
DAVID E. ONG AND FRANK CHYTIL 105

Hypothalamic–Hypophysial Vasculature and Its Relationship to Secretory Cells of the Hypothalamus and Pituitary Gland
JOHN C. PORTER, JANICE F. SISSOM, JUN ARITA, AND MARIANNE J. REYMOND 145

Growth and Somatomedins
K. HALL AND V. R. SARA 175

Calciferols: Actions and Deficiencies in Action
STEPHEN J. MARX, URI A. LIBERMAN, AND CHARLES EIL 235

VOLUME 41

Brain Peptides
DOROTHY T. KRIEGER 1

Intracellular Mediators of Insulin Action
LEONARD JARETT AND FREDERICK L. KIECHLE 51

Relaxin
BRUCE E. KEMP AND HUGH D. NIALL 79

Activation of Plasma Membrane Phosphatidylinositol Turnover by Hormones
JOHN N. FAIN 117

The Chemistry and Physiology of Erythropoietin
JUDITH B. SHERWOOD 161

Affinity Labeling of Receptors for Steroid and Thyroid Hormones
JOHN A. KATZENELLENBOGEN
AND BENITA S. KATZENELLENBOGEN 213

VOLUME 42

Ascorbic Acid in Endocrine Systems
MARK LEVINE AND KYOJI MORITA 1

Vitamin K-Dependent Formation of Bone Gla Protein (Osteocalcin) and Its Function
PAUL A. PRICE 65

Hormone Secretion by Exocytosis with Emphasis on Information from the Chromaffin Cell System
HARVEY B. POLLARD, RICHARD ORNBERG, MARK LEVINE, KATRINA KELNER, KYOJI MORITA, ROBERT LEVINE, ERIK FORSBERG, KEITH W. BROCKLEHURST, LE DUONG, PETER I. LELKES, ELI HELDMAN, AND MOUSSA YOUDIM 109

Compartmentation of Second Messenger Action: Immunocytochemical and Biochemical Evidence
JEFFREY F. HARPER, MARI K. HADDOX, ROY A. JOHANSON, ROCHELLE M. HANLEY, AND ALTON L. STEINER 197

Autoimmune Endocrine Disease
JOHN B. BUSE AND GEORGE S. EISENBARTH 253

Role of Cytochromes P-450 in the Biosynthesis of Steroid Hormones
PETER F. HALL 315

VOLUME 43

Energy Balance in Human Beings: The Problems of Plenitude
ETHAN A. H. SIMS 1

Genetic Defects in Vitamin Utilization. Part I: General Aspects and Fat-Soluble Vitamins
LOUIS J. ELSAS AND DONALD B. MCCORMICK 103

Hormonal Control of Sexual Development
FREDRICK W. GEORGE AND JEAN D. WILSON 145

The Hormonal Regulation of Prolactin Gene Expression: An Examination of Mechanisms Controlling Prolactin Synthesis and the Possible Relationship of Estrogen to These Mechanisms
JAMES D. SHULL AND JACK GORSKI 197

Hormonal Regulation in *in Vitro* Fertilization
GARY D. HODGEN 251

Intracellular Processing and Secretion of Parathyroid Gland Proteins
DAVID V. COHN, RAMASAMY KUMARASAMY, AND WARREN K. RAMP 283

VOLUME 44

Inhibins and Activins
NICHOLAS LING, NAOTO UENO, SHAO-YAO YING, FREDERICK ESCH, SHUNICHI SHIMASAKI, MARI HOTTA, PEDRO CUEVAS, AND ROGER GUILLEMIN 1

Guanine Nucleotide Binding Proteins and Signal Transduction
ALLEN M. SPIEGEL 47

Insulin-Sensitive Glucose Transport
TETSURO KONO 103

Calcium Channels
HARTMUT GLOSSMANN AND JÖRG STRIESSNIG 155

VOLUME 45

Experimental Obesity: A Homeostatic Failure Due to Defective Nutrient Stimulation of the Sympathetic Nervous System
G. A. BRAY, D. A. YORK, AND J. S. FISLER 1

Estrogen Regulation of Protein Synthesis and Cell Growth in Human Breast Cancer
KEVIN J. CULLEN AND MARC E. LIPPMAN 127

Calcium Homeostasis in Birds
SHMUEL HURWITZ 173

Pyrroloquinoline Quinone: A Novel Cofactor
JOHANNIS A. DUINE AND JACOB A. JONGEJAN 223

Folylpolyglutamate Synthesis and Role in the Regulation of One-Carbon Metabolism
BARRY SHANE 263

Biotin
KRISHNAMURTI DAKSHINAMURTI AND JASBIR CHAUHAN 337

VOLUME 46

Structure and Regulation of G Protein-Coupled Receptors: The β_2-Adrenergic Receptor as a Model
SHEILA COLLINS, MARTIN J. LOHSE, BRIAN O'DOWD,
MARC G. CARON, AND ROBERT J. LEFKOWITZ 1

Cellular and Molecular Mechanisms in the Regulation and Function of Osteoclasts
T. J. CHAMBERS AND T. J. HALL 41

Expression and Function of the Calcitonin Gene Products
Mone Zaidi, Baljit S. Moonga, Peter J. R. Bevis,
A. S. M. Towhidul Alam, Stephen Legon, Sunil Wimalawansa,
Iain MacIntyre, and Lars H. Breimer 87

Pantothenic Acid in Health and Disease
Arun G. Tahiliani and Cathy J. Beinlich 165

Biochemical and Physiological Functions of Pyrroloquinoline Quinone
Minoru Ameyama, Kazunobu Matsushita,
Emiko Shinagawa, and Osao Adachi 229

VOLUME 47

Insulin-like Growth Factor Binding Proteins
Matthew M. Rechler 1

Oocyte Development: Molecular Biology of the Zona Pellucida
Li-Fang Liang and Jurrien Dean 115

The Laminins: A Family of Basement Membrane Glycoproteins Important in Cell Differentiation and Tumor Metastases
Hynda K. Kleinman, Benjamin S. Weeks,
H. William Schnaper, Maura C. Kibbey,
Keizo Yamamura, and Derrick S. Grant 161

11β-Hydroxysteroid Dehydrogenase
Carl Monder and Perrin C. White 187

VOLUME 48

Molecular and Cellular Aspects of Insulin-like Growth Factor Action
Haim Werner, Martin Adamo, Charles T. Roberts, Jr.,
and Derek LeRoith 1

Heterologous Expression of G Protein-Linked Receptors in Pituitary and Fibroblast Cell Lines
PAUL R. ALBERT 59

Receptors for the TGF-β Ligand Family
CRAIG H. BASSING, JONATHAN M. YINGLING,
AND XIAO-FAN WANG 111

Biological Actions of Endothelin
KATHERINE STEPHENSON, CHANDRASHEKHAR R. GANDHI,
AND MERLE S. OLSON 157

Cyclic ADP-Ribose: Metabolism and Calcium Mobilizing Function
HON CHEUNG LEE, ANTHONY GALIONE,
AND TIMOTHY F. WALSETH 199

A Critical Review of Minimal Vitamin B_6 Requirements for Growth in Various Species with a Proposed Method of Calculation
STEPHEN P. COBURN 259

VOLUME 49—STEROIDS

The Steroid/Nuclear Receptors: From Three-Dimensional Structure to Complex Function
BEN F. LUISI, JOHN W. R. SCHWABE,
AND LEONARD P. FREEDMAN 1

Function/Activity of Specific Amino Acids in Glucocorticoid Receptors
S. STONEY SIMONS, JR. 49

Genetic Diseases of Steroid Metabolism
PERRIN C. WHITE 131

Structure, Function, and Regulation of Androgen-Binding Protein/Sex Hormone-Binding Globulin
DAVID R. JOSEPH 197

Molecular Biology of Vitamin D Action
TROY K. ROSS, HISHAM M. DARWISH,
AND HECTOR F. DELUCA 281

Nuclear Retinoid Receptors and Their Mechanism of Action
MAGNUS PFAHL, RAINER APFEL, IGOR BENDIK, ANDREA FANJUL, GERHART GRAUPNER, MI-OCK LEE, NATHALIE LA-VISTA, XIAN-PING LU, JAVIER PIEDRAFITA, MARIA ANTONIA ORTIZ, GILLES SALBERT, AND XIAO-KUN ZHANG 327

Molecular Mechanisms of Androgen Action
JONATHAN LINDZEY, M. VIJAY KUMAR, MIKE GROSSMAN, CHARLES YOUNG, AND DONALD J. TINDALL 383

Role of Androgens in Prostatic Cancer
JOHN T. ISAACS 433

VOLUME 50

Vitamin B_{12} and the B_{12} Coenzymes
JENNY PICKWORTH GLUSKER 1

Hormones in Milk
OTAKAR KOLDOVSKÝ 77

Molecular and Cellular Bases of Gonadotropin-Releasing Hormone Action in the Pituitary and Central Nervous System
P. MICHAEL CONN, JO ANN JANOVICK, DINESH STANISLAUS, DAVID KUPHAL, AND LOTHAR JENNES 151

Division of Labor among Gonadotropes
GWEN V. CHILDS 215

The Thyrotropin Receptor
LEONARD D. KOHN, HIROKI SHIMURA, YOSHIE SHIMURA,
AKINARI HIDAKA, CESIDIO GIULIANI, GIORGIO NAPOLITANO,
MASAYUKI OHMORI, GIOVANNA LAGLIA,
AND MOTOYASU SAJI 287

Molecular Biology of the Growth Hormone-Prolactin Gene System
NANCY E. COOKE AND STEPHEN A. LIEBHABER 385

The Role of Steroid Metabolism in Protective and Specificity-Conferring Mechanisms of Mineralocorticoid Action
DAVID J. MORRIS 459

VOLUME 51

cAMP-Dependent Regulation of Gene Transcription by cAMP Response Element-Binding Protein and cAMP Response Element Modulator
JOEL F. HABENER, CHRISTOPHER P. MILLER,
AND MARIO VALLEJO 1

Multiple Facets of the Modulation of Growth by cAMP
PIERRE P. ROGER, SYLVIA REUSE, CARINE MAENHAUT,
AND JACQUES E. DUMONT 59

Regulation of G-Protein-Coupled Receptors by Receptor Kinases and Arrestins
RACHEL STERNE-MARR AND JEFFREY L. BENOVIC 193

Vasopressin and Oxytocin: Molecular Biology and Evolution of the Peptide Hormones and Their Receptors
EVITA MOHR, WOLFGANG MEYERHOF, AND DIETMAR RICHTER   235

Structure and Functions of Steroid Receptors
M. G. PARKER 267

Phosphorylation and Steroid Hormone Action
WENLONG BAI AND NANCY L. WEIGEL 289

Nucleocytoplasmic Shuttling of Steroid Receptors
DONALD B. DEFRANCO, ANURADHA P. MADAN, YUTING TANG,
UMA R. CHANDRAN, NIANXING XIAO, AND JUN YANG 315

Transcriptional Regulation of the Genes Encoding the Cytochrome P-450 Steroid Hydroxylases
KEITH L. PARKER AND BERNARD P. SCHIMMER 339

Stress and the Brain: A Paradoxical Role for Adrenal Steroids
BRUCE S. MCEWEN, DAVID ALBECK, HEATHER CAMERON,
HELEN M. CHAO, ELIZABETH GOULD, NICOLAS HASTINGS,
YASUKAZU KURODA, VICTORIA LUINE, ANA MARIA MAGARIÑOS,
CHRISTINA R. MCKITTRICK, MILES ORCHINIK,
CONSTATINE PAVLIDES, PAUL VAHER, YOSHIFUMI WATANABE,
AND NANCY WEILAND 371

Retinoids and Mouse Embryonic Development
T. MICHAEL UNDERHILL, LORI E. KOTCH,
AND ELWOOD LINNEY 403

VOLUME 52

Vitamins C and E and LDL Oxidation
BALZ FREI, JOHN F. KEANEY, JR., KAREN L. RETSKY,
AND KENT CHEN 1

Antioxidant Vitamins and Human Immune Responses
ADRIANNE BENDICH 35

Cytokine Regulation of Bone Cell Differentiation
MELISSA ALSINA, THERESA A. GUISE,
AND G. DAVID ROODMAN 63

The Molecular Pharmacology of Ovarian Steroid Receptors
ELISABETTA VEGETO, BRANDEE L. WAGNER, MARKUS O. IMHOF, AND DONALD P. MCDONNELL 99

Signal Transduction Pathways Combining Peptide Hormones and Steroidogenesis
MICHAEL R. WATERMAN AND DIANE S. KEENEY 129

The Roles of 14-3-3 Proteins in Signal Transduction
GARY W. REUTHER AND ANN MARIE PENDERGAST 149

Physiological Roles for Parathyroid Hormone-Related Protein: Lessons from Gene Knockout Mice
ANDREW C. KARAPLIS AND HENRY M. KRONENBERG 177

VOLUME 53

Cell Cycle Checkpoints and Apoptosis: Potential for Improving Radiation Therapy
RUTH J. MUSCHEL, W. GILLIES MCKENNA, AND ERIC J. BERNHARD 1

Structure and Function of Interleukin-1β Converting Enzyme
MICHAEL J. TOCCI 27

The Role of the IGF-I Receptor in Apoptosis
RENATO BASERGA, MARIANA RESNICOFF, CONSUELO D'AMBROSIO, AND BARBARA VALENTINIS 65

Bcl-2 Family Proteins and the Hormonal Control of Cell Life and Death in Normalcy and Neoplasia
JOHN C. REED 99

Pathways of p53-Dependent Apoptosis
LUIGI GRASSO AND W. EDWARD MERCER 139

Viral Inhibitors of Apoptosis
ANTHONY G. UREN AND DAVID L. VAUX 175

VOLUME 54

Clinical Aspects of Leptin
MADHUR K. SINHA AND JOSÉ F. CARO 1

Alcohol, Calories, and Appetite
WILLIAM E. M. LANDS 31

Neuropeptide Y-Induced Feeding and Its Control
STEPHEN C. HEINRICHS, FRÉDÉRIQUE MENZAGHI,
AND GEORGE F. KOOB 51

Regulation of Insulin Action by Protein
Tyrosine Phosphatases
BARRY J. GOLDSTEIN, PEI-MING LI, WENDI DING,
FAIYAZ AHMAD, AND WEI-REN ZHANG 67

Capacitative Calcium Influx
DAVID THOMAS, HAK YONG KIM, AND MICHAEL R. HANLEY ... 97

Regulation of Peroxisome Proliferator-Activated Receptors
HILDE NEBB SØRENSEN, ECKARDT TREUTER,
AND JAN-ÅKE GUSTAFSSON 121

Steroid Hormone Receptors and Heat Shock Proteins
ULRICH GEHRING 167

Mechanisms of Protein Secretion in Endocrine
and Exocrine Cells
THOMAS F. J. MARTIN 207

Subject Index

A

Abdominal pregnancy
　estrogen levels in, **30:**308–309
　HCG in, **30:**289
　progesterone levels in, **30:**336
Abetalipoproteinemia, **43:**108–109, 116–117, 128–129
　vitamin E deficiency in, **34:**59–60
Abortion
　estrogen in, **30:**304–305
　HCG in, **30:**286
　human placental lactogen in, **30:**295
　progesterone in, **30:**330–334
　therapeutic
　　hormonal effects, **31:**278–279
　　prostaglandins in, **31:**291–293
　threatened, hormonal effects in, **31:**277–278
　vitamin E therapy, **34:**68–69
Absorption, intestinal, pantothenic acid, **46:**174–176
Accessory factors
　in androgen-regulated gene expression, **49:**415–416
　nuclear, vitamin D, **49:**292–294
Accessory proteins, cytochrome P450 binding, **49:**136–137
4-Acetamido-4′-isocyano-stilbene-2,2′-disulfonic acid, *see* SITS
Acetate synthesis, methyl B_{12} requirement by, **34:**6
Acetazolamide, effects on bone resorption, **46:**44–47
Acetic acid bacteria
　alcohol dehydrogenase
　　electron acceptor, **46:**259
　　functions, **46:**250
　aldehyde dehydrogenase, **46:**252

　growth stimulating substance, **46:**236–237
　vitamin requirements, **46:**237
Acetobacter
　A. aceti, growth stimulating substance in, **46:**238
　A. methanolicus, methanol and alcohol oxidase systems, **46:**260
　alcohol dehydrogenase coupling to respiratory chain, **46:**259
　fractions with growth-stimulating activity, **46:**238
　vitamin requirements, **46:**237
Acetylcholine, **41:**2–3, 31
　effect on phosphatidylinositol turnover, **41:**126–128
　experimental obesity and, **45:**28
　ion channels in cardiac cells and, **44:**177
　in smooth muscle contraction, **41:**99
Acetyl CoA, regulation of CoA synthesis, **46:**191, 207
Acetyl CoA carboxylase
　and biotin, **45:**340–342
　deficiency symptoms, **45:**365, 367, 370
　nonprosthetic group functions, **45:**344, 347
　biphasic response to insulin, **41:**62–63
　insulin sensitivity, **41:**64–68
Acidification, extracellular hemivacuole by osteoclasts, **46:**48–49
Acid-labile subunit, IGFBPs, **47:**4, 54, 90
　binding properties, **47:**29–30
　biology, **47:**71–72, 75–76
　expression *in vivo,* **47:**33
　genes, **47:**5, 15, 20–24
　regulation *in vivo,* **47:**49–50, 52
Acidosis, fetal, estrogen levels and, **30:**317–319

Acid phosphate, from prostatic cancer, **33**:377–378
Acid secretion, gastrin role, **32**:58
Acinetobacter calcoaceticus
  electron acceptor for glucose dehydrogenase, **46**:253–254
  gdh genes, **46**:246–247
  glucose dehydrogenase, **46**:246–248
Acrosin, zona pellucida and, **47**:134
Acrosomes, zona pellucida and, **47**:133–135
ACTH, *see* Adrenocorticotropic hormone
ACTH-10, effects
  memory, **37**:216–217
  vigilance, **37**:217
Actin, **41**:98
  exocytosis and, **42**:139–141
β-Actin, zona pellucida and, **47**:127, 141
Actin-containing filaments, cAMP-dependent disruption, **51**:125–126
Actinomycin, effects on calcium transport, **32**:339–341
Actinomycin D, **43**:207–208
Activating transcription factor 1
  gene transcription, **51**:6–8
  oncogenic forms, **51**:42–43
Activation
  gene, transcription machinery during, **54**:124–126
  PPARs, **54**:132–138
    multistep pathway, **54**:151–152
  steroid hormone receptors, **54**:170
Activation function 1, **49**:55–56
  retinoid receptors, **49**:336–337
Activation function 2, **49**:72–74
  retinoid receptors, **49**:337–339
Activation functions
  PPAR AF-2 cofactors, **54**:142–152
  transcriptional, estrogen receptors, **51**:275–276
  in transcription by nuclear hormone receptors, **54**:124–126
Activator protein 1
  estrogen effects, **51**:271
  interactions
    glucocorticoid receptor, **49**:78–80
    retinoid receptors, **49**:352–353
  retinoid receptor-mediated inhibition, **51**:440–441
Activin
  binding by FSH, **50**:270

effect on GnRH receptivity, **50**:241–242
GnRH receptor regulation, **50**:161
from PFF
  amino acid sequences, **44**:26, 28
  FSH-releasing activity, **44**:24–25
  isolation and purification, **44**:23–26
  SDS–PAGE analysis, **44**:26–27
  structure, comparison with inhibins, **44**:33–34
  subunits, production, **50**:268–269
Activin A, action sites in gonadotropin release modulation, **50**:177–179
Acyl carrier proteins
  alpha helices, **46**:211
  from bacteria, birds, mammals, and plants, **46**:210–211
  and CoA, precursor–product relationship, **46**:212
  4′-phosphopantetheine prosthetic group, **46**:210–211
  prosthetic group turnover, nutritional status effects, **46**:214
  protein complexes containing, **46**:214–215
Acyl-CoA dehydrogenase, medium chain, deficiency, effect on pantothenate metabolism, **46**:208
Acylhalides, **41**:260–261
Ad4BP, *see* Steroidogenic factor-1
Addison's disease, **42**:284–286
Adenine nucleotide translocation, effects of CoA long-chain acyl esters, **46**:209
Adenohypophysis, blood flow, **40**:151
Adenoma, toxic, **38**:122–123
Adenosine A2 receptors, cancer cell growth, **51**:138
Adenosine 3′,5′-monophosphate, prolactin production and, **43**:237–238
Adenosine receptors, in alcohol-related events, **54**:33
Adenosine triphosphatase
  Ca^{2+}, Mg^{2+}, insulin sensitivity, **41**:64–68
  calcium-dependent, **31**:63–65
    alkaline phosphatase and, **31**:65–66
  Na^+, K^+ aldosterone and, **38**:79–84
Adenosylcobalamin, **50**:16, 22, *see also* 5′-Deoxyadenosylcobalamin
  base-free derivative, **50**:31
  reaction requiring, **34**:6

S-Adenosylmethionine, **50**:52
S-Adenosylmethionine:5-
   demethylubiquinone-9-
   O-methyltransferase, **40**:17
S-Adenosylmethionine:3,4-dihydroxy-
   5-polyprenylbenzoate
   O-methyltransferase, **40**:16–17
Adenovirus, **41**:20
   E1A, apoptosis and, **53**:13–14
   E1A and E1B gene products, p53-
      dependent apoptosis, **53**:147–149
   E1B, 19 kDa, **53**:179–180
Adenylate cyclase
   activation by
      estrogen, **52**:101
      TSaab, **38**:163–164
   activity in bone and bone cells,
      38:241–242
   in blowfly salivary glands, and
      phosphatidylinositol turnover,
      41:144–146
   calcium homeostasis in birds and,
      45:183–185
   coupling of peptide hormone receptors
      to, **52**:130
   detergent-solubilized, **36**:525–537
   of gonads, **36**:526–529
   gonadotropin receptors and, **36**:531–536
   inhibition by G_i, **44**:60–62, 85
   insulin sensitivity, **41**:64–68
   magnesium effects, **36**:529–531
   mechanism of coupling and activation
      in kidney, **38**:234
   in olfactory cilia, guanine nucleotide
      sensitivity, **44**:70–71
   properties of, **36**:525–526
   stimulation by G_s, **44**:59–60, 85
   toxins, cAMP elevation, **51**:69
   uterine, effect of relaxin, **41**:104
Adenylate cyclase-controlling receptors,
   heterotypic expression, **51**:138–139
Adenylcyclase, intestinal, vitamin D
   effects, **37**:54
Adipocytes
   biphasic response to insulin, **41**:62
   differentiation-dependent expression,
      54:154–155
   insulin-stimulated glucose transport,
      44:113, 124–130
   leptin secretion, hormonal regulation,
      54:14–15

metabolic studies, **43**:55–59
mitochondria, insulin sensitivity,
   41:52–55
number, **43**:6
pantothenic acid transport in, **46**:178
phosphatidylinositol turnover, **41**:119
plasma membranes, insulin sensitivity,
   41:52–55
preparation
   bovine serum albumin and,
      44:133–134
   collagenase and, **44**:133
   incubation in pyruvate and, **44**:134
whole, insulin action in, **41**:60
Adipose tissue
   brown, see Brown adipose tissue
   ob mRNA expression in obesity, **54**:5
   phosphatidylinositol metabolism in,
      33:565–566
Adiposity, in relation to leptin, **54**:6–10
Adipsin, experimental obesity and,
   45:33–34, 88
ADP, 14-3-3 protein and ribosylation
   function, **52**:155–156
ADP ribosylation factor, cholera toxin-
   catalyzed ADP ribosylation of G_s
   and, **44**:57–58, 69–70
ADP-ribosyl cyclase, **48**:208–212
   amino acid sequence, **48**:209–211
   occurrence in animal tissues,
      48:259–260
   soluble and membrane-bound forms,
      48:209
Adrenal cortex
   ascorbic acid in, **42**:41–48
      compartmentalization, **42**:42
      content and transport, **42**:41–42
      dynamic behavior, **42**:42–48
      functon, **42**:42–48
      subcellular localization, **42**:42
   11β-hydroxysteroid dehydrogenase
      and, **47**:188, 191, 204, 239
   phosphatidylinositol turnover,
      41:138–139
   steroid hormone biosynthetic pathway,
      51:341–343
   steroid synthesis, **49**:141–143
   zones of, **42**:350–352
Adrenal cortical carcinoma, **41**:197
Adrenal cortical system, cannabinoid
   effects, **36**:224–232

Adrenalectomy
  dietary obesity and, **45**:63–64, 68
  experimental obesity and, **45**:2, 90
  efferent signals, **45**:79, 81
  mechanism, **45**:83–85
  genetic obesity and
    afferent signals, **45**:36–37
    central integration, **45**:40, 43, 46
    controlled system, **45**:53
  11β-hydroxysteroid dehydrogenase and, **47**:187, 214, 240, 243
  hypothalamic obesity and, **45**:11, 27
  in prostatic tumor therapy, **33**:390
Adrenal gland
  ascorbic acid levels, **42**:3
  CoA levels, **46**:195
  fetal
    in progesterone formation in pregnancy, **30**:326–328
    role in pregnancy, **30**:255–262
  11β-hydroxysteroid dehydrogenase and, **47**:207–208, 211, 224
  inositide metabolism in, **33**:553–554
Adrenal glomerulosa cells, phosphatidylinositol turnover, **41**:137–138
Adrenal hormones
  food intake and, **43**:9, 19–20
  in milk, **50**:92–93
Adrenal hyperplasia, *see* Congenital adrenal hyperplasia; Congenital lipoid adrenal hyperplasia
Adrenal insufficiency, idiopathic, **42**:284–286
Adrenal medulla
  ascorbic acid in, **42**:21–41
    compartmentalization, **42**:26–30
    content and transport, **42**:21–26
    dynamic behavior, **42**:38–41
    function, **42**:30–38
    subcellular localization, **42**:26–30
  phosphatidylinositol turnover, **41**:135–137
Adrenal-specific protein, regulatory role in gene expression, **51**:354–355
Adrenal steroid receptors, subtypes, role in structural plasticity, **51**:387–388
Adrenal steroids
  actions on neurotrophin mRNA levels, **51**:391
  activity related to neuronal atrophy, **51**:388–391
  cognitive function, **51**:395
  effects, erythropoietin biosynthesis, **31**:140–141
  hippocampal formation response, **51**:372–373
  hippocampal neuronal atrophy, **51**:374–377
  long-term potentiation, **51**:383–387
  neuronal birth and death in dentate gyrus, **51**:380–383
β-Adrenergic agonists, in smooth muscle contraction, **41**:99
β-Adrenergic receptor kinase, **51**:194
  activation, **51**:206
  amino acid sequences, **51**:198–199
  cloning, **51**:196–199
  expression, **51**:195
  in olfactory epithelium, **51**:211
  phosphorylation
    and brain β/γ-subunits, **51**:203–204
    G protein-coupled receptors, **46**:15, 18–21
  pleckstrin homology domain, **51**:203–204
  receptor specificity, **51**:208–212
  thrombin receptor regulation, **51**:211
Adrenergic receptors
  chimeric α_2-β_2, cytoplasmic loop coupling to G proteins, **46**:15
  conserved amino acids, **46**:3
  proline residue in transmembrane spanning dominion II, **46**:3, 8
α_2-Adrenergic receptors
  Ca^{2+} channel function and, **44**:182
  G protein coupling, **44**:84
  phosphorylation by protein kinase C, **46**:15
β-Adrenergic receptors
  Ca^{2+} channel stimulation, cardiac cells, **44**:176–177
  G protein coupling, **44**:84
  overexpression in cancer cell growth, **51**:138
β_2-Adrenergic receptors
  Asp-113, **46**:3
  cAMP response element identification, **46**:29–31
  cytoplasmic loops
    amino acids after deletion/substitution mutations, **46**:16

regions coupling to G proteins,
    46:15–16
  size of, **46**:3
deletion mutants, coupling to G
    proteins, **46**:16
densensitization, **46**:17–23
disulfide bond formation in, **46**:14
gene expression, post-transcriptional
    mechanisms affecting, **46**:26–28
human
  palmitoylated, **46**:13
  palmitoylation, role in G_s coupling,
    46:14
mannose-type oligosaccharides, **46**:8–9
mutant, nonpalmitoylated, **46**:14
N-linked glycosylation function, **46**:12
phosphorylation by
  β-adrenergic receptor kinase, **46**:15,
    18–21
  protein kinase A, **46**:15, 18–21
sequestration, **46**:22–23
substitution mutants, coupling to G
    proteins, **46**:16
topography in plasma membrane,
    46:12
$β_2$-Adrenergic receptors, regulation
  autoregulation, **46**:29–30
  down-regulation
    agonist-dependent pathway,
      46:24–25
    second messenger pathways,
      46:25–28
  receptor functionality, **46**:17–21
  receptor localization, **46**:22–23
  receptor number, **46**:23–30
  up-regulation
    by cAMP, **46**:29–30
    by steroid hormones, **46**:28–29
Adrenocortical cells
  calcium homeostasis in birds and,
    45:183
  cAMP-mediated positive growth control,
    51:89
Adrenocorticotropic hormone, **41**:2, 4, 13;
    42:43–47
  in anencephalic pregnancy, **30**:310–311
  distribution, **41**:28
  effects
    neurons, **37**:230
    vitamin B_6 metabolism, **36**:80–81
  elevation of steroidogenic enzyme
    levels, **52**:136

endorphins and, **37**:203–206
experimental obesity and, **45**:83–84,
    89
genetic obesity, **45**:36–37, 41, 46
11β-hydroxysteroid dehydrogenase and,
    47:219–220, 224
hypothalamic control of release of,
    37:125–128
lack of cortisol in bovine fetal blood in
    absence of, **52**:143
in memory, learning, and adaptive
    behavior, **41**:32–34
precursor, **41**:20
radioimmunoassays, **37**:118–121
release, extrahypothalamic CRF role,
    37:141–143
secretion
  circadian rhythm, **37**:121–123
  control by corticotropin-releasing
    factors, **37**:111–152
  dynamic changes in, **37**:115
  in steroidogenesis, **41**:138–139
  stress effects, **37**:129–131
in temperature regulation, **41**:38
Adrenocorticotropic hormone-like
    peptides
  in amnesia prevention, **37**:197
  in amnesia reversal, **37**:199–202
  effects on memory, **37**:163
    after hypophysectomy, **37**:165
    after pituitary lobe ablation,
      37:172–175
  in cognitively impaired, **37**:215–219
  mechanism and sites of action,
    37:219–220
  neurochemistry, **37**:227–231
  neurophysiology, **37**:225–227
  in normal animals, **37**:211–215
Adrenocorticotropin-β lipotropin,
    precursor, **41**:173
Adrenogenital syndrome, prenatal
    diagnosis of, **30**:311
Adriamycin, in prostatic cancer therapy,
    33:161–164, 169–170
AF-2, activation domain and cofactors,
    54:143–144
Afferent signals, experimental obesity
    and, **45**:32–37, 76–78, 82
Afferent systems, experimental obesity
    and
  dietary obesity, **45**:57–65
  hypothalamic obesity, **45**:6, 16–20

Affinity chromatography
  heparin-Sepharose, PFF analysis
    activin, **44**:24
    homoactivin A, **44**:26
  inhibins, **44**:5–7
  steroid hormone receptors, **33**:236–237
Affinity labeling, **41**:213–274
  androgen-binding protein and sex hormone-binding globulin, **49**:216
  androgen receptors, **41**:245–247
  application, **41**:21
  Ca^{2+} channel-linked drug receptors, **44**:253–260
  covalent, **41**:215–225
    advantages and limitations, **41**:225–226
    critical factors, **41**:215–222
    covalent attaching functions, **41**:222–225
    electrophilic, **41**:222–223
    photoactivated, **41**:223–225
  ecdysone binding proteins, **41**:252
  efficiency, **41**:221
  electrophilic
    enzymes and extracellular binding proteins, **41**:254–262
    versus photoactivated, applicability to intact systems, **41**:221–222
  enzymes, **41**:253–266
  estrogen receptors, **41**:229–235
  extracellular binding proteins, **41**:253–266
  glucocorticoid receptors, **41**:241–245, **49**:91–95
  methods, **41**:214
  photoaffinity, of enzymes and extracellular binding proteins, **41**:263–266
  progestin receptors, **41**:235–241
  selectivity, **41**:213–214, 221
  studies, **41**:225–253
  types, **41**:225–229
  thyroid hormone receptors, **41**:214–215, 247–253
  Xenopus oocyte preparations, **41**:252
Affinity labeling agents, *see also specific agent*
  androgen receptors, **41**:245–246
  efficiency, **41**:215–220
  electrophilic, **41**:214, 220
  estrogen receptors, **41**:229–231
  glucocorticoid receptors, **41**:241
  ligand affinity and exchange, **41**:220
  photoactivated, **41**:214, 216, 220
  progestin receptors, **41**:235–236
  selectivity, **41**:215–220
  thyroid hormone receptors, **41**:247
Africans
  ADH isozymes, **54**:42–43
  skin, UV light penetration, **37**:18–19
Age
  11β-hydroxysteroid dehydrogenase and, **47**:233
  factor in mammary tumors, **34**:122–123
  IGFBPs and, **47**:41
  vitamin requirements in relation to, **43**:108
Aging, energy storage and, **43**:5–8
[D-Ala-D-Leu]enkephalin, Ca^{2+} current inhibition, G protein effect, **44**:186–187
β-Alanine, pantothenic acid synthesis from, **46**:182–184
Alanine aminotransferase, estrogen induction of, **36**:59–60
Albuterol, effect on erythropoietin production, **41**:167
Alcohol
  energy, and body composition, **54**:32–34
  intake
    and energy expenditure, **54**:34–36
    molecular mechanisms, **54**:39–43
    patterns, **54**:38–39
    related societal losses, **54**:43–44
Alcohol dehydrogenase
  aromatic
    origins, **46**:231
    pyrroloquinoline quinone prosthetic group, **46**:231
    structure and properties, **46**:252
  coupling to respiratory chain, **46**:259–260
  origins, **46**:231
  in oxidative and acetic acid bacteria, **46**:249–250
  purification, **46**:249–250
  pyrroloquinoline quinone prosthetic group, **46**:231
Alcoholism
  effects on pantothenate metabolism, **46**:206–207
  memory impairment in, vasopressin therapy, **37**:217–218
  urinary excretion of pantothenic acid in, **46**:177

Alcohol oxidase system, in *A. methanolicus*, **46:**260
Aldehyde dehydrogenase
 origins, **46:**231
 pyrroloquinoline quinone prosthetic group, **46:**231
 structure and properties, **46:**252
Aldose reductase, inhibition by pyrroloquinoline quinone, **46:**262
Aldosterone
 action in target epithelia
  antagonists, **38:**104–109
  cation secretion, **38:**70–77
  cellular targets, **38:**98–104
  historical overview, **38:**57–59
  interaction with antidiuretic hormone, **38:**68–70
  mineralocorticoid receptor, **38:**59–65
  protein induction, **38:**77–88
  RNA and protein synthesis, **38:**65–68
  two models of action, **38:**88–98
 antibodies, **31:**182
 antisera, **31:**184
 calcium homeostasis in birds and, **45:**183
 11β-hydroxysteroid dehydrogenase and, **47:**214
  clinical studies, **47:**219–222, 224
  function, **47:**233–238, 240, 242–244, 246–247
 interaction with antidiuretic hormone, **38:**68–70
 metabolism, hepatic routes, **50:**463–464
 radioimmunoassay, **31:**178
 and resting metabolic rate, **43:**6
 synthesis, **42:**329–337
Aldosterone receptor, **33:**696–698
Aldosterone synthase
 biochemistry, **49:**164–165
 deficiency, **49:**152, 167–168
 genetic analysis, **49:**165
 glucocorticoid-suppressible hyperaldosteronism, **49:**168–169
Aldosteronism, glucocorticoid-remediable, **49:**168
Aliphatic amine dehydrogenase
 origins, **46:**231
 pyrrolquinoline quinone prosthetic group, **46:**231
 structure and properties, **46:**252
Alkaline phosphatase
 and Ca-ATPase, in intestine, vitamin D effects, **37:**54–56
 calcium-dependent ATPase and, **31:**65–66
 calcium homeostasis in birds and, **45:**190, 196
 effect on Ca^{2+} current, **54:**104
 heat-stable, formation in placenta, **35:**193–194
 vitamin D effects, **31:**65
Alleles, zona pellucida and, **47:**120–121
Allelo-typing, **49:**439
Alternative splicing, calcitonin–CGRP gene, **46:**90–91, 145–146
Altitude, energy balance and, **43:**8–9
Aluminum tetrafluoride ions, mimicking calcitonin effect, **46:**129
Alzheimer's disease, **41:**40
α-Amanitin, **43:**206–208
Amicyanin, electron acceptor for methylamine dehydrogenase, **46:**257–259
Amidation, amylin, **46:**107–108
Amide groups, hydrolysis, vitamin B_{12}, **50:**31
Amiloride, effects on osteoclastic bone resorption, **46:**50
Amine oxidase
 origins, **46:**231
 pyrroloquinoline quinone
  cofactor research, **45:**229–230, 241
  distribution, **45:**245–246
  prosthetic group, **46:**231
Amines
 biogenic, effect on
  myometrial activity, **31:**281–283
  prolactin secretion, **30:**182–187
 cerebral, hypophyseal tropic hormone interaction with, **36:**85
Amino acids
 binding properties, **47:**26, 29
 biology, **47:**79, 86
 biotin and
  biotin-binding proteins, **45:**354–356
  enzymes, **45:**340
  nonprosthetic group functions, **45:**343–344
 breast cancer and, **45:**133, 137, 140, 149, 154
 calcium homeostasis in birds and, **45:**180, 190
 clusters, positively charged, **46:**14

Amino acids (*continued*)
conferring G protein specificity, **46:**15
conserved
  in G protein-coupled receptors, **46:**3
  in transmembrane-spanning domain III, **46:**3
conversions, folic acid in, **34:**12–13
excitatory or inhibitory, in CNS, **41:**2–3
experimental obesity and, **45:**3, 78, 89
  dietary, **45:**67
  hypothalamic, **45:**13–14, 17
expression
  in vitro, **47:**57, 60
  in vivo, **47:**33–34
folypolyglutamate synthesis and, **45:**263
folate, **45:**265–269
γ-glutamylhydrolases, **45:**310
role, **45:**277, 280–283
genes, **47:**8–10, 12–13, 15–21
IGFBPs and, **47:**42, 70, 91
imbalance, pellagra and, **33:**505–528
inhibition of pantothenic acid transport, **46:**179
laminins and, **47:**166, 175
pyrroloquinone quinone and
  biosynthesis, **45:**248, 250–251
  cofactor research, **45:**229
  properties, **45:**231–232, 236–238
sequence conservation
  TGF-β type II receptors, **48:**126–127
  TGF-β type III receptors, **48:**122
vitamin K-dependent, **42:**65
zona pellucida and, **47:**121, 123, 132, 138–139
Amino acid sequence
ADP-ribosyl cyclase, **48:**209–211
amylin, **46:**98, 101
androgen-binding protein, **49:**199, 209–211
arrestins, **51:**214–215
β-adrenergic receptor kinase, **51:**198–199
bombesin-related gastrin-releasing polypeptide, **39:**252–255
calcitonin and calcitonin-like peptides in human bCGRP, **46:**97
CGRP, **46:**101
cholecystokinin, **39:**240–246
cytochrome P450, **49:**134–135
1,4-dihydropyridine receptor/Ca^{2+} channel a_1 subunit, **44:**306–307

erythropoietin, **41:**169–170
gastric inhibitory peptide, **39:**250–252
gastrin, **39:**238–240
glicentin, **39:**260–261
glucocorticoid receptors, single-letter code, **49:**99–115
G protein-coupled receptor kinases, **51:**198–199
G protein-coupled receptors, **46:**2–8
G protein subunits
  α, **44:**74–81
  β, **44:**82
  γ, **44:**83
human CGRPVal^{8}Phe^{37} fragment, **46:**101
inhibins
  from PFF, **44:**10–14
  porcine, deduced from cDNA, **44:**15–23
  species comparison, **44:**20–23
PPARs, comparison, **54:**128–130
sex hormone-binding globulin, **49:**199, 209–211
thyrotropin receptors, **50:**290–292
p-Aminobenzoic acid, requirements for acetic acid bacteria, **46:**237
γ-Aminobutyric acid, CA^{2+} channel function and, **44:**183–185
Amino-terminal flanking peptides, calcitonin–CGRP, **46:**94–97
Ammonium chloride, effect on osteoclasts, **46:**48
Amnesia
pituitary peptide effects, **37:**181
ACTH-like peptides, **37:**197
vasopressin-like peptides, **37:**197–199
reversal of, by peptides, **37:**199–202
Amniotic fluid
estriol in, **35:**127–128
  assays for, **35:**132–134
estrogens in, **35:**120–121
11β-hydroxysteroid dehydrogenase and, **47:**207, 212
insulin-like growth factor binding proteins and, **47:**9, 22, 34
  biology, **47:**81–82, 88
  regulation *in vivo*, **47:**51–52
Amphetamine, experimental obesity and, **45:**11, 15–16, 47, 69
Ampicillin, effects on estriol excretion, **35:**136

Amygdala, experimental obesity and, **45:**2, 10
Amylin
  amidation, **46:**107–108
  amide peptide, **46:**107
  amino acid sequence, **46:**101
  CGRP-DAP peptide family, **46:**98
  effects on calcium metabolism, **46:**126–127
  primary structure, **46:**107–108
  role in extracellular homeostasis, **46:**127
Amylin-amide, effects on calcium homeostasis, **46:**127
Anabolic factors, in serum
  insulin-like activity, **40:**178
  multiplication stimulating activity, **40:**177–178
  sulfation factor activity, **40:**178–179
Analgesia, calcitonin-induced, **46:**139
Androgen ablation therapy, **49:**486
Androgen-binding protein, **41:**245, 263–264, **49:**197–262
  amino acid sequences, **49:**199, 209–211
  binding sites, **49:**230–231
  Cys residues, **49:**213
  DHT-binding, **49:**238
  expression
    during development, **49:**259–261
    ovary, brain, and other tissues, **49:**256–259
  genes
    coding region, **49:**246–247
    homology, **49:**244–245
    structure and transcription, **49:**240–249
    tissue-specific expression, **49:**246
    transcription start site, **49:**241, 244
  homologous domains, **49:**235–236
  hormonal regulation, **49:**252–254
  hormonal requirements, **49:**221
  hydrophilicity plot, **49:**213, 215, 247, 250
  immunocytochemical localization in hypothalamus, **49:**257–258
  immunoreactive, **49:**239, 256–258
  internalization, **49:**239
  membrane receptors, **49:**229–233
  mutagenesis, **49:**213–214
  nomenclature, **49:**200
  novel functions, **49:**233–240
  N-terminus, **49:**247–248
  precursors, **49:**210
  RNA transcripts, alternative processing, **49:**249–252
  in seminiferous fluid and epididymis, **33:**289–291
  as sertoli cell function marker, **49:**220–225
  species distribution, **49:**201–202
  structure
    cDNA cloning, **49:**208–211
    functional domains, **49:**214–219
    glycosylation and chemical properties, **49:**211–214
    purification and subunit structure, **49:**203–208
    quantitative measurement, **49:**202–203
Androgen insensitivity syndrome, **49:**37, 390–395
  DNA binding domain, **49:**391, 401
  steroid binding domain, **49:**391, 399–400
Androgen receptor proteins, in different tissues, **33:**269–270
Androgen receptors, **33:**678–686, **43:**165–168, **49:**398–405
  affinity labeling, **41:**224, 230, 245–247
  in benign prostate hyperplasia and prostate cancer, **49:**397
  complexes, evaluation of, **33:**301–304
  DNA-binding domain, **49:**401–402
  mutations, **49:**35–36
  functions, androgen insensitivity syndrome and, **49:**391
  gene regulation, **49:**405–409
    expression autoregulation, **49:**406–408
    promoter, **49:**405–406
    second messenger regulation of expression, **49:**408–409
  molecular weight species, **41:**246
  multiple forms of, **33:**298–301
  in muscle, **49:**388–389
  nuclear localization signals, **49:**403–404
  occurrence of, **33:**683–684
  phosphorylation, **49:**404–405
  properties of, **33:**679–680
  in prostate, **33:**91–93, 682–683
  regulation of, **33:**685–686
  transactivation domain, **49:**402–403

Androgen response elements
  complex, **49**:414–415
  simple, **49**:413–414
Androgens, *see also* Estrogens
  balance with estrogen, **49**:226
  in benign prostatic hyperplasia therapy, **33**:450–451
  binding and transport in testes and epididymis, **33**:283–295
  breast cancer and, **45**:130–131, 153
  calcium homeostasis in birds and, **45**:207
  effects
    erythropoietin biosynthesis, **31**:138–140
    LH and FSH regulation, **30**:117
    prolactin production, **43**:232
  effects on prostate, **33**:107–108
    cartilage, **33**:616–619
    cell proliferation, **33**:77–93
    differences between, **33**:31–32
    epithelial stem cell number, **49**:471–473
    in organ culture, **33**:1–38
  gene expression and, **33**:310–315
  gene regulation, **49**:409–416
    accessory factors, **49**:415–416
    complex androgen response elements, **49**:414–415
    post-transcriptional regulation, **49**:413
    transcriptional regulation, **49**:410–413
  germ cell stimulation of, **34**:206–209
  11β-hydroxysteroid dehydrogenase and, **47**:203, 215, 224–225
  inhibin interaction with, **37**:279–280
  Leydig cell stimulation of, **34**:193–195
  mechanisms of action in prostate, **49**:473–476
    andromedin role, **49**:474–476
    stromal cell role, **49**:474
  metabolism
    in benign prostate hypertrophy, **33**:417–438
    in prostate, **33**:193–207, **49**:448–451
  metastatic prostatic cancer response, **49**:486–492
    androgen-dependent cells, **49**:487
    nonproliferating cells, programmed death, **49**:489–492
    proliferating cells, programmed death, **49**:488–489
  normal response of prostate, **49**:453–463
    F phase, **49**:459–460
    growth control, **49**:455–456
    programmed cell death, **49**:456–463
  pathological actions, **49**:390–398
    androgen insensitivity, **49**:390–395
    benign prostate hyperplasia and prostate cancer, **49**:396–398
    5α-reductase deficiency, **49**:395
    X-linked spinal bulbar muscular atrophy, **49**:395–396
  peritubular cell stimulation by, **34**:198–199
  physiological actions, **49**:385–390
    brain and behavior, **49**:389–390
    internal reproductive structures and external genitalia, **49**:385–386
    muscle, **49**:388–389
    sebaceous glands, **49**:386–388
  prostate
    binding and metabolism, **33**:247–264
    developmental role, **49**:447–448
    transit cells dependent on, **49**:467–471
  in prostatic carcinogenesis, **49**:476–486
    epidemiological studies, **49**:477
    experimental induction, **49**:478–483
    promoting ability, **49**:483–486
  proteins regulated by, **36**:262, 271–272
  Sertoli cell stimulation by, **34**:203–206
  sex hormone-binding globulin regulation, **49**:254–256
  steroid binding domain, **49**:399–401
  synthesis, **42**:329–337
Andromedins, role in prostate, **49**:474–476
5α-Androstane-3β,17β-diol, metabolism, in benign prostate hypertrophy, **33**:428–429
Androstanediol, origin of, **33**:217
3β-Androstanediol, effect on prostate organ culture, **33**:1–38
5α-Androstane-3,17-dione, in milk, **50**:98
Androstanolone
  effect on prostate organ culture, **33**:1–38
  prostatic binding constants, **33**:321–331
  receptor control, **33**:331–342
1,4,6-Androstatrien-3,17-dione, **41**:261
Androstenediol, origin of, **33**:217
Androstenedione

acetylenic ketone-substituted, **41**:259
conversion to testosterone, **49**:143–144
19,19-difluoro-substituted, **41**:260–261
effect on prostate organ culture,
    33:1–38
19-fluoro-substituted, **41**:260–261
metabolism of, in benign prostate
    hypertrophy, **33**:429
placental aromatization, **30**:245
synthesis, **42**:329–337
4-Androstene-3,6,17-trione, **41**:261
Anemia
  in chronic renal disease, **41**:196, 203
  erythropoietin role, **31**:156–157, **41**:165,
    178, 181, 202–203
  megaloblastic, from vitamin deficiency,
    34:2, 20–22
  pernicious, vitamin B_{12} role, **50**:3–5
  in pregnancy, estrogen levels in, **30**:319
  sickle cell, erythropoietin production,
    41:166
  in swine, **48**:277
  tropical macrocytic, **50**:4–5
Anencephaly
  depressed estriol production in, **35**:134
  pregnancies with
    estriol excretion in, **30**:309–311
    estrogen excretion, **30**:336
    prolonged gestation and, **30**:258–259
Angiogenesis, laminins and, **47**:168–171,
    173, 178–179
Angiotensin, **41**:2
  in blood pressure regulation, **41**:39
  distribution, **41**:28
  effects on erythropoietin biogenesis,
    31:134
  in pain perception, **41**:32
  in smooth muscle contraction, **41**:99
Angiotensin II, **41**:4
  effect on steroidogenesis, in adrenal
    glomerulosa cells, **41**:137
Angiotensinogen II, immunoreactivity,
    50:265, 267
Animal models, pantothenic acid
  deficiency, **46**:170–171
Animal studies
  aging effect on memory, **37**:179–180
  carcinogens and retinoids, **40**:112–117
  ubiquinone biosynthesis regulation,
    40:17–21
Anion exchanger, osteoclastic bone
  resorption and, **46**:51–52

Annexins
  effects on osteoclast-like cell formation
    and bone resorption, **52**:84
  14-3-3 protein sequence homology to,
    52:150
Anorexia, experimental obesity and, **45**:2,
    60
Anorexia nervosa, leptin levels, **54**:11
Anovulation, **43**:259
Anterior pituitary
  gene transcription, **51**:37
  stimulation by estrogen, **43**:201–202
Anterior pituitary hormone
  opioid peptide effects, **36**:340–341
  secretion, substance P effect,
    35:263–264
Antiandrogens
  effects on prostate, **33**:111–115
  in organ culture, **33**:15–18
  in prostatic tumor therapy, **33**:351–376
  in therapy of benign prostatic
    hyperplasia, **33**:451–455
  tumor resistance, Bcl-2 family proteins
    as determinants, **53**:114
Antiapoptotic proteins, **53**:104–106
Antibiotics, effects on w-conotoxin
  GVIA binding to Ca^{2+} channels,
  44:198–199
Antibodies
  antisteroid, characterization,
    33:303–304
  biotin, **45**:355, 368
  breast cancer and, **45**:141–143, 149, 153
  experimental obesity and, **45**:13
  gonadal steroids, **36**:165–202
  G protein-selective, **48**:79
  11β-hydroxysteroid dehydrogenase and,
    47:226–227, 233, 237, 245, 248
  IGFBPs, **47**:29, 85
    expression *in vitro*, **47**:53, 55–56, 59
    expression *in vivo*, **47**:30, 32–34
    genes, **47**:9, 21
    regulation *in vitro*, **47**:63–64, 66, 69
    regulation *in vivo*, **47**:45, 50–51
  laminins and, **47**:163–164, 169, 176
  monoclonal, *see* Monoclonal antibodies
  synaptotagmin I, **54**:220
  zona pellucida and, **47**:126, 134
Antibody loading, PTP1B, **54**:79
Antibody tagging, IgG, **54**:171
Anticonvulsants, effect on calcium-
  binding protein, **31**:62–63

Antidepressants, effect on stress-induced changes in hippocampus, **51**:377–380
Antidermatitis factor, **46**:166
Antidiuretic hormone, interaction with aldosterone, **38**:68–70
Antiestrogens, **52**:117–120
  mechanism of action, **51**:277–280
  tumor resistance, Bcl-2 family proteins as determinants, **53**:114–115
Antigens
  biotin, **45**:368
  CD38, **48**:212–216
  H-Y, **43**:149–150
  11β-hydroxysteroid dehydrogenase and, **47**:235, 245
  IGFBPs, **47**:9
  laminins and, **47**:164
  osteoclast functional, **46**:42–44
  zona pellucida and, **47**:122
Antihormones, ovarian steroid receptor
  estrogen receptor function antagonism, **52**:117–120
  overview, **52**:109–110
  progesterone receptor function antagonism, **52**:112–117
Anti-idiotypic immunological screening, calcitonin receptor, **46**:144
Anti-inflammatory effects, 11β-hydroxysteroid dehydrogenase and, **47**:241–242
Anti-insulin receptor antibody, biphasic response to, **41**:62–63
Antioxidants, *see also specific antioxidants*
  immune response and
    in cigarette smoking, **52**:53–55
    deficiency, **52**:41–42
    effects in elderly, **52**:46–53
    rheumatoid arthritis, **52**:43–44
    supplementation in elderly, **52**:45–46
    increased need under oxidative stress conditions, **52**:55–56
  LDL oxidation and
    controversy over *in vitro* versus *in vivo* effects, **52**:20–21, 26–27
    initial suppression, **52**:9
    sequence of consumption in LDL peroxidation, **52**:15
    supplementation trials *in vivo*, **52**:21–27
    types associated with LDL, **52**:5
  micronutrients acting as, **52**:36–37
  tocopherols as, **34**:83–84
  vitamin E as, **30**:54–57
Anti-pernicious anemia factor, isolation, **50**:5, 7–8
Antiprogestins, **52**:112–117
Antiprolactin receptor, antibody, **41**:58
Antiprostatic drugs, animal models, **33**:103–135
Antisense oligonucleotides, **48**:81–83
Antisense strategies, critique, **53**:84–86
Antisera, site-specific, **42**:240–242
Antithyroid drugs, mechanism of action, iodide and, **39**:213–214
Antral mucosa, gastrin distribution in, **32**:64–66
Anxiety, thermogenesis and, **43**:45–46
Ape, chemical communication in, **34**:140
Aplysia
  ADP–ribosyl cyclase, **48**:209–211
  egg-laying hormone, **41**:19
  polypeptide hormones, multigene family, **41**:19
Apolipoprotein B, in oxidation of human LDL, **52**:5–6, 9
Apopain, crystal structure, **53**:47–48
Apoptosis
  augmentation, **53**:1
  Bcl-2 oncogene and, **53**:11–13
  cell protection by IGF-I receptor, mechanisms, **53**:86–87
  control, **53**:6–14
  coupling with p53-dependent cell cycle regulatory pathways
    Myc-mediated apoptosis, **53**:151–153
    pRB/E2F connection, **53**:154–156
  differentiation from necrosis, **53**:2
  E1A, **53**:13–14
  host response, **53**:88–90
  induction, **53**:140
  linkage of cell cycle checkpoints, **53**:4–6
  Myc-mediated, dependence on wtp53 function, **53**:151–153
  myc oncogene and, **53**:9–11
  p53-dependent, **53**:7–9, 139–162
    cytokines in hematopoietic cell survival, **53**:159–160
    downstream effector genes, **53**:156–158
    IGF-I–IGF-I receptor interactions, **53**:158–159
    oncogene-driven, **53**:145–150

role of transcription modulation,
    53:160–162
radiation-induced, **53:**3
    oncogene effect, **53:**14–16
    response to abnormal stimuli, **53:**2
    therapeutic implications, **53:**17–18
    tumor cells, protection by IGF-I
        receptor, **53:**77–81
    viral inhibitors, **53:**175–187
        cysteine proteases, **53:**180–183
        other, **53:**185–186
    in vivo method, determining extent of,
        53:76–77
Apoptotic genes, families, **53:**176–177
Apoptotic proteins, inhibitor, **53:**183–184
Apoquinoproteins, pyrroloquinoline
    quinone and, **45:**238–240
Apo-retinol-binding protein, binding-site
    studies on, **31:**22–23
Apo-very low density protein-II hormone,
    regulation of, **36:**264–265
Apparent mineralocorticoid excess,
    49:174–175, **50:**461–462
    11β-hydroxysteroid dehydrogenase and,
        47:220–225, 232, 234, 236, 240
    5β-ring A reduction and, **50:**474
Appetite
    alcohol caloric compensation, **54:**36–38
    NPY-induced, neurochemical effects,
        54:56–60
    regulation, endogenous NPY role,
        54:53–55
Aprotinin, IGFBPs and, **47:**51–52
Aquatic species, vitamin B_6 requirements
    for growth, **48:**283–287
Arachidonic acid
    effect on erythropoietin production,
        41:167
    metabolites, as PPAR ligands,
        54:135–136
    physiologic source, **41:**128–129, 152
    release, in blowfly salivary gland,
        41:149
    transformation in polymorphonuclear
        leukocytes, **39:**1–3
Arg-Gly-Asp tripeptide recognition
    sequence, **46:**42–44
Arginase, in test system for
    chemotherapeutic agents, **33:**157–166
Arginine vasotocin, **51:**249–250
Aromatase, **41:**259–260, **42:**352–355,
    43:146, 157, 159, **49:**169–170

inactivation, **41:**261
role in henny feathering mutation,
    43:181–183
Aromatic amine dehydrogenase,
    pyrroloquinoline quinone prosthetic
    group, **46:**231
Aromatization, **41:**262
β-Arrestin
    expression, **51:**195
    inhibition of $β_2$-adrenergic receptors,
        46:231
Arrestins
    amino acid sequences, **51:**214–215
    cloning, **51:**213–216
    C-terminal, **51:**220–222
    homologues, **51:**213–214
    localization, **51:**217–219
    molecular properties, **51:**218
    nonvisual, binding to receptors,
        51:223–224
    polypeptide variants, **51:**216–217
    receptor specificity, **51:**224–226
    retinal, binding to rhodopsin,
        51:219–223
Arteriosclerosis, cholesterol immunization
    in, **31:**195–196
Arthrobacter
    A. oxidans, oxidases in, **32:**13
    methylamine oxidase, **46:**233
Ascorbic acid
    antioxidant protection of LDL
        in vivo supplementation trials,
            52:21–22
        molecular mechanisms, **52:**10–14
        overview, **52:**9–10, 26
    assays, **42:**9–14
    in biological hydroxylations, **30:**1–43
    biosynthesis, **36:**34, **42:**14
        rates in mammals, **42:**4, 16–20
    chemistry, **42:**5–9
    colds and, **32:**157
    in collagen metabolism, **30:**19–36
    in collagen protein hydroxylation,
        30:3–10
    as cosubstrate for dopamine-b-
        hydroxylase, **30:**11–12
    deficiency, immune response in,
        52:41–42
    distribution, **42:**14–15
    history, **42:**5
    intake, and immune response in elderly,
        52:53

Ascorbic acid (continued)
  in 2-ketoacid-dependent hydroxylations, 30:15–19
  minimum daily requirements, 42:15–20
  in mixed-function oxidation, 30:11–19
  pathway of, 36:36
  recommended daily allowance, 42:15–20
  scurvy and, 36:33–52
  serum levels, and cigarette smoking, 52:53
  tissue levels, 42:3
  toxicity, 43:111
Asialoerythropoietin, 41:171–172
  activity, effect of galactose-terminal glycoproteins, 41:171–172
  in bone marrow culture, 41:173
  hydrolysis, 41:173
  oxidation of galactose residues, effect on activity in vivo, 41:171–172
Aspartate aminotransferase, estrogen induction of, 36:60
Aspartic acid, Asp-113 in β_2-adrenergic receptor, 46:3
  α-decarboxylation, 46:184
Assembly, hormone receptor, hsp70 and p60/Hop role, 54:190–192
Astrocytes
  IGFBPs and, 47:12, 57
  laminins and, 47:164
Atherosclerosis
  antioxidant supplementation effect, 52:21–27
  vitamin E, 52:20–21
  lesion development, inhibition by vitamin C, 52:9–14
  oxidized LDL role, 52:2–5
  pathogenesis
    mechanism, 52:1–2
    oxidative modification hypothesis, 52:26
Atherosclerotic plaques, 52:2
Athletic performance, vitamin E effects, 34:69
ATP
  biotin and, 45:340
  calcium homeostasis in birds and, 45:200
  complex with Mg^{2+}, substrate for pantothenate kinase, 46:188
  experimental obesity and, 45:62
  folypolyglutamate synthesis and, 45:302
  insulin-sensitive glucose transport and, 44:126–127, 132–133
  in nucleocytoplasmic shuttling, 51:327
  pyrroloquinoline quinone and, 45:255
  and steroid hormone receptor cycling, 54:176–177
ATPase
  H^+,K^+-
    localization at ruffled border membrane, 46:49, 52
    role in osteoclastic bone resorption, 46:50–51
  Na^+,K^+-, osteoclast, calcitonin effects, 46:121
Atrophy, see also Lipoatrophy
  neuronal
    adrenal steroid role, 51:388–391
    hippocampus, 51:374–377
    spinal bulbar muscular, X-linked, 49:395–396
Atropine, experimental obesity and, 45:49, 70, 73
Autocrine–paracrine factors, stimulation of osteoclasts, 52:80–84
Autographa californica nuclear polyhedrosis virus, 53:182
Autoimmune disease, pathogenesis
  forbidden clone theory, 38:187–191
  general principle of therapy, 38:196
  genetic predisposition to, 38:192–196
  less likely concepts of, 38:191–192
Autoimmune endocrine disease, 42:253–295
  defined, 42:253–256
  in humans, 42:267–277, 281–292
Autoimmune polyglandular syndromes, 42:284–286
Autoimmune thyroiditis, horror autotoxicus and, 38:123
Autoimmunity
  forbidden clone theory, 38:187–191
  MHC class I gene expression regulation and, 50:364–366
Autonomic nervous system
  CGRP distribution, 46:141–142
  experimental obesity and, 45:3, 90
    dietary, 45:70–72
    genetic, 45:35
    hypothalamic, 45:9, 21
    mechanism, 45:82, 85–86, 90
Auto-oxidation, polyunsaturated fatty acids, 52:7

Autophagia, in prostatic growth, **33:**73–77
Autophosphorylation
  IGF-I receptor, **48:**1112
  insulin receptor, **54:**70–71
Autoradiography, **41:**228
  osteoclast carbonic anhydrase, **46:**4
Autoreglation, β_2-adrenergic receptors, **46:**29–30
Autosomal reccessive osteopetrosis, carbonic anhydrase II deficiency in, **46:**47
Avidin
  biotin and, **45:**338
    biotin-binding proteins, **45:**353–356, 359
    deficiency symptoms, **45:**368
    nonprosthetic group functions, **45:**347, 349
  progesterone regulation, **36:**269
Axons
  reflex, substance P and, **35:**253–254
  vasopressin and oxytocin, **51:**242–246
Azides, photoaffinity attaching functions, **41:**225
Azidopine
  affinity labeling of 1,4-dihydropyridine receptors, **44:**258–259
  photoaffinity labeling of 1,4-dihydropyridine receptors, **44:**258–259
    in brain membrane, **44:**267, 269
    in cardiac membrane, **44:**267, 269, 271, 273–274
    in purified Ca^{2+} channels, **44:**267–271
    in skeletal muscle T-tubules, **44:**263, 265–267
    tritiated enantiomer comparison, **44:**267–268
  properties, **44:**264
Aziridines, electrophilic attaching functions, **41:**223

B

Baboon, sex-attractant acid changes in, **34:**177–178
Bacteria
  acetic acid
    alcohol dehydrogenase
      electron acceptor, **46:**259
      functions, **46:**250
    aldehyde dehydrogenase, **46:**252
    growth stimulating substance, **46:**236–237
    vitamin requirements, **46:**237
  biotin and, **45:**353, 356, 363
  CoA homeostasis, **46:**203
  coenzyme S synthesis, **46:**191–192, 203
  folypolyglutamate synthesis and, **45:**300–301, 303, 320
  glucose dehydrogenase-containing, **46:**246
  link between acyl carrier protein and CoA, **46:**210–211
  metabolism of pantothenate to β-alanine and pantoic acid, **46:**201
  methylotrophic, pyrroloquinoline quinone production, **46:**242–244
  pantothenic acid
    production, **46:**175
    synthetic and degradative pathways, **46:**182–184
  pyrroloquinoline quinone
    biological role, **45:**253
    biosynthesis, **45:**248–250
    cofactor research, **45:**226–229
    distribution, **45:**243–245
    properties, **45:**231, 236–237, 239
Bacteriorhodopsin
  topographical organization, **46:**3
  transmembrane spanning domain twist, **46:**3, 8
Baculovirus
  p35 protein, **53:**36
  recombinant vectors, IL-1b converting enzyme expression, **53:**45
Bafilomycin A, effect on osteoclastic bone resorption, **46:**50
Basal metabolic rate, fat-free mass and, **43:**4–5
Basement membranes
  breast cancer and, **45:**153–155
  laminins and, **47:**161–164
    biology, **47:**168–169, 172–173
    intracellular signals, **47:**177, 179
BAX gene promoter, DNA sequence analysis, **53:**120
Bax protein
  levels in breast cancer, **53:**117–118
  p53-dependent apoptosis, **53:**156–158
  proapoptotic, **53:**127–128
  structural features, **53:**108

Bay K 8644, effect on Ca^{2+} currents
 cardiac cells, **44:**165–167
 skeletal muscle, **44:**235, 246
Bay P 8857, photoaffinity labeling of 1,4-dihydropyridine receptors, **44:**261
B cell lymphoma/leukemia-2, *see* Bcl-2 family proteins
B cells
 biotin and, **45:**368–369
 mitogenic activation, inhibition by cAMP, **51:**80
Bcl-2/Bax connection, p53-dependent apoptosis, **53:**156–158
Bcl-2 family proteins, **53:**99–128
 antiapoptotic effects, **53:**121
 BAG-1, **53:**111–112
 BH3 domain, **53:**109
 BH4 domain, **53:**107–108
 deletion mutants, **53:**106
 as determinants of tumor resistance, **53:**112–115
 dimerization models, **53:**109–110
 functionally important domains, identification, **53:**104–111
 gene expression, *in vivo* patterns
  breast, **53:**115–118
  endometrium, **53:**118–119
  ovary, **53:**119–121
  prostate, **53:**121–125
  thymus, **53:**126–128
  thyroid, **53:**125–126
 heterodimerization, **53:**107
 homodimerization, **53:**106, 108
 interactions with nonhomologous proteins, **53:**111–113
 mechanisms of action, **53:**102–104
 members and functions, **53:**101
 p53-dependent apoptosis, **53:**156–158
 as prostate cancer prognostic marker, **53:**123
 Raf-1, **53:**111–112
 structures, **53:**104–105
Bcl-2 oncogene, apoptosis and, **53:**11–13
Bcl-X_L protein, **53:**110–111
 antiapoptotic, **53:**127–128
Bcr-Abl oncogene, 14-3-3 protein-regulated, **52:**165–166
Beer, pyrroloquinoline quinone in, **46:**234
Behavior
 androgen action, **49:**389–390
 egg-laying, in mollusks, hormonal control, **35:**303–305
 flight, in insects, hormonal effects, **35:**291–292
 invertebrate, hormonal effects, **35:**283–315
Benign prostatic hyperplasia
 androgen
  role, **49:**396–398
  therapy, **33:**450
  uptake, **33:**247–257
 castration effects, **33:**442–450
 in dogs, **33:**456–462
 estrogen therapy, **33:**450
 histology and characterization, **33:**440–441
 incidence, **33:**439–440
 nonsurgical treatment, **33:**439–464
 symptomatology, **33:**441
Benzochinone ansamycins, effect on steroid hormone receptors, **54:**186–189
Benzoquinone ring, ubiquinone, precursors, **40:**6–7
Benzothiazepine receptors
 affinity labeling, **44:**263
 divalent cation inhibition, **44:**220
 in skeletal muscle, density, **44:**283
 tissue-specific differences, **44:**209
Benzothiazepines, in Ca^{2+} channel assay
 properties as ligands, **44:**191, 193
 structures, **44:**191, 195
Benzoxadiazol 1,4-dihydropyridine, optical enantiomers, **44:**165
Beta cells, cyclic ADP-ribose
 Ca^{2+} release dependent on, **48:**234–235
 role in insulin secretion, **48:**245–248
Betaglycan
 structural features, **48:**120–123
 TGF-β presentation to type II receptor, **48:**147–150
BHRF1, **53:**178–179
Bicarbonate ions, and osteoclastic bone resorption, **46:**51–52
Binding proteins, *see also specific binding proteins*
 extracellular, affinity labeling, **41:**253–266
 single-strand, interaction with thyrotropin receptor, **50:**343–344
Bioassays
 calcitonin, **46:**114
 erythropoietin, **41:**194
 gastrin, **32:**69

SUBJECT INDEX

inhibin, **44:**4–5, 10, 13–14
LATS protector, **38:**176–177
luteinizing hormone, **36:**481
McKenzie mouse, **38:**127–128
somatomedins, **40:**195
substance P, **35:**223–227
vitamin D, **32:**303–304
Bioavailability, pantothenic acid, in humans, **46:**167–169
Biocytin, **45:**360
Biotin, **45:**337–339, 372
  enzymes, **45:**339–342
  inhibition of pantothenic acid uptake, **46:**179–180
  nonprosthetic group functions
    biotin-binding proteins, **45:**349
    cell differentiation, **45:**346–348
    cell nuclei, **45:**342
    cells in culture, **45:**343–346
    glucokinase, **45:**348
    guanylate cyclase, **45:**349–350
    RNA polymerase II, **45:**350
    testicular function, **45:**348–349
Biotin-binding proteins, **45:**338, 353
  avidin, **45:**353–354
  biotinidase, **45:**355–362
  egg yolk, **45:**354–355
  holocarboxylase synthetase, **45:**362–363
  nonprosthetic group functions, **45:**349
  nucleus, **45:**363–364
Biotin deficiency
  inherited
    multiple carboxylase deficiency, **45:**352–353
    single carboxylase deficiency, **45:**351–352
  symptoms
    immune dysfunction, **45:**367–369
    neurological abnormalities, **45:**369–371
    skin lesions, **45:**364–367
    teratogenic effects, **45:**371–372
Biotinidase
  biotin-binding proteins and, **45:**353, 355–362
  deficiency symptoms, **45:**370
Bipiperidyl mustard, experimental obesity and, **45:**6, 82
Bird, calcium homeostasis, *see* Calcium homeostasis in birds
Bityrosine formation, iodide effect, **39:**214

Blastocyst
  implantation, preimplantation embryo steroid effect, **34:**230–233
  metabolic activities in, **34:**233–234
  repression and activation of, **31:**242–250
  zona pellucida and, **47:**136
Blastomeres, zona pellucida and, **47:**118
Bleomycin, in prostatic cancer therapy, **33:**161–164, 169–170
Blood
  FSH-RH in, **30:**121
  hypothalamic corticotropin-releasing factor in, **37:**140–141
  LH-RH in, **30:**123
  progesterone in, **30:**241–243
  retinol transport in, **38:**40–42
  somatomedin levels
    in disease states, **40:**205–209
    throughout normal life, **40:**199–205
  steroid hormone transport in, **38:**35
  substance P in, **35:**231–232
  vitamin D-transporting proteins in, **32:**408–418
Blood–brain barrier, pantothenic acid transport, **46:**180
Blood coagulation, **43:**133, 135
  vitamin E and, **34:**68
Blood flow
  gastrointestinal hormones and, **39:**317–319
  hepatic, steroids, **33:**212–213
  of hypophysial complex
    adenohypophysis, **40:**151
    neurohypophysis, **40:**149–151
  substance P effects, **35:**260
Blood-forming tissues, erythropoietin inactivation in, **31:**147–149
Blood pressure, 11β-hydroxysteroid dehydrogenase and
  clinical studies, **47:**219–220, 222–224
  function, **47:**236, 243–244
Blood vessels, *see also* Microvasculature; Vasculature
  CGRP distribution, **46:**135–136
Body composition, and alcohol dietary energy, **54:**32–34
Body fat, in relation to leptin, **54:**6–8
Body mass index
  correlation with CSF leptin, **54:**21–22
  and leptin levels, **54:**4, 6–11
  relationship to alcohol consumption, **54:**32–34

Body weight, *see also* Energy balance; Obesity
  genetic and familial factors affecting, **43**:26–27, 51–52
  set point, **43**:25–26
Bombesin, **41**:4
  distribution, **41**:27
  in feeding behavior, **41**:37
  food intake and, **43**:10
  in milk, **50**:113–114
  in pain perception, **41**:32
  in temperature regulation, **41**:38
Bombesin-related gastrin-releasing polypeptide, amino acid sequence, **39**:252–255
Bone
  abnormalities in PTHrP-negative mice
    histological examination results, **52**:184–187
    skeletal structure, **52**:181–184
  calcium homeostasis in birds and, **45**:173–174
    conceptual model, **45**:175
    controlling systems, **45**:194–198
    regulating hormones, **45**:179, 184–185, 188, 192
    reproduction, **45**:207–208
    simulated oscillatory behavior, **45**:202, 204
  formation, vitamin D effect, **37**:3, 59–60
    and protein-synthesis effect, **31**:69–71
  homeostasis, 1,25-(OH)$_2$ D$_3$ and, **40**:244–245
  IGFBPs
    expression *in vitro*, **47**:55–56, 60
    genes, **47**:17, 21
    regulation *in vitro*, **47**:64, 67–68
  laminins and, **47**:166
  mechanism of action of PTH and calcitonin in, **38**:239–240
    adenylate cyclase activity, **38**:241–242
    calcitonin receptors, **38**:241
    cAMP responses in skeletal tissue, **38**:242–243
    cell types involved, **38**:240–241
    cyclic nucleotide phosphodiesterase and, **38**:243
    protein kinases, **38**:242
  metabolic disease, **42**:86–89
  stages of *in vitro* development, **52**:64–65
  warfarin and, **42**:93–102

Bone cells, cAMP-mediated positive growth control, **51**:88
Bone Gla protein, **42**:65–108
  biosynthesis, **42**:74–77
  chemical modificatoin, **42**:71–72
  chemotactic activity, **42**:101–102
  interaction with Ca^{2+} and hydroxyapatite, **42**:72–74
  isolation, **42**:67–68
  message structure, **42**:70
  in metabolic bone disease, **42**:86–89
  in mineralizing tissue, **42**:89–93
  occurrence, **42**:66–67
  in plasma, **42**:82–89
  primary structure, **42**:68–69
  properties, **42**:70–74
  regulation
    of hydroxyapatite formation, **42**:74
    by 1,25-(OH)$_2$D$_3$, **42**:77–82
  warfarin and, **42**:93–102
Bone-lining cells, calcium homeostasis in birds and, **45**:196–197
Bone marrow
  erythropoietin effects, **31**:114–117
  osteoclast-inducing stromal cells, **46**:59–60
Bone mineralization, **42**:89–93
  calcitriol in, **52**:66–67
  insulin in, **52**:68
Bone morphogenic proteins, in bone cell proliferation, **52**:72
Bone resorption, **31**:71–72
  calcitonin as inhibitor, **52**:79–80
  calcitriol in, **52**:78–79
  interleukin-6 production role, **52**:74
  osteoclastic
    amiloride effects, **46**:50
    bafilomycin A effects, **46**:50
    bone slice assays, **46**:47
    calcitonin effects, **46**:123–124
      in vitro, **46**:120
      in vivo, **46**:119–120
    calcium role, **46**:54–55
    carbonic anhydrase role, **46**:44–48
    collagenase production, **46**:53
    controlling factors, **52**:77
    DIDS effects, **46**:51–52
    dimethylamiloride effects, **46**:50
    induction, **46**:62–68
    inhibition by
      acetazolamide, **46**:46–47
      ethoxzolamide, **46**:46–47

monoclonal antibody 13C2,
  46:42–43
Na+/Ca+ exchanger role, **46**:54–55
omeproazole effects, **46**:49–50
osteoblast neutral protease role,
  46:65–66
osteoclast-derived proteinase role,
  46:52–54
osteoclast resorption-stimulating
  activity, **46**:69–70
proton transport systems in,
  46:48–52
PTH-stimulated organ culture
  experiments, **46**:44–47
SITS effects, **46**:51–52
parathyroid hormone and, **52**:65–66, 78
Bone slice assays, osteoclastic bone
  resorption
  amiloride effects, **46**:50
  dimethylamiloride effects, **46**:50
  omeproazole effects, **46**:49–50
  sufonamide inhibitors, **46**:47
Bone surface
  composition, resting *vs.* bone-forming,
    46:67–68
  osteoclast adhesion to, **46**:42–44
  unmineralized material layer, **46**:63–64,
    66–67
Botulinum neurotoxins, **54**:209–210,
  215–218
Bovine follicular fluid, inhibins
  isolation and characterization, **44**:14–15
  subunit arrangements, **44**:35
Bovine mammary epithelial cells,
  IGFBPs, **47**:65–66, 68
Bovine serum albumin, isolated,
  adipocyte preparation and,
  44:133–134
Bracken
  antithiamine factors in, **33**:477–486,
    489
  rhizome, poisoning of pigs, **33**:490–492
Bradykinin, **41**:4
Brain
  activation of tryptophan and tyrosine
    hydroxylases, **52**:153–154
  androgen action, **49**:389–390
  androgen-binding protein and sex
    hormone-binding globulin
    expression, **49**:256–258
  calcium-binding protein in, **32**:307–311
  cannabinoid uptake by, **36**:241–243

CGRP distribution, **46**:139–140
CGRP receptors, **46**:119
discovery, **52**:150
gene transcription, **51**:37–39
11β-hydroxysteroid dehydrogenase and,
  47:199, 208, 225, 230, 242–26
IGFBPs, **47**:37–40, 47, 57
lesions, effect on FSH and LH
  secretion, **30**:89–90
lipids, pantothenic acid deficiency
  effects, **46**:170–171
microdissection, **41**:11
microsomes, cyclic ADP-ribose-
  dependent Ca^{2+} release,
  48:233–234
peptide-sensitive areas of, **37**:222–227
phosphatidylinositol effect in,
  33:563–565
pituitary hormone transport to
  retrograde via pituitary stalk,
    40:159–162
  systemic circulation, **40**:158–159
14-3-3 proteins
  activation of tryptophan and tyrosine
    hydroxylases, **52**:153–154
  discovery, **52**:150
rat, GnRH receptor distribution,
  50:190–192
mRNA, **50**:190, 193–194, 196
sex hormone-dependent differentiation,
  animal experiments, **38**:341–360
sexual differentiation, **43**:171–174
  clinical studies and perspectives,
    38:360–369
  gonadotropin secretion, **38**:33–338
  sexual behavior, **38**:338–341
  steroid hormone biosynthetic pathways,
    51:345
stimulation, effects on prolactin
  secretion, **30**:204–211
substance P in, **35**:236–240
synaptosomes, phosphatidylinositol
  turnover, **41**:125–129
Brain-derived neurotrophic factor, mRNA,
  expression in hippocampus,
    51:389–390
Brain–gut hormones, in milk, **50**:113–115
Brain peptides, *see also* Endorphins;
  Enkephalins; Neuropeptides
  acetylation, **41**:24
  amidation, **41**:24
  biosynthesis, **41**:5, 17–23

Brain peptides (*continued*)
categories, **41**:3–4
characterization, **41**:5–8
concentrations, **41**:3–4
alterations in CNS disease, **41**:40–41
deacetylation, **41**:24
degradation, **41**:23–26
delineation, methods, **41**:5–13
detection, **41**:5–8
distribution, **41**:26–29
effects
adaptive behavior, **41**:32–34
blood pressure, **41**:33, 39
feeding, **41**:36–37
learning, **41**:32–34
major homeostatic mechanisms, **41**:31–40
memory, **41**:32–34
pain, **41**:31–32
temperature regulation, **41**:37–39
evolution and, **41**:13–16
functions, **41**:29–40
glycosylation, **41**:24
immunohistochemistry, **41**:6–8
in situ hybridization cytochemistry, **41**:7–8
isolation, **41**:5–8
neurophysiological studies, **41**:8–10
new, detection, **41**:6
processing
evolutionary changes, **41**:15
proteolytic, **41**:23–26
in psychiatric disease, **41**:34–35
radioimmunoassay, **41**:5–6
receptors, detection, **41**:10
study methods, **41**:5–13
neuroanatomical techniques, **41**:10–12
quantitation of cell number and density, **41**:12
stereotaxic techniques, **41**:11–12
therapeutic applications, **41**:41
Bream, growth, vitamin B_6 role, **48**:286
Breast
development, **43**:154–155
in vivo patterns of Bcl-2 family gene expression, **53**:115–118
Breast cancer
cell lines, IGF expression, **48**:35
estrogen regulation, **45**:127–130, 158–159
cell growth, **45**:134–136
insulin-like growth factors, **45**:146–150
52 kDa protein, **45**:144–146
PDGF, **45**:142–144
secreted growth factors, **45**:139–140
TGF-α, **45**:140–142
TGF-β, **45**:150–152
mechanisms of estrogen resistance, **45**:156–158
normal breast development, **45**:130–132
protein, **45**:152, 155–156
laminin receptor, **45**:155
progesterone, **45**:154–155
proteolytic enzymes, **45**:152–154
synthesis, **45**:132–134
favorable prognosis, Bcl-2 association with, **53**:117
folypolyglutamate synthesis and, **45**:271, 284, 286, 315
hormonal role, **33**:707–708
IGFBPs and, **47**:60, 67, 78
prolactin secretion and, **30**:202–203
Bretylium tosylate, effect on relaxin-dependent uterine cAMP increase, **41**:104
Brevibacterium R312, nitrile hydratase, **46**:234
BRL-3A cells, IGFBPs, **47**:12, 14
Bromine, in ascorbic acid assay, **42**:10–11
11α-Bromoacetoxyprogesterone, **41**:240
16α-Bromoacetoxyprogesterone, **41**:240
21-Bromoacetoxyprogesterone, **41**:240
N-Bromoacetyl-L-thyroxine, **41**:255
N-Bromoacetyltriiodothyronine, **41**:247–251
8-Bromo–cAMP, steroid hormone receptor activation, **51**:302
Bromocriptine, effect on prolactin, **50**:81
Brown adipose tissue
and experimental obesity, **45**:82, 86
dietary obesity, **45**:66, 68, 70–74
genetic obesity, **45**:30–31, 36–38, 40, 50–53
hypothalamic obesity, **45**:11, 22–24
facultative thermogenesis and, **43**:5, 15, 20–22, 55
Brush-border membrane proteins, properties and synthesis of, **37**:51–52
Bulimia nervosa, leptin levels, **54**:11
Buserelin, binding to hippocampus, **50**:195, 197

C

Cachectin, **43**:8
Caerulein, **41**:15
 description and properties, **32**:57
Caffeine
 effects on Ca^{2+} channel, **48**:229–230
 thermogenesis and, **43**:47–48
Calbindin, calcium homeostasis in birds and, **45**:186, 190, 200, 207
Calciferol
 deficiencies in action, **40**:264–265
  active metabolite levels, **40**:265–279
  circulating levels of 1,25-dihydroxycholecalciferol, **40**:279–283
 1α-hydroxylation, **40**:237–239
 24-hydroxylation, **40**:239–241
 25-hydroxylation, **40**:236–237
 modifications, **40**:241–242
 normal action
  bioactive calciferols, **40**:236–249
  1,25-dihydroxycholecalciferol, molecular aspects, **40**:249–264
 subcellular localization, **32**:355–360
CALC II gene, **46**:91–91, 100
Calcineurin, **42**:228
Calcitonin, **41**:4, 20, **52**:79–80
 biological effects
  bone, **46**:119–132
   osteoclast motility, **46**:120–121
   osteoclast secretory activity, **46**:121
   resorption, **46**:123–124
   in vivo and *in vitro,* **46**:119–120
  kidney, **46**:133–134
 calcium homeostasis in birds and, **45**:175–176
  controlling systems, **45**:196, 201
  regulating hormones, **45**:179, 185–186
  simulated oscillatory behavior, **45**:202
 in calcium regulation, **32**:315
 clinical pharmacology, **46**:115–116
 cloning, **46**:87–8i8
 direct response by osteoclasts, **46**:68–69
 distribution within receptor compartments, **46**:115–116
 disulfide bridge, **46**:105, 109
 effects, post-receptor regulation
  calcium, **46**:131–132
  cAMP, **46**:127–128
  G proteins, **46**:128–131
 effects on
  calcium metabolism in lactation, **37**:309–314
  localization of carbonic anhydrase in osteoclasts, **46**:46
  osteoclasts, **46**:43
 in feeding behavior, **41**:37
 gene sequence conservation between classes, **46**:99–101
 gene sequencing, **46**:87–88
 helix-forming potential, **46**:108–109
 immunometric assays, **46**:112–114
 mechanism of action, identification of receptors, **38**:236–239
 osteoclast acidity produced by, **46**:46
 peptides, comparison, **46**:97–101
 plasma levels, **46**:111–114
 precursor, **41**:20
 primary structure, **46**:104–105
 radioimmunoassays, **46**:112–113
 salmon gene, **46**:92, 98, 102, 104
 secretion, **46**:110–111
  role of cyclic nucleotides
   cAMP role, direct and indirect evidence, **38**:229–230
   C-cell anatomy and physiology, **38**:228
   experimental system for study, **38**:229
 tertiary structure, **46**:108–109
Calcitonin–calcitonin gene-related peptide
 alternative splicing, **46**:90–91, 145–146
 amino-terminal flanking peptides, **46**:94–97
 β calcitonin–CGRP gene, **46**:91–92, 100
 in C cells, **46**:110
 cleavage and polyadenylation, **46**:91
 conservation between species, **46**:101
 γ sequence, **46**:94, 104
 genes, evolution of, **46**:93–104
 mRNA and peptide sequences, comparison, **46**:96
 organization, **46**:89–90
 peptide family members, **46**:92–93
 primary transcript, **46**:90–91
γ-Calcitonin–calcitonin gene-related peptide
 homology with β gene, **46**:93
 nucleotide sequence, **46**:95
Calcitonin gene-related peptide
 biological effects
  bone, **46**:125–126

Calcitonin gene-related peptide
(continued)
  cardiovascular system, **46:**134–139
    conduction, **46:**135
    contraction, **46:**135
    physiological role, **46:**138–139
    skin microvasculature, **46:**135–136
    systemic vasculature, **46:**136–138
    vessels, **46:**135–136
  kidney, **46:**133–134
  nervous system
    central neuromodulation, **46:**142
    distribution in brain, **46:**139–140
    peripheral neurotransmission,
      46:142–143
  in C cells, **46:**111
  circulating, colchicine and capsaicin
    effects, **46:**111
  clinical pharmacology, **46:**116–117
  distribution
    autonomic nervous system,
      46:141–142
    brain, **46:**139–140
    ear, **46:**143
    eye, **46:**143–144
    heart, **46:**135
    motor neurons, **46:**141
    nerves, **46:**141
    sensory nervous system, **46:**140–141
    spinal cord, **46:**140
  disulfide bridge, **46:**106
  enzyme immunometric assay, **46:**113
  functions, **46:**143–144
  human CGRPVal^{8}Phe^{37} fragment,
    46:101, 106–107
  phamacokinetic properties, **46:**117
  plasma levels, **46:**114–115
  primary structure, **46:**105–107
  secretion, **46:**111
Calcitonin gene-related peptide receptors
  binding, **46:**106–107
  distribution, **46:**118–119
  on osteoblasts, **46:**126
  pharmacology, **46:**119
Calcitonin gene-related product, **41:**6
Calcitonin receptors
  alveolar macrophages, **46:**60
  bone, **38:**241
  cloning, **46:**144–145
  distribution, **46:**117–118
  ectopic, **46:**118
  inappropriately expressed, **46:**118
  monocytes, **46:**60
  normal and malignant tissues,
    46:117–118
  osteoclasts, **46:**117
  peritoneal macrophages, **46:**60
  pharmacology, **46:**117–118
  salmon, **46:**119
Calcitriol
  actions, **40:**242–247
    molecular aspects
      mechanism, **40:**249–251
      nuclear events, **40:**259–260
      receptors, **40:**252–259
      transport in plasma, **40:**251–252
  as active form of vitamin D, **31:**49
  assay of, **32:**424–425
  in bone cell proliferation, **52:**66–67
  botanical factor compared to,
    32:300–303
  calcium homeostasis in birds and,
    45:175
    controlling system, **45:**198–200
    oscillatory behavior, **45:**206
    regulating hormones, **45:**179,
      182–184, 186–194
    reproduction, **45:**207–209
  circulating levels, increase, **40:**279–283
  comparison with vitamin D, **32:**336–339
  effects on
    calcium metabolism, **32:**289–291,
      314–315, 374–380
    intestine, **32:**336–342
    osteopontin production by
      osteoblasts, **46:**44
    RNA and protein synthesis,
      32:341–342
  hormone-like action of, **32:**325–384
  mechanism of action, **32:**315
  receptors for, **32:**291–295
  renal production of, **32:**363–381
  serum binding proteins for, **32:**416–417,
    420–421
  stimulation of osteoclast formation,
    52:78–79
  subcellular localization of, **32:**360–362
  therapeutic uses for, **32:**143
  turnover of, **32:**363–365
  vitamin D interaction with, **32:**355–363
Calcium
  absorption
    intestinal, **37:**43–46
    vitamin D and, **32:**140

antibodies against, **42**:293
biphasic intracellular transient,
    calcitonin-related, **46**:131–132
bone Gla protein and, **42**:72–74
C cells, **46**:110
control of smooth muscle contraction,
    41:98–99
dietary availability of, **32**:327–329
enhanced renal reabsorption
    calcitriol role, **52**:79
    PTH and PTHrp role, **52**:78
extracellular, effect on osteoclast
    podosome expression, **46**:43
functions of, **32**:326
gonadotropin release dependent on,
    50:162–164
growth and, **31**:86–89
homeostasis, **32**:326, **43**:283–285
    summary, **32**:381
    vitamin D effects, **37**:3
IGFBPs, **47**:2
intercellular communication and,
    31:75–76
interdependence with cAMP, **51**:107
intra- and extracellular, GnRH receptor
    regulation, **50**:158–159
metabolism
    amylin effects, **46**:126–127
    in lactation, hormonal control,
        37:303–345
    protein synthesis and vitamin D
        action on, **31**:47
in milk, **37**:335
mitosis and, **31**:79–86
mobilization, relation with inositol
    phospholipids, **50**:164–166
in phosphatidylinositol turnover,
    41:118–151
plasma calcitonin and, **46**:110
processes dependent on, substance P
    and, **35**:272–273
prostate levels, **49**:459
redistribution by phospholipase C-
    inositol *tris*-phosphate, **46**:132
role
    osteoclastic bone resorption, **46**:54–55
    PTH secretion, **43**:296–297
role in exocytosis, **42**:142–170
    cytosolic levels, **42**:146–147
    entry sites, **42**:148–149
    kinetic considerations, **42**:143–145
    membrane fusion, **42**:149–155

second messenger system,
    42:199–200, 223–225
secretion regulation, synaptotagmin
    role, **54**:219–221
signaling agents, TSHR gene
    expression regulation, **50**:328–330
signaling patterns, development,
    gonadotropin secretion and,
    50:242–243
stores
    cyclic ADP-ribose-sensitive,
        48:225–227
    IP_3- and ryanodine-sensitive,
        48:224–225
in temperature regulation, **41**:37–38
waves, initiation, **54**:106
zona pellucida and, **47**:135
Calcium-binding protein
    absorption, vitamin D effects,
        32:299–324
    in adaptation, **31**:59–61
    amino acid composition, **31**:56–57;
        32:304–306
    anticonvulsant therapy and, **31**:62–63
    biosynthesis, **32**:282–291
        vitamin D dependence, **32**:299–324
    in brain tissue, **32**:307–311
    calcium absorption and, **31**:58–59
    corticosteroids and, **31**:62
    intestinal synthesis, **31**:50–55
    localization, **31**:58
    properties, **31**:55–56
    and synthesis, **37**:47–51
    strontium in diet and, **31**:61–62
    tissue distribution, **31**:57–58,
        32:306–307
Calcium channels
    activation by GnRH, **50**:163
    caffeine effects, **48**:229–230
    classes, **48**:200
    receptor-linked, desensitization,
        50:180–181
Calcium channels, L type
    affinity labeling, **44**:248–249, 252–260
    characterization with
        benzothiazepines, **44**:191–192, 195
        1,4-dihydropyridines, **44**:189–193
        diphenylbutylpiperidines, **44**:193–197
        phenylalkylamines, **44**:191, 194
        toxins, **44**:197–199
    cloning, α_1 subunit amino acid
        sequence, **44**:306–307

Calcium channels, L type (continued)
  comparison with types N and T,
    44:159–160
  drug receptor sites
    allosteric interaction, three-site
      model, 44:201–203
    low and high affinity state,
      44:201–202, 204
    temperature effect, 44:203, 205
  electrophysiology, see Calcium currents
  expression induction in Xenopus
    oocytes, 44:198, 307
  ion permeation mechanism, 44:171–175
  photoaffinity labeling, 44:249, 253
    with arylazides, 44:263–280
    with nonarylazides, 44:253, 260–263
  purification
    from cardiac tissues, 44:296–298
    from skeletal muscle, 44:281–292
      drug receptor binding site
        densities, 44:282–283
      radiation inactivation, target size and,
        44:248, 250–251
  reconstituted into lipid bilayers or
    liposomes
    cAMP-dependent phosphorylation,
      44:302–303
    conductance, 44:299–301, 303–305
    voltage dependence, 44:299–302
  subunits in purified preparation,
    skeletal muscle
    α_1 as 1,4-dihydropyridine receptor
      carrier, 44:271, 292–293, 295
      azidopine binding, 44:267–271, 273,
        292
        nucleophilic agents and, 44:267,
          271
    biochemical properties, 44:293–295
    immunochemistry, 44:295–296
    [N—$methyl$—^{3}H]LU 49888 binding,
      44:276–278, 280, 292
Calcium currents
  after reconstitution, 44:299–305
  1,4-dihydropyridine enantiomer
    opposite effects, 44:169–170
  models, cardiac cells
    modal, 44:164–165
    subset, 44:161–164
  modulation by
    β-adrenergic receptors, 44:175–178
    cAMP-dependent phosphorylation,
      44:178–179

  G proteins, 44:168–169, 177–178,
    184–187
  neurotransmitters, 44:179–185
  protein kinase C, 44:186–189
  slow and fast components, skeletal
    muscle
    in cell culture, 44:303
    muscular dysgenesis and, mouse,
      44:238–239
    in normal development, 44:237–238
  specific drug effects
    cardiac cells, 44:164–170
    skeletal muscle, 44:234–237, 244–246
Calcium homeostasis in birds
  conceptual model, 45:175–177
  controlling systems
    bone, 45:194–198
    intestinal absorption, 45:198–200
    renal calcium flow, 45:200–202
    regulating hormones, 45:177–179
      calcitonin, 45:185–186
      1,25-dihydroxycholecalciferol,
        45:186–194
      PTH, 45:179–185
  reproduction, 45:206–209
  simulated oscillatory behavior,
    45:202–206
Calcium influx
  capacitative, mechanisms, 54:100–109
  from extracellular space, 54:97–98
Calcium influx factor, pathway for Ca^{2+}
  entry, 54:102–106
Calcium ion
  insulin-sensitive glucose transport and,
    44:127
  intracellular, G protein role
    calcium channels and, 44:72–73
    exocytosis and, 44:73
    shuttle between T-tubules and
      sarcoplasmic reticulum, 44:242–243
Calcium pump, and 1,25-
  dihydroxyvitamin D_3, 49:298
Calcium release
  cGMP effects, 48:219–220
  cyclic ADP-ribose-dependent, 48:203,
    221–236
    Ca^{2+} stores, 48:224–227
    mammalian systems, 48:231–236
    relationship with Ca^{2+}-induced
      release, 48:227–231
    sea urchin egg as model system,
      48:221–224

induced Ca^{2+} release, **48:**227–231, 241
  caffeine effects, **48:**229–230
  cyclic ADP-ribose-sensitive,
    48:229–230
  ryanodine receptors, **48:**228–229
  NAD^+-dependent, **48:**201–202
Calcium release channels, skeletal muscle
  isolation from sarcoplasmic reticulum,
    44:222–224
  role in excitation–contraction coupling
    chemical hypothesis, **44:**225–227
    electrical hypothesis, **44:**224
    mechanical hypothesis, **44:**224–225
  sarcoplasmic reticulum interaction with
    T-tubules and, **44:**242–243
Calcium transport
  actinomycin effects, **32:**339–341
  calcium-binding protein role, **32:**318–319
  filipin effects, **32:**345–354
  in intestine, **32:**342–355
  vitamin D effects, **31:**45
Calelectrins, in mammalian tissues,
  42:160
Calmodulin
  calcium homeostasis in birds and,
    45:182, 191
  Ca^{2+} signal modification in
    gonadotropes, **50:**163
  effect on smooth muscle contraction,
    41:101
  regulated system, compartmentalized,
    42:224–225
Caloric compensation, on appetite: role of
  alcohol, **54:**36–38
Calorimetry
  alcohol metabolism studies, **54:**35–36
  chamber, **43:**41, 78
Calreticulin, **49:**81
  retinoid receptors function inhibition,
    51:418
Calvaria, IGFBPs, **47:**64, 67, 77
cAMP, *see* Cyclic AMP
Cancer, *see also* Malignancy; Tumors
  experimental, vitamin A deficiency and,
    40:111
  hormone role, **33:**706–709
  human, vitamin A deficiency and,
    40:108–110
  IGF role, **48:**34–38
  mammary lipogenesis and, **36:**154–159
  patients, retinoid administration,
    40:117

  progression from bad to worse, **34:**127
  retinoid receptor role, **49:**362–363
  retinoid therapy, **49:**364–365
  steroid-dependent gonadal steroid
    antibody effect on, **36:**193–194
  vitamin A and, history, **40:**106–108
  vitamin A binding proteins and,
    36:21–25
  vitamin B_6 metabolism in, **36:**81
Cancer cells
  calcitonin receptors, **46:**118
  growth, cAMP and, **51:**122–140
    negative modulation, **51:**127–133
    escape from, **51:**133–135
    oncogenes related to cyclic AMP
      cascade, **51:**136–140
    as tumor promoter, **51:**135–136
Cancer therapy, *see also* Bcl-2 family
  proteins
  loss of replicative potential, **53:**3
Canine blacktongue, pellagra and,
  33:515–516
Cannabinoids, **36:**241–243
  brain uptake, **36:**241–243
  effects
    adrenal cortical system, **36:**224–232
    development, **36:**232–240
    female reproductive system,
      36:216–224
    male reproductive system,
      36:204–216
    prostaglandin synthesis, **36:**224
    reproductive behavior, **36:**241–247
  as estrogens, **36:**222–223
  placental transfer of, **36:**232–233
Capillary permeability, preimplantation
  embryo steroid studies, **34:**234–236
Captopril, in blood pressure regulation,
  41:39
Carbenoxolone, 11b-hydroxysteroid
  dehydrogenase and, **47:**221, 223, 233,
  237–241, 247
Carbohydrate
  biotin and, **45:**343, 348
  cell membrane, **30:**49
  dietary, **43:**13, 15–16
  experimental obesity and, **45:**2, 82
    dietary, **45:**60, 63, 70, 73–74
    genetic, **45:**48
    hypothalamic, **45:**11, 13, 20–21
  11β-hydroxysteroid dehydrogenase and,
    47:243

Carbohydrate (*continued*)
  IGFBPs, **47**:9, 44, 89
  substitution of ethanol for, **54**:33–35
  zona pellucida and, **47**:146
Carbohydrate metabolism
  oral contraceptive effect, **36**:69–72
  in pregnancy, *see also* Diabetic pregnancy
    estrogen levels and, **30**:314–316
    HCG levels and, **30**:291–292
    human placental lactogen levels, **30**:297
Carbon, *see also* One-carbon metabolism
  folypolyglutamate synthesis and, **45**:285
  pyrroloquinoline quinone and, **45**:231, 252
Carbon–cobalt cleavage, **50**:26–31
  chemistry, **50**:29–30
  consequences, **50**:26–27
Carbon dioxide, enzyme fixing systems for, **35**:97
Carbonic anhydrase
  isozymes, **46**:45
  localization
    calcitonin effects, **46**:121
    at ruffled border membrane, **46**:45–46, 52
  protons produced by, **46**:48–52
Carbonic anhydrase II
  deficiency in autosomal recessive osteopetrosis, **46**:47
  isolation and purification, **46**:45
  in osteoclasts, **46**:47
Carbon monoxide, spectra, cytochrome P450, **42**:319–320
γ-Carboxyglutamate
  biosynthesis, vitamin K role, **35**:59–108
  in coagulation proenzymes, **35**:75–78
  discovery, **35**:75–81
  in kidney and urinary proteins, **35**:80–81
  in miscellaneous plasma proteins, **35**:78–79
  in osteocalcin, **35**:79–80
γ-Carboxyglutamic acid, **42**:65, *see also* Bone Gla protein
  chemical modification, **42**:71–72
Carboxylases, biotin and, **45**:358, 372
  biotin-binding proteins, **45**:353
  deficiency
    inherited, **45**:351–353
    symptoms, **45**:365, 368–370, 372
  enzymes, **45**:340–341
  nonprosthetic group functions, **45**:342, 344
Carboxyl tail
  acidity, **46**:3
  bovine rhodopsin, **46**:12–13
Carboxyl-terminal flanking peptides, calcitonin gene and calcitonin gene-related peptides, **46**:101–104
Carcinogenesis
  prolactin role, **34**:107–136
  prostatic
    androgen role, **49**:476–486
    multistep nature, **49**:437–441
Carcinogens, and retinoids, animal studies, **40**:112–117
Carcinoma cells
  IGFBPs, **47**:61, 77–78, 89
  laminins and, **47**:172
Cardiac cells
  calcium channels
    Bay K 8644 effects, **44**:165–167
    elementary currents, models, **44**:161–165
    G protein role, **44**:177–178
    1,4-dihydropyridine receptors
      affinity labeling, **44**:255, 258–259
      photoaffinity labeling, **44**:267, 269, 271, 273–274
      purification
        chicken, **44**:297–298
        mammalian, **44**:296–297
  in insulin studies, **44**:114, 137
Cardiovascular disease, *see also* Atherosclerosis
  risk reduction, estrogen replacement therapy role, **52**:100
Cardiovascular system, CGRP receptor binding sites, **46**:118–119
Carnitine acetyltransferase, effects of CoA long-chain acyl esters, **46**:209
Carnitine–CoA ratio, in various tissue, **46**:198
Carnosine, **41**:4
β-Carotene
  intake
    and cigarette smoking, **52**:54
    and UV-induced immunosuppression in elderly, **52**:48–51
  structure, **43**:113
  vs. vitamin A as antioxidant, **52**:37

Carotenoids, effects on immune response in elderly, **52:**48–51
Carp, vitamin B_6 requirements for growth, **48:**285
Cartilage
  androgen effects, **33:**616–619
  calcium homeostasis in birds and, **45:**195–196
  cAMP effects, **33:**628–630
  chemical composition, **33:**576
  chemistry and physiology, **33:**577–584
  estrogen effects, **33:**610–616
  fatty acid effects, **33:**631–634
  glucocorticoid effects, **33:**619–625
  growth hormone effects, **33:**584–587
  hormonal regulation, **33:**575–648
  inhibitors, **33:**634
  insulin effects, **33:**597–600
  metabolic regulation, **33:**628–634
  multiplication-stimulating activity and, **33:**604–605
  nerve growth factor effects, **33:**625
  nonsuppressible insulin-like activity effects, **33:**600–604
  prostaglandin effects, **33:**630–631
  PTH effects, **33:**625–627
  pyrroloquinoline quinone and, **45:**247
  somatomedin effects, **33:**587–597
  thyroid hormone effects, **33:**605–610
Casein kinase II, steroid hormone receptor phosphorylation, **51:**294
Casomorphin, in milk, **50:**115–117
Castration
  effects
    androstanolone-receptor complexes, **33:**334–338
    benign prostatic hyperplasia, **33:**442–450
  in prostatic cancer therapy, **33:**388
Cat, vitamin B_6 requirements for growth, **48:**272–274
Catalytic activity, IL-1b converting enzyme, **53:**33
Catecholamines
  biosynthesis, **42:**118–121
  14-3-3 protein-regulated, **52:**153–154
  calcium homeostasis in birds and, **45:**182
  cardiac cell membrane permeability to Ca^{2+} and, **44:**175–177
  effects
    myometrial acitivity, **31:**74–75
  phosphatidylinositol turnover, **41:**142, 144
  prolactin secretion, **30:**182–186
  experimental obesity and, **45:**11, 22
  food intake and, **43:**11
  in hypophysial portal blood, **40:**154–155
  metabolism by monoamine oxidase, **42:**134–138
  release, **42:**142–170
  thermogenesis and, **43:**18, 37–43, 49
  transport in chromaffin granules, **42:**121–127
Catfish, vitamin B_6 requirements for growth, **48:**283–286
Cathepsins
  in osteoclastic bone resorption, **46:**52
  release, correlation with ^{45}Ca release, **46:**65
Cathespin D, breast cancer and, **45:**146–147, 156
Cations, divalent
  Ca^{2+} channel selective permeability and, **44:**171–175
  insulin-sensitive glucose transport and, **44:**127, 129–130, 136
  requirement for Ca^{2+} channel receptors
    benzothiazepine-selective site, **44:**220
    1,4-dihydropyridine-selective site, **44:**216–219
    phenylalkylamine-selective site, **44:**216–219
Cation secretion, aldosterone and, **38:**70–77
Cattle, vitamin B_6 requirements for growth, **48:**278–279
C2B domain, synaptotagmin I, **54:**210–211, 220
CBP, complex with nuclear receptors, **54:**152
CCAAT/enhancer-binding protein a, **54:**155
C cells
  calcitonin and CGRP secretion, **46:**110–111
  katacalcin secretion, **46:**110
CCNU, *see* Lomustine
CD38, **48:**212–216
  ecto-expression, **48:**215
cdks, steroid hormone receptor phosphorylation, **51:**294
Cell adhesion
  laminins and, **47:**161, 164–166, 171
  osteoclasts to bone surfaces, **46:**42–44

Cell adhesion molecules, retinoids and, **51:**440
Cell aggregation, calcium-binding protein and, **31:**76–79
Cell culture
  pituitary, inhibin assay, **37:**254–255
  regulation of ubiquinone biosynthesis in, **40:**24–27
Cell cycle
  controls, **51:**63–66
  G_1 phase, estrogen effects, **51:**271
  14-3-3 protein-regulated, **52:**156–158
Cell cycle checkpoints
  linkage to apoptosis, **53:**4–6
  therapeutic implications, **53:**17–18
Cell death, forms, **53:**2
Cell differentiation
  osteoblasts
    general characteristics, **52:**64
    proliferation and differentiation factors, **52:**65–76
    systems for *in vitro* study, **52:**64–65
  osteoclasts
    autocrine–paracrine factors stimulating, **52:**80–84
    general characteristics, **52:**76–77
    hormones affecting function and formation of, **52:**78–80
    local inhibitory factors, **52:**84–86
    overview, **52:**63
    vitamin D and, **49:**304–307
Cell growth
  cAMP role, **51:**122–127
  regulatory role of minimal TSHR promoter, **50:**360–363
Cell lines
  continuous
    early work, **51:**73–75
    nonepithelial, cAMP-mediated positive growth control, **51:**91–92
  insulin action studies, **44:**114
  muscle, nonfusing, inhibition by cholera toxin and forskolin, **51:**80–81
  S49 lymphoma mutations, G proteins, **44:**60–61, 64, 77, 85
Cell membranes
  biochemical characteristics, **30:**47–49
  carbohydrates, **30:**49
  concept, **30:**46–47
  enzyme activity, **30:**53–54
  fatty acids, **30:**72
  lipids, **30:**47–48
  proteins, **30:**48–49
  ultrastructural aspects, **30:**49–54
  vitamin E deficiency effects, **30:**45–82
Cell metabolism, calcium metabolism effects, **31:**74–75
Cell proliferation
  fibroblasts, cell-specific actions, **48:**89–91
  myc oncogene and, **53:**9–11
  prostatic cells, **33:**61–102
  regulation, **53:**6–14
Cells, *see also* Target cells; *specific cell types*
  in vitro oxidation of LDL, **52:**6–7
  multinuclear, as osteoclasts, **46:**63
  neurophysiology, substance P role, **35:**241–242
  regulation by 14-3-3 proteins, **52:**153–158
  transformation, EGF–urogastrone role, **37:**100–103
  vitamin E deficiency and premature aging, **52:**45
Cellular communication, **41:**1, 14
Central nervous system
  activation of corticotropin-releasing factor, **37:**112–113
  biotin and, **45:**370–371
  CGRP distribution, **46:**139–140
  CGRP receptors, **46:**118–119
  control of gonadotropic secretion, **30:**85–86
  enkephalin activity in, **36:**318–327
  experimental obesity and, **45:**3, 39, 41, 66, 84
  11β-hydroxysteroid dehydrogenase and, **47:**242–244
Cephalic sensory system, experimental obesity and, **45:**16–17, 57–58
Cerebellum, 11β-hydroxysteroid dehydrogenase and, **47:**246
Cerebral arteries, dilation, CGRP-induced, **46:**137
Cerebrocortical necrosis, in ruminants, **33:**488–489
Cerebrospinal fluid
  IGFBPs
    binding properties, **47:**24, 28
    biology, **47:**83, 88
    expression *in vivo*, **47:**33–34, 38
    genes, **47:**18–19
    leptin resistance in, **54:**21–22

NPY, in eating-disorded patients, **54**:62
somatomedin in, **40**:209–210
CGA, *see* Chromogranin A
CGRP, *see* Calcitonin gene-related peptide
Channels
  calcium, *see* Calcium channels
  store-operated, CRAC and TRP, **54**:110–113
Chaperone complex, heat shock proteins and peptidyl prolyl isomerases, **54**:180
Chaperones, molecular, 14-3-3 proteins as, **52**:167–168
Chastek paralysis, **33**:467
  thiamine deficiency in, **33**:487
Checkpoint control, function, p53 tumor suppressor protein, **53**:143–144
Chemical communication
  human sexuality and, **34**:181
  in primates, **34**:137–186
  in rhesus monkeys, **34**:141–155
Chemical cross-linking, in study of steroid hormone receptors, **54**:172–175
Chemoprevention, retinoid receptor role, **49**:362–363
Chemotherapeutic drugs, tumor resistance, role of Bcl-2 family proteins, **53**:112–113
Chemotherapy, prostatic cancer, potential test system for, **33**:155–188
Chicken
  experimental model of thyroiditis, **42**:278–280
  feminization of, **43**:179–183
  FSH-RH from, **30**:100
  isoprothrombins in, **32**:492
  laying hen, shell gland calcium-binding protein, **32**:311–312
  LH-RH from, **30**:104–105
  vitamin B_6 requirements for growth, **48**:281–283
  vitamin D binding proteins in, **32**:412–414
Chicken ovalbumin upstream promoter, interaction with retinoid receptor, **49**:351–352
Chicken ovalbumin upstream promoter transcription factor
  cytochrome P450 steroid hydroxylase expression, **51**:358
  retinoid receptor function inhibition, **51**:417–418

Children, healthy, leptin levels, **54**:10–11
Chimeric proteins, regulation, **54**:169
Chimeric PTHrP-negative mice, generation and germline transmission, **52**:180–181
Chinese hamster ovary cells, 11b-hydroxysteroid dehydrogenase and, **47**:229
Chloramphenicol acetyltransferase, IGFBPs, **47**:11–12, 14, 16
Chlorobium cytochrome c_{553}, covalently linked flavin in, **32**:34
11β-Chloromethylestradiol, **41**:2231
Cholecalciferol, **43**:118
  assay, **32**:422–423
  deficiency, **32**:140–141
  serum binding proteins, **32**:409–416
Cholecystokinin, **41**:2, 4
  amino acid sequence, **39**:240–246
  distribution, **41**:27–28
  effect on calcitonin in secretion, **46**:111
  experimental obesity and, **45**:3, 77
    dietary, **45**:59, 64
    genetic, **45**:33, 39, 41–43, 49
    hypothalamic, **45**:15, 17, 19–20
  food intake and, **43**:10
  in milk, **50**:115
  octapeptide
    concentrations, alterations in CNS disease, **41**:40
    effect on phosphatidylinositol turnover, **41**:128
    in feeding behavior, **41**:36–37
    in pain perception, **41**:32
  processing, **41**:15
Cholecystokinin–pancreozymin
  description and properties, **32**:56
  octadecapeptide, **32**:57–58
Cholera toxin
  ADP ribosylation of G_s, **44**:57–60
  ADP ribosylation factor role, **44**:57–58, 66–67
  cAMP induction, **51**:67
  effects
    LH movement, **50**:182–187
    osteoclast motility and spread area, **46**:130–131
    inhibition of nonfusing muscle cell lines, **51**:80–81
Cholestasis, intrahepatic, in pregnancy, depressed estriol excretion in, **35**:136

Cholesterol, **42:**329–337, *see also* 7-Dehydrocholesterol
  biotin and, **45:**370
  experimental obesity and, **45:**34
  immunization against, effects on arteriosclerosis, **31:**195–196
  in steroidogenesis, **52:**131–132, 144
Cholesterol–BSA, antibodies, **31:**183
Choline
  biotin and, **45:**346
  folypolyglutamate synthesis and, **45:**272–273
Choline dehydrogenase
  identification, **46:**233
  origins, **46:**231
  pyrroloquinoline quinone prosthetic group, **46:**231
Chondrocytes
  IGFBPs, **47:**71
  in PTHrP-negative mice
    in histological examination of mutant skeleton, **52:**185–187
    PTHrP role in proliferation, **52:**187–190
Choriocarcinoma
  estrogen in, **30:**308
  HCG in, **30:**288–289
  human placental lactogen in, **30:**295–296
  progesterone in, **30:**335–336
Chorion, 11β-hydroxysteroid dehydrogenase and, **47:**207
Chorionic somatomammotropin
  enhancer, **50:**404–405
  gene expression, **50:**403–406
Choroid plexus, inhibition of pantothenic acid uptake, **46:**180
Chromaffin cells
  adrenal, SNARE proteins, **54:**214
  ascorbic acid studies, **42:**22–41
  as experimental model, **42:**110
  membrane recycling, **42:**116–117
  structure, **42:**111–113
Chromaffin granule
  biogenesis, **42:**116–117
  catecholamine transport in, **42:**121–127
  movement in cytoplasm, **42:**138–142
  structure, **42:**111–113
Chromatium cytochrome c_{552}, 8a-S-cysteinyl-FAD in, **32:**3, 27–33

Chromatographic assays
  CoA, **46:**186
  pantothenic acid, **46:**173–174
  pyrroloquinoline quinone–serine adduct, **46:**239–240
Chromatography, *see also specific types*
  IGFBPs, **47:**17, 20, 81, 84, 87
  laminins and, **47:**174–175
  pyrroloquinoline quinone, **45:**237–238, 242
Chromogranin A, **43:**283
  adrenal, similarity to secretory protein-I, **43:**301
  distribution, **43:**302
  function, **43:**302–303
  properties, **43:**300–301
Chromogranins, distribution, **50:**261
Chromosomal sex, establishment of, **43:**17–148
Chromosomes
  biotin, **45:**342, 352
  in breast cancer, **45:**142, 146
  experimental obesity-associated, **45:**30
  in folypolyglutamate synthesis, **45:**301
  11β-hydroxysteroid dehydrogenase, **47:**231
  IGFBPs, **47:**10–11, 13, 18, 20
  zona pellucida, **47:**125, 135–136
  fetal ovary, **47:**117, 120, 122–123
Chymodenin, partial sequence, **39:**261
CI-628, effects on preimplantation embryos, **34:**236–239
Cigarette smoking, antioxidants and, **52:**53–56
Circadian rhythm
  in ACTH secretion, **37:**121–123
  and leptin secretion, **54:**16–17
  regulation, **51:**38–39
Circulation, bound and free leptin in, **54:**20–21
cis elements, zona pellucida and, **47:**143–146
Citrate, synthesis in prostate, **49:**446
Citrate synthase
  aldosterone and, **38:**77–79
  CoA assay with, **46:**186
  succinyl CoA:acetyl CoA ratio effects, **46:**209
c-kit, zona pellucida and, **47:**121
Claudication, intermittent, peripheral vascular disease with, **34:**67–68

Cleavage
  calcitonin–CGRP, **46:**91
  cobalt–carbon, **50:**26–31
  C_{21} side-chain, **42:**338–345
Cl-/HCO_3- exchange, inhibitory effects on osteoclasts, **46:**48–49
Clofibrate, effects on CoA levels, **46:**190
Clomiphene, effects on LH and FSH release, **30:**146–147
Clomiphene citrate, **43:**262–263
Clonal variation, in TSaab specificity, **38:**180–181
Clones
  biotin, **45:**338, 342, 352, 356, 368
  breast cancer and, **45:**143, 146, 155
  calcium homeostasis in birds and, **45:**180, 185, 189
  folypolyglutamate synthesis and, **45:**300
  11β-hydroxysteroid dehydrogenase, **47:**227, 229–231, 233
  IGFBPs, **47:**4
  expression *in vivo,* **47:**33–34
  genes, **47:**5, 9–10, 12, 16–20
  laminins, **47:**163
  pyrroloquinoline quinone, **45:**250
Clonidine, in blood pressure regulation, **41:**39
Cloning
  androgen-binding protein cDNA, **49:**208–211
  arrestins, **51:**213–216
  G protein-coupled receptor kinases, **51:**196–199
  nonapeptide receptors, **51:**252–253
Clonogenic assays, **53:**3–4
c-mos, zona pellucida and, **47:**126
CNS, *see* Central nervous system
Cobalamin
  biosynthesis by microorganisms, **50:**38
  metabolism, **50:**54
  reaction requiring, **34:**6
  recognition by enzymes and binding proteins, **50:**43
  serum levels, **50:**44
  strain, **50:**15–16, 20
  transport in cells, **50:**42
Cob(II)alamin, binding to diol dehydrase, **50:**48
Cobalt
  atom, coordinates in B_{12} compounds, **50:**11
  valence state, vitamin B_{12}, **50:**33, 35–36
Cobalt–carbon cleavage, **50:**26–31
  chemistry, **50:**29–30
  consequences, **50:**26–27
Cobalt–nitrogen bond, **50:**29
Cobyric acid, **50:**32
Cockroach, copulatory movements in, release of, **35:**292–293
Coenzyme A
  and acyl carrier protein, precursor–product relationship, **46:**212
  assays, **46:**185–186
  cellular distribution, **46:**195–198
  degradation, **46:**198–202
  diabetes effects, **46:**189–190
  homeostasis, **46:**203
  inhibition of pantothenate kinase, **46:**188–189
  liver, pantothenic acid deficiency effects, **46:**171
  metabolism
    altered, enzyme systems affected by, **46:**209–210
    schematic, **46:**187
  mitochondrial transport system, **46:**196–197
  pantothenate transport, **46:**182
  starvation effects, **46:**189–190
  tissue contents, pantothenic acid deficiency effects, **46:**171–172
Coenzyme A biosynthesis, **46:**185–195
  acetyl CoA and, **46:**207
  intermediates, HPLC, **46:**173–174
  localization of enzymes involved in, **46:**193–195
  pantothenate kinase phosphorylation of pantothenic acid, **46:**185–192
  from 4′-phosphopantotheine, **46:**193
  4′-phosphopantotheine systhesis from 4′-phosphyopantothenate, **46:**192–193
Coenzyme B_{12}, *see* Adenosylcobalamin
Cofactor interaction
  PPAR ligand effect, **54:**147–148
  role of PPAR AF-2 domain, **54:**148
Cofactors
  binding with short-chain dehydrogenases, **49:**139–140
  dynamic requirement hypothesis, **42:**20–21

Cofactors (continued)
  pyridoxal 5'-phosphate, of vitamin B_6, 48:259–260
  pyrroloquinoline quinone, 45:256–257
    biological role, 45:254–256
    biosynthesis, 45:251
    distribution, 45:245, 258
    properties, 45:235
    research, 45:223–230
Cognitive function, relationship to adrenal steroid levels, 51:395
Cognitive impairment, peptide effects, 37:215–219
Cognitive performance
  exogenous glucocorticoid treatment effects, 51:394
  stress effects, 51:391–393
Colds, vitamin C and, 32:157
Collagen
  bone, degradation by osteoclasts, 46:53–54
  breast cancer and, 45:153–155
  IGFBPs, 47:77, 83–84, 87
  laminins, 47:162, 165–166, 169, 174, 178
  lysine hydroxylation in, 30:10–11
  proline hydroxylation in, ascorbic acid role, 30:3–10
  pyrroloquinoline quinone, 45:247, 255
  synthesis, 30:2–3
    inhibition, in scurvy, 30:30–36
Collagenase
  breast cancer and, 45:153, 158
  cells secreting, role in bone resorption, 46:65
  isolated adipocyte preparation and, 44:133
  laminins, 47:169, 172
  osteoblast-derived, 46:53
Collagenase promoter, 49:353
Colony-stimulating factors, stimulation of osteoclasts, 52:81–82
Compartments of uncoupling of receptor and ligand, acidification by insulin, blocked by monensin, 44:119–120
Complement, LATS action and, 38:163
Complementary DNA
  allelo-typing, 49:439
  androgen-binding protein and sex hormone-binding globulin, 49:249, 251–252
  cloning, 49:208–211
  antisense, 48:83–85
  binding
    glucocorticoid receptor, 49:59–60, 64
    retinoid X receptor, 49:349
  binding domain, estrogen receptors, 51:275
  binding site, retinoid receptors, configuration and sequence, 51:420–422
  binding steroid hormone receptors, regulation by phosphorylation, 51:296–297
  biotin, 45:338, 342, 352, 354, 364
  breast cancer and, 45:133, 141, 146–147, 156
  calcitonin receptor cloning, 46:144–145
  calcium homeostasis in birds and, 45:189–190
  endothelin receptor, 48:167–168
  folypolyglutamate synthesis, 45:270
  G protein specificity, 48:81–83
  11β-hydroxysteroid dehydrogenase, 47:227, 229–231, 233, 245, 248
  IGFBPs, 47:4, 81
    expression in vitro, 47:55, 57
    expression in vivo, 47:33–34, 40
  IL-1β converting enzyme, 53:36–41
  inhibin-encoding, nucleotide sequences, 44:15–19
  laminins, 47:162–164, 174
  vitamin D, 49:285–286
Complementation, biotin and, 45:352
Concanavalin A
  biphasic response to, 41:62–63
  in study of ligand–receptor interaction, 41:57–59
Conformational coupling hypothesis, Ca^{2+} influx, 54:107–108
Conformational flexibility, calcitonin molecule, 46:108
Congenital adrenal hyperplasia, 43:171, 49:143
  in humans, 30:259–260
  17α-hydroxylase deficiency, 49:148–149
  11β-hydroxylase deficiency, 49:152, 166–167
  21-hydroxylase deficiency, 49:150–151, 158, 160
Congenital defects, from marijuana, 36:237–239
Congenital lipoid adrenal hyperplasia, 49:146–147

Connective tissue
  IGFBPs, **47:**74, 88
  laminins, **47:**161
  zona pellucida, **47:**117, 122
ω-Conotoxin GVIA
  amino acid sequences, **44:**197
  binding to Ca^{2+} channels type L and N, **44:**197–198
    antibiotic effects, **44:**198–199
    photoaffinity labeling, **44:**198, 200
Controller, experimental obesity and, **45:**78–79, 89
Copper, pyrroloquinoline quinone and
  cofactor research, **45:**229–230
  distribution, **45:**244–247
  properties, **45:**231
Copper metabolism, in pellagra, **33:**522
Cornea, glycoprotein synthesis and vitamin A in, **35:**4–6
Corn steep liquor
  growth-simulating substance in, **46:**236
  pyrroloquinoline quinone in, **46:**234
Corpus luteum
  inhibin secretion, **44:**38–39
  role in maintenance of pregnancy, **30:**250–251
Corrin
  compared with porphyrins, **50:**25–26
  metal-free, **50:**33–34
Corrinoids, stable yellow, **50:**32
Corrin ring, **50:**11–12
  conformation, **50:**54–56
  flexing, results, **50:**56–57
  folding, **50:**26–31
  groups projecting axially from, **50:**23–24
  synthesis in bacteria, **50:**36
Cortical granules, zona pellucida and, **47:**135–136
Corticosteroid-binding globulin, **41:**255, 264–265
  11β-hydroxysteroid dehydrogenase and, **47:**248
  photoaffinity labeling, **41:**224
  progesterone receptor and, **33:**676–677
Corticosteroids
  adrenal, experimental obesity and, **45:**82–85, 89–90
  ascorbic acid uptake and, **42:**23–26, 43–47
  effects
    calcium-binding protein, **31:**62
    myometrial activity, **31:**280–281
    vitaminB_6 metabolism, **36:**80–81
  in milk, **50:**93
Corticosteroids, 11β-hydroxysteroid dehydrogenase and, **47:**248
  biological activity, **47:**214
  developmental biology, **47:**206, 208, 210–213
  enzymology, **47:**225–226
  expression, **47:**216–217
  function, **47:**236, 241–248
  lower vertebrates, **47:**215
  properties, **47:**190–191, 204–205
Corticosterone
  calcium homeostasis in birds and, **45:**183
  experimental obesity and, **45:**83–85
  genetic obesity, **45:**36–37, 40–41
  hypothalamic obesity, **45:**27
Corticosterone, 11β-hydroxysteroid dehydrogenase and, **47:**188, 190–191, 204–205
  clinical studies, **47:**219, 224
  developmental biology, **47:**209–210, 212–213
  enzymology, **47:**232
  function, **47:**233–235, 239, 242–244, 246–247
  lower vertebrates, **47:**215
  metabolism, **50:**460–461
Corticosterone methyloxidase deficiency, **49:**152, 167–168
Corticotropin, glucocorticoid regulation of, **36:**277–278
Corticotropin-like intermediate lobe peptide, **41:**25
  experimental obesity and, **45:**46, 89
Corticotropin-releasing factor, **41:**34
  assays, **37:**132–143
    in vitro, **37:**135–138
  CNS activation of, **37:**112–113
  control of ACTH secretion, **37:**111–152
  distribution, **41:**27–29
  effect on NPY-induced appetite, **54:**57–60
  and experimental obesity, **45:**83–84
    dietary obesity, **45:**68
    genetic obesity, **45:**36–37, 41
    hypothalamic obesity, **45:**14, 27
  in feeding behavior, **41:**37
  α-helical, **54:**58–59
  hypothalamic
    nature, **37:**113–115
    peripheral blood, **37:**138–143

Corticotropin-releasing factor (*continued*)
  in peripheral blood, **37**:123–125
  in tissue, **37**:143–149
    regulation, **37**:145–146
    significance, **37**:147–150
    suppression, **37**:146–147
Corticotropin-releasing hormone, **41**:2, 4
Cortisol
  antibodies to, **31**:182
  antiserum to, **31**:184
  deficiency, **49**:158
  effect on leptin, **54**:14–15
  IGFBPs, **47**:64
  kaliuretic effects, **50**:473–475
  radioimmunoassays, **37**:118–121
  synthesis, **42**:329–337, **49**:141, 143
Cortisol, 11β-hydroxysteroid
    dehydrogenase and, **47**:188–189
  biological activity, **47**:213–214
  clinical studies, **47**:219, 221, 223–225
  developmental biology, **47**:207–212
  enzymology, **47**:232
  function, **47**:233, 236–237, 239
  lower vertebrates, **47**:215–216
  metabolism, **50**:460–461
  properties, **47**:191, 194, 198, 201, 204–206
Cortisol mesylate, **41**:241, 243–245
Cortisone, 11β-hydroxysteroid
    dehydrogenase and, **47**:188–189
  biological activity, **47**:213–214
  clinical studies, **47**:220–221, 223–224
  developmental biology, **47**:207–209, 211
  enzymology, **47**:232
  function, **47**:239
  lower vertebrates, **47**:214–215
  properties, **47**:194, 200, 204–206
Cortisone, hippocampal neuronal atrophy, **51**:374–377
Cortisone oxoreductase deficiency, **49**:175
Corynebacterium sp. N-771, nitrile
    hydratase, **46**:234
COS7 cells, IL-1β converting enzyme
    expression, **53**:44
Coumarin drugs, function, history of, **35**:60–70
Coupling reaction, effect of iodide, **39**:213–214
Cow
  FSH-releasing hormone from, **30**:100
  isoprothrombins in, **32**:491
  LH-releasing hormone from, **30**:102

prolonged gestation in, **30**:255–257
Cowpox response modifier A, **53**:35–36
cysteine protease inactivator, **53**:181–182
CPP32b, **53**:50–51
CRAC channels, in capacitative Ca^{2+} influx, **54**:110–111
CREB-binding protein, structure, **51**:19–20
CRF, *see* Corticotropin-releasing factor
Crustacean
  hormonal regulation of behavior in, **35**:301–303
  vitamin B_6 requirements for growth, **48**:286–287
CSF, *see* Cerebrospinal fluid
C_1 synthase, folypolyglutamate synthesis and, **45**:290–291
Cumulus cells, zona pellucida and, **47**:125, 133
CURL, *see* Compartments of uncoupling of receptor and ligand
Cyanocobalamin β-ligand transferase, **50**:54
Cybernine, inhibin as, **37**:296–298
Cyclic ADP-ribose, **48**:199–251
  antagonists, **48**:239–243
  binding sites, photoaffinity labeling, **48**:243–244
  Ca^{2+} mobilization, **48**:229
    model, **48**:249–250
  Ca^{2+} release, **48**:203
  discovery, **48**:201–204
  endogenous tissue levels, **48**:206–207
  hydrolytic products, **48**:205
  metabolism, enzymes involved in, **48**:207–221
    ADP-ribosyl cyclase, **48**:208–212
    cyclic ADP-ribose hydrolase, **48**:212
    lymphocyte CD38, **48**:212–216
    regulation by cGMP, **48**:218–221
    relationship with NAD^+
      glycohydrolase, **48**:216–218
  physiological roles, **48**:244–248
    fertilization, **48**:244–245
    insulin secretion, **48**:245–248
  sensitive Ca^{2+} stores, **48**:225–227
  structure, **48**:202, 204–205
  8-substituted analogs, **48**:239–243
Cyclic ADP-ribose hydrolase, **48**:212
  occurrence in animal tissues, **48**:259–260

Cyclic ADP-ribose receptors, **48**:236–244
  antagonists, **48**:239–243
  binding to sea urchin egg microsomes, **48**:237–239
  photoaffinity labeling of binding sites, **48**:243–244
Cyclic AMP, **51**:1–46, *see also* Dibutyryl cyclic AMP
  alteration of progesterone antagonist pharmacology, **52**:113–114
  antagonist, **41**:70
  autoregulation
    TSHR, **50**:325–327
    TTF-1 role, **50**:354
  biotin and, **45**:350
  breast cancer and, **45**:137–139
  Ca^{2+} channel protein phosphorylation and, **44**:178–179
    after reconstitution, **44**:302–303
  calcitonin-related increases in bone, **46**:127–128
  1,4-dihydropyridine receptor regulation, chicken, **44**:247–248
  effects
    cartilage, **33**:628–630
    phosphatidylinositol turnover, **41**:142
    prostatic cell proliferation, **33**:90–91
  functions, **51**:61
  G proteins and, **44**:59, 71, 85, 87
  growth control, cytoskeleton change role, **51**:122–127
    cell shape, **51**:123
    mitogenic pathways, **51**:126–127
    reverse transformation, **51**:125
  growth stimulation by, mechanisms, **51**:141–142
  hormone-activated, functional compartmentalization of, **36**:546–551
  IGFBPs, **47**:12, 62–63, 68–69, 78
  in immune system, **51**:78–80
  interdependence with calcium, **51**:107
  laminins and, **47**:177, 179
  LH-RH and, **38**:309–310
  mediation of calcitonin effects on osteoclasts, **46**:68
  negative control ofced cycle progression, **51**:73–83
    cholera toxin and forskolin, **51**:80–81
    early work, **51**:73–75
    fibroblast, **51**:75–77
    inhibition of G_2–mitosis transition, **51**:81–82
    prophase block of meiosis in oocytes, **51**:81
    vascular endothelial and smooth muscle cells, **51**:77–78
  negative modulation of cancer cell growth, **51**:127–133
    8-Cl-cAMP, **51**:131–132
    escape from, **51**:133–135
    hypotheses, **51**:128–130
    oncogene expression inhibition, **51**:132–133
    type II PKA, **51**:129–131
  positive control of cell cycle progression, **51**:83–118, 143
    adrenocortical cells, **51**:89
    bone cells, **51**:88
    cross-signaling between mitogenic stimulations, **51**:106–108
    gene expression, **51**:99–105
    induction of its own mitogenic pathway, **51**:108–118
    mammary epithelial cells, **51**:87–88
    melanocytes, **51**:90
    mitogenic pathways, **51**:105–118
    nonepithelial continuous cell lines, **51**:91–92
    ovarian follicular granulosa cells, **51**:88–89
    peripheral nervous system, **51**:90–91
    positive regulation, **51**:93–95
    protein kinase activation, **51**:95–98
    protein phosphorylation, **51**:98–99
    somatotrophs, **51**:87
    synergism with other mitogenic factors, **51**:92–93
    thymocytes, **51**:91
    thyrocytes, **51**:85–87
  positive growth control mediated by, **51**:85
  in preimplantation embryo, **34**:227
  probes, **51**:66–72
    adenylate cyclase toxins, **51**:69
    cAMP analogs, **51**:69–71
    cholera toxin, **51**:67
    forskolin, **51**:67
    genetic tools, **51**:71–72
    microinjection of purified protein kinase A, **51**:71
    pertussis toxin, **51**:67–68

Cyclic AMP (*continued*)
  regulation, in blowfly salivary glands, 41:144–145
  relationship between growth and differentiation controls, 51:118–122
  role
    cell proliferation, 51:141–142
    gonadotropin activity, 36:539–546
    hepatic gluconeogenesis, 36:386–390
    signaling cascade, oncogenes related to, 51:136–140
    signal transduction pathway dependent on, 51:2–5
  in steroidogenesis, 52:130–132
  transcriptional regulation of steroidogenic enzymes
    cAMP-dependent regulation, 52:136–143
    cAMP-independent regulation, 52:136
  as tumor promoter, 51:135–136
  vitamin D regulation, 49:287
  zona pellucida and, 47:126
Cyclic AMP cascade, activity, 51:71–72
  assessment tools, 51:68
Cyclic AMP phosphodiesterase
  insulin sensitivity, 41:64–69
  phospholipid effect, 41:70–71
Cyclic AMP–PKA signaling cascade, cancer cell growth and, 51:139–140
Cyclic AMP response element, 46:29–31, 50:331, 333
  gene transcription, 51:8–12
  regulation by multiple mechanisms, 50:338–344
  requirement for TSHR/TTF-1 binding element, 50:351–353
  tandem repeat, 50:338–344
  TSHR expression enhancement, 50:334–338
Cyclic AMP response element-binding protein, 46:29–31
  alternatively spliced exons, 51:45
  anterior pituitary, 51:37
  autoregulation
    gene expression, 51:31–32
    network, 51:40–42
  genes, 51:21–31
    alternative exon splicing, 51:27–28
    exons encoding functionally distinct domains, 51:22–25
    expression in testes, 51:33–36
    transcription, 51:6–8, 45

  inactive and transrepressor isoforms, 51:25–26
  oncogenic forms, 51:42–43
  phosphorylation, 51:13–14
  Q1 and Q2 regions, 51:18
  role in brain and memory, 51:37–40
  and steroidogenic enzyme levels, 52:136–137
  structure, 51:12–13
  transactivational domains, 51:17–21
  unphosphorylated, gene expression repression, 51:28–31
Cyclic AMP response element modulator
  alternatively spliced exons, 51:45
  autoregulation
    gene expression, 51:31–32
    network, 51:40–42
  exon-deleted repressor isoform, 51:31
  genes, 51:21–31
    alternative exon splicing, 51:27–28
    exons encoding functionally distinct domains, 51:22–25
    expression in testes, 51:36–37
    transcription, 51:6–8
  oncogenic forms, 51:42–43
  repressor isoforms, 51:25–27
  role in brain, 51:37–39
Cyclic AMP system, 42:198–199
  colocalization of components, 42:236–237
  nuclear localization, 42:206–213, 216–222
  proposed mechanisms, 42:229–239
  synthesis and action of regulatory subunits, 42:238–239
Cyclic GMP
  nuclear localization, 42:207–213, 222–223
  regulation of cyclic ADP-ribose, 48:218–221
  role in Ca^{2+} entry, 54:106–107
Cyclic GMP phosphodiesterase
  Ca^{2+} channel b-adrenergic regulation and, 44:177
  transducin-activated, 44:62, 85
Cyclic nucleotide phosphodiesterase, bone and bone cells, 38:243
Cyclic nucleotides
  in extracellular fluids
    pseudohypoparathyroidism, 38:245–247
    PTH effect, 38:244–245

in lipogenesis, **36**:146–149
nuclear localization, **42**:206–213
role in calcitonin secretion
  C-cell anatomy and physiology, **38**:223
  direct evidence for role of cAMP, **38**:230
  experimental systems for study, **38**:229
  indirect evidence for role of cAMP, **38**:229–230
role in PTH secretion
  agents that modify nucleotides and secretion, **38**:211–223
  development of dispersed parathyroid cell preparations, **38**:210–211
  early evidence for involvement, **38**:209
  limitations of intact organ preparations, **38**:209–210
  mechanisms mediating cAMP effect, **38**:226–228
  mechanisms regulating cellular nucleotides, **38**:223–226
  parathyroid anatomy and physiology, **38**:206–209
Cyclin B, zona pellucida and, **47**:126
Cyclodeaminase, folypolyglutamate synthesis and, **45**:268, 282, 288–290, 298
Cycloheximide
  effect on pantothenate incorporation into CoA, **46**:205
  IGFBPs and, **47**:66, 85
  in prolactin production studies, **43**:210–232
Cyclopamine, as cause of prolonged gestation in sheep, **30**:257
Cyclophosphamide, in prostatic cancer therapy, **33**:161–164, 169–170
β-Cyclopiazonate oxidocyclase
  reaction catalyzed by, **32**:18
  thiamine dehydrogenase in, **32**:18–19
  fluorescence properties of, **32**:17, 19
Cyclosporin A, immunophilin-binding, **54**:179–180
CyP-40
  associated with estrogen receptor, **54**:179–180
  hsp90-binding, competition with p59/hsp56, **54**:185
Cyproterone acetate
  effects on prostate, **33**:111–115
  in organ culture, **33**:1–38
  in therapy of benign prostatic hyperplasia, **33**:451, 453
Cysteamine, degradation to hypotaurine, **46**:201
Cysteine, breast cancer and, **45**:133
Cysteine protease inhibitors, inhibition of bone resorption, **46**:65
Cysteine proteases
  apoptotic, inactivators, **53**:180–183
  cowpox response modifier A, **53**:181–182
  p35, **53**:182–183
  in osteoclastic bone resorption, **46**:52–54
Cysteine residues
  conserved, in G protein-coupled receptors, **46**:13–14
  Cys-341 mutation to Gly, **46**:13
  disulfide-bonded, in b_2-adrenergic receptor, **46**:14
  palmitoylated, in carboxyl tail, **46**:12–13
8α-S-Cysteinyl-FAD, **32**:20–27
  in *Chromatium* cytochrome c_{552}, **32**:27–33
  amino acids in, **32**:29, 32–33
  linkage in, **32**:30–32
Cysteinyl flavin thioether, in biological material, **32**:26–27
Cystic fibrosis, **43**:129
  vitamin E deficiency in, **34**:48–52
Cystic mastitis, vitamin E therapy of, **34**:69
Cytidine monophosphate, effect, on phosphatidylinositol turnover, **41**:127
Cytidine triphosphate, in phosphatidylinositol turnover, **41**:121
Cytochalasin B, binding to glucose transporter, **44**:110, 135, 139–140, 142
Cytochrome *b*, electron acceptor for glucose dehydrogenase, **46**:253
Cytochrome b_5, **42**:328–329
Cytochrome *c*, electron acceptor for alcohol dehydrogenase, **46**:259–260
Cytochrome c_L, electron acceptor methanol dehydrogenase, **46**:256
Cytochrome P450
  amino acid sequences, **49**:134–135
  carbon monoxide spectra, **42**:319–320
  in Ca^{2+} store depletion pathway, **54**:102

Cytochrome P450 (continued)
  catalytic cycle, **42**:323–327
  characteristics, **49**:132–133
  defined, **42**:315–316
  discovery, **42**:316–317
  evolutionary relationships, **49**:133–134
  identification of structural features, **49**:134–137
  isozymes, in liver, **54**:41
  role in biosynthesis of steroid hormones, **42**:329–337
  structure, **42**:317–318
  substrate-induced difference spectra, **42**:320–322
Cytochrome P450 steroid hydroxylase
  cell-selective expression, **51**:347–355
    adrenal specific protein, **51**:354–355
    other regulators, **51**:353–355
    placenta-specific transcriptional activator, **51**:354
    SF-1, **51**:348–353
  expression
    future directions, **51**:360–362
    hormone-regulated, **51**:355–359
      COUP-TF, **51**:358
      CRE-binding protein, **51**:355–356
      NGF1-B, **51**:357–358
      Pbx1, **51**:358–359
      SF-1, **51**:356–357
      Sp1, **51**:359
  steroidogenic, **51**:346–347
Cytokeratins, **49**:453–454
Cytokine regulators, virus-encoded, **53**:184–185
Cytokines
  effects on bone cells, models, **52**:86
  enhancing effects of PTH on osteoclasts and bone resorption, **52**:78
  estrogen in regulation, **52**:68, 73
  hematopoietic cell survival, p53-dependent apoptosis, **53**:159–160
  osteoclast response to, **46**:70–72
  TGF-β regulation of gene expression, **52**:69
Cytoplasm
  biotin and, **45**:343
  breast cancer and, **45**:132–133, 144
  calcium homeostasis in birds and, **45**:180, 189, 200
  folypolyglutamate synthesis and, **45**:265–272, 274
  folypolyglutamate synthetase, **45**:300
  g-glutamylhydrolases, **45**:311
  mammalian cells, **45**:276
  pyrroloquinoline quinone and, **45**:239, 248
  soluble, **42**:200–201
Cytoplasmic domain, LAR, overexpression, **54**:76–77
Cytoplasmic loops, G protein-coupled receptors
  amino acid residues after deletion/substitution mutations, **46**:16
  regions coupling to G proteins, **46**:15–16
  size of, **46**:3
Cytoplasmic progesterone-binding protein, **30**:243–244
Cytoskeleton, role of changes in growth control by cAMP, **51**:122–127
Cytosol
  biotin, **45**:340, 343, 361
  breast cancer and, **45**:132–133
  folypolyglutamate synthesis, **45**:266, 270
Cytotoxic drugs, in prostatic tumor therapy, **33**:388–389
Cytotoxicity, oxidized LDL role, **52**:4

D

DADLE, see [D-Ala-D-Leu]enkephalin
Dansyl chloride, **41**:261
Dark adaptation, RBP role, **32**:183–185
D-DNA polymerase, in various tissues, **33**:45–50
Deazaflavin, biological activity, **32**:39–40
Decanucleotides, mutagenesis, **50**:339, 341
Decidua
  11β-hydroxysteroid dehydrogenase and, **47**:199, 207, 217
  IGFBPs and, **47**:36–37, 63, 69, 88
Deglycosylation, effect on sex hormone-binding globulin subunits, **49**:204, 206
5α-Dehydroaldosterone, **50**:474–475
Dehydroascorbic acid
  chemistry, **42**:5–9
  LDL oxidation modification prevented by, **52**:13
  α-tocopherol oxidation prevented by, **52**:12

7-Dehydrocholesterol, in skin
  distribution in, **37**:4–5
  factors affecting, **37**:5
  UV light effects, **37**:6
11-Dehydrocorticosteroids, **47**:209, 213–214, 216
11-Dehydrocorticosterone, **47**:188
  developmental biology, **47**:208–209, 215
  expression, **47**:216
  function, **47**:235, 245
  Na^+-retaining activity, **50**:470–471
Dehydroepiandrosterone, origin of, **33**:217
3α,20β-Dehydrogenase, **49**:138–140
Dehydrogenase isozymes
  and ethanol metabolism, **54**:42–43
  in liver, **54**:40–41
Dehydrogenases
  biotin and, **45**:370
  folypolyglutamate synthesis and folate, **45**:270–273, 275
  intracellular folate-binding proteins, **45**:291–292
  multifunctional complexes, **45**:290
  role, **45**:281, 284
  in vivo effects, **45**:296
  pyrroloquinoline quinone and
    biological role, **45**:252–253, 255
    biosynthesis, **45**:249–250
    cofactor research, **45**:224, 227–229
    distribution, **45**:243, 245–246
    properties, **45**:233, 239
  short chain
    characteristics, **49**:137–138
    identification of structural features, **49**:138–141
Dehydrovitamin B_{12}, **50**:33
Delayed-type hypersensitivity skin test response
  antioxidant supplementation effect, **52**:56
  description, **52**:38–39
  in elderly, **52**:52
    predictor of morbidity and mortality, **52**:45
  UV-induced immunosuppression and b-carotene intake, **52**:49–50
Deletion
  IGFBPs and, **47**:11, 14, 26, 29
  mutants, $β_2$-adrenergic receptor, **46**:16
Dendrite transcripts, vasopressin and oxytocin, **51**:244

Dense core vesicles
  and clear vesicles, secretory mechanisms, **54**:212–214
  differing from synaptic vesicles, **54**:207–208
  exocytosis, **54**:219–221
Densensitization, b_2-adrenergic receptors, **46**:17–23
Dentate gyrus, neuronal birth and death, adrenal steroid effects, **51**:380–383
5'-Deoxyadenosine, binding to diol dehydrase, **50**:48
5'-Deoxyadenosylcobalamin, **50**:2, 49
  mediated enzymatic rearrangements, **50**:44–45
  structure, **50**:56, 58
    molecular, **50**:14–18
Deoxycorticosterone, 11b-hydroxysteroid dehydrogenase and, **47**:188, 219
11-Deoxycorticosterone, **42**:333
11-Deoxycortisol, **42**:332–333
Deoxyglucose, IGFBPs and, **47**:62–63
11-Deoxyjervine, *see* Cyclopamine
4'-Deoxypyridoxine, **48**:260–261
Deoxyuridine triphosphatase, PPAR-specific, **54**:147
Dephospho-CoA, degradation, **46**:199–200
Dephospho-CoA kinase
  characterization, **46**:193
  in mitochondrial fraction of liver cells, **46**:194
Dephospho-CoA pyrophosphatase, nucleotide pyrophosphatase and, **46**:200
Dephospho-CoA pyrophosphorylase, *see* 4'-Phosphopantetheine adenyltransferase
Dephosphorylation
  IGFBPs, **47**:29, 76–77, 82–83
  insulin receptor, **54**:74
    and internalization kinetics, **54**:80–81
    subcellular localization, **54**:70–71
  laminins, **47**:177
  zona pellucida and, **47**:126
Depression
  HPA axis deregulation in, **51**:393–394
  oral contraceptive role, **36**:69–72
Deprivation, experimental obesity and, **45**:2, 81
Desensitization
  homologous, model, **51**:194–195
  redefined, **48**:97

(-)-[^{3}H]Desmethoxyverapamil, reversible
    binding to purified Ca^{2+} channel,
    44:289–291
Dexamethasone
  effect on pantothenate incorporation
      into CoA, **46:**205
  11β-hydroxysteroid dehydrogenase and,
      47:205, 208, 223–224, 237, 242, 247
  IGFBPs and, **47:**46, 54
    biology, **47:**79, 89
    regulation *in vitro,* **47:**61–64, 66, 68
  prolactin production and, **43:**233
  up-regulation of b$_2$-adrenergic
      receptors, **46:**28–29
Dexamethasone mesylate, **41:**241,
    243–245
Dexamethasone suppression test,
    51:393–394
DHT, *see* 5α-Dihydrotestosterone
Diabetes, *see also* NIDDM
  cognitive skills and, **43:**65
  effects
    cardiac CoA content, **46:**202–203
    CoA levels, **46:**189–190
    CoA synthesis, **46:**205
    hepatic CoA content, **46:**202
    myocardial CoA transport,
        46:203–204
  experimental obesity and, **45:**31, 44, 61,
      82
  factors affecting pantothenic acid
      transport, **46:**180
  IGFBPs and, **47:**91
    biology, **47:**73, 89
    regulation *in vivo,* **47:**43–46, 48, 50,
        52
  obesity and, **43:**52–53
  oral contraceptives and, **36:**69–72
  in pregnancy, abnormal estriol levels in,
      35:137–138
  urinary excretion of pantothenic acid
      in, **46:**177
Diabetes-associated peptide, *see* Amylin
Diabetes insipidus, hereditary, memory
    deficits in, **37:**176–179
Diabetes mellitus
  insulin-dependent, *see* Diabetes
      mellitus, Type I
  insulinopenic, **54:**84–85
  with insulin resistance, models,
      54:83–84
  non-insulin-dependent, *see* NIDDM

Diabetes mellitus, Type I, **42:**256–277
  animal models, **42:**266–267
  BB rat, **42:**256–266
    active autoimmunity, **42:**261–265
    genetics, **42:**256–257
    immunodeficiency, **42:**258–261
    immunotherapy, **42:**265–266
    prediabetic physiology, **42:**261–262
    triggering events, **42:**261
  humans, **42:**267–277
  IGFBPs and, **47:**43–44
Diabetic pregnancy
  estrogen levels in, **30:**314–316
  HCG levels in, **30:**291–292
  human placental lactogen in, **30:**297
  progesterone in, **30:**338
Diacylglycerol
  from phosphatidylinositol breakdown,
      41:118
  in phosphatidylinositol turnover,
      41:119–122, 135, 140–141,
      144–145, 149, 152
  protein kinase C activation, **50:**169–172
Diamine oxidase, pyrroloquinoline
    quinone and, **45:**247
Diaphragm
  CoA levels, **46:**195
  in insulin studies, **44:**112–113, 137
Diazirines, photoaffinity attaching
    functions, **41:**224–225
Diazocarbonyl compounds, photoaffinity
    attaching functions, **41:**224–225
16-Diazoestrone, **41:**265
α-Diazoketones, **41:**262
  photoaffinity labeling with, **41:**264–266
Diazonium, **41:**262
21-Diazopregnanes, **41:**264
N-2-Diazo-3,3,3-trifluoropropionyl-3,5,3′-
    triiodo-L-thyronine, **41:**247–251
Dibutyryl cyclic AMP
  effects
    isolated osteoclasts, **46:**68–69
    pantothenate incorporation into CoA,
        46:205
  IGFBPs and, **47:**63, 67–68
  zona pellucida and, **47:**129
2,6-Dichlorophenol-indophenol, **42:**10–11,
    27
DIDS, effect on osteoclastic bone
    resorption, **46:**51–52
Diencephalon, enkephalin activity in,
    36:320

Dienone, **41**:256–257
Diet
  composition and responses to, **43**:12–13, 15–17
  effect on insulin metabolism, **41**:56–57
  mammary tumors and, **34**:123
  thermogenesis induced by, **43**:3–4
  exercise and, **43**:23–24
Dietary energy, alcohol, and body composition, **54**:32–34
Dietary obesity, **45**:53
  afferent systems, **45**:57–65
  central integration, **45**:65–69
  characterization, **45**:53–57
  controlled system, **45**:72–75
  efferent control, **45**:69–72
  mechanism, **45**:82, 89
Diethylstilbestrol, **43**:258
  breast cancer and, **45**:128–129
Differentiation
  adipocyte expression dependent on, **54**:154–155
  biotin, **45**:347–348, 360, 364
  calcium homeostasis in birds and, **45**:196
  control by cAMP, **51**:118–122
  laminins, **47**:161, 179
    biology, **47**:168–171, 173
    structure, **47**:163, 165
  models, **51**:121
  normal tissue, vitamin A role, **40**:117–119
  Wolffian duct, testosterone effects, **49**:386
Diffusible messenger hypothesis, Ca^{2+} influx, **54**:103–104
Diglycoaldehyde, in prostatic cancer therapy, **33**:161–164, 169–170
5α-Dihydroaldosterone, in apparent mineralocorticoid excess, **50**:461–462
4,5-Dihydro-4,5-dioxo-1H-pyrrolo, *see* Pyrroloquinoline quinone
Dihydrofolate reductase
  breast cancer and, **45**:137
  folypolyglutamate synthesis and, **45**:269
    distribution, **45**:301
    role, **45**:281, 284, 291, 295–296
1,4-Dihydropyridine receptors
  affinity labeling, **44**:248–249, 252
  azidopine probe, **44**:258–259
  o-NCS-dihydropyridine probe, **44**:253, 260
    cardiac membrane, **44**:255, 258–259
    smooth muscle, **44**:253–255
  antagonist actions, **44**:198, 200–202
  complex with divalent cation
    chelator effects, **44**:207, 210–213
    reversal by divalent cations, **44**:213, 215–217
  (+)-*cis*-diltiazem effect, **44**:212, 214–215, 218
  density in skeletal muscle, **44**:240–241, 282–283
  reduction in muscular dysgenesis, mouse, **44**:238–239
  detection on Ca^{2+} channels, **44**:156–157
  during development in skeletal muscle, chicken, **44**:246–247
  postnatal cAMP system and, **44**:247–248
  kinetics, **44**:204–206
  photoaffinity labeling
    with arylazide azidopine, **44**:263–274
    with non-arylazides, **44**:253, 260–263
  purified, reversible binding
    cardiac tissues, **44**:296–298
    skeletal muscle, **44**:290–292
  radiation sensitivity, **44**:248, 250–251
  reconstituted from purified preparation, **44**:303–305
  solubilization, skeletal muscle, **44**:281, 285
  on a_1 subunit of purified Ca^{2+} channel, **44**:271, 292–293, 295
  tissue-specific differences, **44**:206–208
  unrelated to Ca^{2+} channels, **44**:256–257
1,4-Dihydropyridines, Ca^{2+} channel-specific
  effects on Ca^{2+} currents
    cardiac cells, **44**:164–170
    skeletal muscle, **44**:244–246
  optical antipodes as agonists and antagonists, **44**:169–170, 190
  structures, **44**:189, 192–193
  tissue-specific affinity, **44**:190–191
Dihydrotachysterols
  structure and activity of, **32**:392–396
  therapeutic uses of, **32**:142–143

Dihydrotestosterone
  action, **43:**161–165
  binding to androgen receptor, **43:**168–169
  formation of, **43:**146–147
5α-Dihydrotestosterone
  binding
    in male transgene plasma, **49:**238
    in prostate tissue, **33:**430–431
  biological role of, **33:**267–269
  metabolic conversion, **49:**450–451
  metabolism of, in benign prostate hypertrophy, **33:**426–428
  origin of, **33:**216–217
  in prostatic cell proliferation, **33:**82–90
  receptor protein for, **33:**270–275
  role in prostate, **49:**452–453
  testosterone conversion to, **49:**448–449, 452
5α-Dihydrotestosterone-binding proteins, prostatic, **33:**299
  reactions, **33:**304–309
5α-Dihydrotestosterone 17-bromoacetate, **41:**246
24,25-Dihydroxycholecalfereol, **40:**247–249
1,25-Dihydroxycholecalciferol, *see* Calcitriol
Dihydroxyeicosatetraenoic acids, epoxide intermediate in formation, **39:**3–6
o-Dihydroxyphenols, thiamine interaction with, **33:**481–486
1α,25-Dihydroxyvitamin D_3, synthetic analogs of, **32:**385–406
1,25-Dihydroxyvitamin D
  binding proteins for, **37:**40–43
  receptors for, **37:**42–43
  studies on, **32:**331–332
1,25-Dihydroxyvitamin D_3, **49:**282–283
  administration, and vitamin D levels, **49:**288–289
  analogs, **49:**307–309
  binding, **49:**295
  binding affinity, **49:**305
  bone Gla protein regulation by, **42:**66, 77–82
  calcium pump and, **49:**298
  cell differentiation and, **49:**305–306
  effect on calcitonin secretion, **46:**111
  expression control, **49:**294–296
  homologation, **49:**307
  and immune system, **49:**301–304
  receptors, **49:**308
  synthesis in kidney, **49:**298
  target cells, **49:**297–301
  warfarin and, **42:**98–101
Diiodotyrosine, effects on iodination and coupling reactions, **39:**217–220
Dilantin, **43:**107, 124
(+)-*cis*-Diltiazem
  binding to Ca^{2+} channel receptor, divalent cation inhibition, **44:**220
  Ca^{2+} current sensitivity to, skeletal muscle, **44:**244–245
  effects on
    1,4-dihydropyridine receptor interactions with
      divalent cations, **44:**212, 214–215, 218
      ligands, **44:**202–203, 205–206
    purified Ca^{2+} channel labeling, **44:**289–291
    skeletal muscle
      charge movement and, **44:**236–237
      contraction and, **44:**229, 234–235
    introduction, **44:**157
Dimerization
  retinoid receptors, **51:**412, 415–417
  monomers, **49:**339–341
  TGF-β receptor activation, **48:**140–142
Dimethylamiloride, effects on osteoclastic bone resorption, **46:**50
7,12-Dimethylbenz(*a*)anthracene, breast cancer and, **45:**129, 138–139
5,6-Dimethylbenzimidazole, **50:**39
Dimethylglycine dehydrogenase, covalently bound flavin in, **32:**3, 33–34
Dimethyltocols, methyltocols as precursors of, **34:**87–88
Dinitrile hydratase
  origins, **46:**231
  pyrroloquinoline quinone prosthetic group, **46:**231
Dinitrophenol, insulin-sensitive glucose transport and, **44:**126–127
2,4-Dinitrophenol, inhibition of pantothenic acid transport, **46:**185
2,4-Dinitrophenylhydrazine, **42:**11–12
  pyrroloquinoline quinone and, **45:**237, 241
Diol dehydrase
  binding studies, **50:**47–49
  cobalamin requirement by, **34:**6

Dioxygenases, pyrroloquinoline quinone and, **45**:247–248
Diphenylhydantoin, effects on calcium metabolism, **31**:62–64
Diphosphoinositide, metabolism, **33**:546–549
Diphtheria toxin, elongation factor-2 ADP ribosylation, **44**:57
Disease
  bone, metabolic, **42**:86–89
  germ theory, **38**:120–121
  laminins and, **47**:161–162
Disease states, insulin-resistant, PTPase alterations, **54**:81–88
Disulfide bonds
  in β_2-adrenergic receptors, **46**:14
  glucocorticoid receptor, **49**:77
Disulfide bridges
  calcitonin, **46**:105, 109
  CGRP, **46**:106
Disulfonic stilbene derivatives, effect on osteoclastic bone resorption, **46**:51–52
Diurnal rhythm, in prolactin secretion, **30**:173–174
DNA
  biotin
    biotin-binding proteins, **45**:354
    deficiency symptoms, **45**:369
    nonprosthetic group functions, **45**:343, 345, 347, 350
  breast cancer and, **45**:129–131, 158
  cell growth, **45**:136–137, 145
  protein, **45**:133–134
  calcium homeostasis in birds and, **45**:189, 208
  complementary, *see* Complementary DNA
  estrogen receptor interaction with
    antiestrogens and, **52**:117–119
    signal transduction pathway initiation, **52**:106–107
  experimental obesity and, **45**:54
  folypolyglutamate synthesis and, **45**:270
  11β-hydroxysteroid dehydrogenase and, **47**:231
  IGFBPs, **47**:2–3, 59
    biology, **47**:76–84, 87
    genes, **47**:12–14, 17, 19
  methylation pathways, **50**:51–52
  progesterone receptor interaction with, **52**:112–113
  replication, prostate growth and, **33**:39–42
  synthesis, in prostate, **33**:63–66
  zona pellucida and, **47**:122–123, 125, 132
  gene expression, **47**:137, 143, 145
DNA binding, glucocorticoid receptor, auxiliary factors, **49**:60–61
DNA-binding domain
  occlusion, **54**:181
  steroid receptor polypeptides, **54**:167–169
DNA-binding proteins, single-strand, interaction with TTF-1, **50**:359–360
DNA-PK, steroid hormone receptor phosphorylation, **51**:294–295
DNA polymerase, breast cancer and, **45**:136
R-DNA polymerase, in various tissues, **33**:45–50
DNA polymerizing enzymes, multiplicity of, **33**:42–44
DNase I, IGFBPs and, **47**:11, 14
Dog
  benign prostatic hyperplasia in, **33**:456–463
  experimental model of thyroiditis, **42**:280
  vitamin B_6 requirements for growth, **48**:274
Dolichol mannosyl phosphate, enzymic synthesis, **35**:17–23
Domain swap experiments, **54**:168–169
Dominant negatives, IGF-I receptor, **53**:82–84
Dopamine, **41**:2, 31
  calcium homeostasis in birds and, **45**:182
  concentration in blood of individual portal vessels, **40**:155–158
  experimental obesity and
    dietary obesity, **45**:68
    genetic obesity, **45**:47
    hypothalamic obesity, **45**:12–13, 15, 22
  prolactin production and, **43**:234, 238–239
  pyrroloquinoline quinone and, **45**:247
  secretion and regulation, hypothalamus role, **40**:162–166
  steroid hormone receptor activation, **51**:302–303

Dopamine b-hydroxylase, *see* Dopamine β-monooxygenase
Dopamine β-monooxygenase, **42**:27, 30–38, 47, 127–131
  amidation, **42**:38
  ascorbic acid requirement of, **30**:11–12
  functoin, **42**:33–38
  localizatoin, **42**:32–33
  stoichiometry, **42**:30–32
Dopaminergic receptors
  conserved amino acids, **46**:3
  proline residue in transmembrane spanning domain II, **46**:3, 8
D_2-Dopaminergic receptors, complex and hybrid oligosaccarides in, **46**:9
Double enzyme hydrolysis assays, pantothenic acid, **46**:167
Down-regulation, G protein-coupled receptors, **46**:23–24
  agonist-dependent pathway, **46**:24–25
  second messenger pathways, **46**:25–28
Drosophila
  alcohol dehydrogenase, **49**:138, 140
  development, regulation by steroid/nuclear receptors, **49**:3
  head membrane, phenylalkylamine binding sites, **44**:279–280
  11β-hydroxysteroid dehydrogenase and, **47**:227
Drugs
  coumarin, function, history, **35**:60–70
  cytotoxic, in prostatic tumor therapy, **33**:388–389
  effects
    estriol levels, **35**:135–136
    prolactin secretion, **30**:195–204
  in prostatic disease therapy, **33**:189–192
DTH, *see* Delayed-type hypersensitivity skin test response
Duck, vitamin B_6 requirements for growth, **48**:283
Dwarfism, Laron-type, **48**:21, **50**:413, 435–437
Dynamic requirement hypothesis, **42**:20–21

E

Ear, CGRP distribution, **46**:143
Eating disorders
  etiology, NPY role, **54**:60–62
  stress-related, **54**:59–60

Ecdysone
  binding protein, affinity labeling, **41**:252
  binding sites, affinity labeling, **41**:224
Ecdysone receptors, occurrence of, **33**:699–700
Ectopic hormone syndrome, **41**:196
Edema, tissue, CGRP-related, **46**:137
EDTA, 1,4-dihydropyridine receptor inhibition
  (+)-*cis*-diltiazem effect, **44**:212, 214–215, 218
  kinetics, **44**:207, 212–213
  reversal by divalent cations, **44**:213, 215, 217
  tissue specificity, **44**:207, 210–212
Eel, vitamin B_6 requirements for growth, **48**:286
Efferent controls, experimental obesity and, **45**:3
  dietary obesity, **45**:69–72
  hypothalamic obesity, **45**:20–27
Efferent signals, experimental obesity and, **45**:78–81
Efferent system, experimental obesity and
  genetic obesity, **45**:32, 47–51
  hypothalamic obesity, **45**:9–10
EGF, *see* Epidermal growth factor
Egg white proteins, estrogen regulation of, **36**:260–264, 287–288
Egg yolk, biotin and, **45**:349, 353–355
Eicosanoids, as ligands for PPARs, **54**:137
Ejaculate, effect on vaginal fatty acids, **34**:171
Elastase, digestion of fatty acid synthetase, **46**:213
Elastin, laminins and, **47**:174–175
Elderly, immune response
  antioxidant effects, **52**:45–53
  decline, **52**:44–45
  DTH skin test response, **52**:39, 45
  vaccination responses, **52**:39, 46
Electron acceptors
  alcohol dehydrogenase, **46**:259–260
  glucose dehydrogenase, **46**:253–254
  methanol dehydrogenase, **46**:256–257
  methylamine dehydrogenase, **46**:257–259
Electron donors, **42**:327–329
Electron microscopy
  breast cancer and, **45**:144–145, 153
  cell membrances, **30**:49–54

Electron spin resonance, pyrroloquinoline quinone and, **45**:228, 234
Electrophoresis, zona pellucida and, **47**:128–129
Electrophorus electricus, nimodipine binding, **44**:157
  NBTG competition, **44**:158
Eledoisin, **35**:264–265
  structure of, **35**:222
Elongation factor 2, ADP ribosylation by diphtheria toxin, **44**:57
Embryo
  development, pyrroloquinoline quinone role in, **46**:263
  insulin-like growth factor effects
    postimplantation, **48**:23–25
    preimplantation, **48**:22
  laminins and, **47**:161, 171
  preimplantation, estrogen effect, **34**:236–238
  zona pellucida and, **47**:116, 123
    fetal ovary, **47**:116–118, 120–121, 123
    functions, **47**:129, 134, 136
Embryogenesis, and vitamin A-deficient diets, **51**:403–404
Embryonal long terminal repeat-binding protein, functional significance, **51**:351–352
Embryonic kidney cells, IGFBPs and, **47**:66
Emotional factors, affecting LH and FSH secretion, **30**:93–94
Endocrine cells
  calcium-regulated secretion, synaptotagmin role, **54**:219–221
  pancreatic, SNARE proteins, **54**:215–216
Endocrine glands, calcium homeostasis in birds and, **45**:174
Endocrine system
  evolution, **41**:13–14
  experimental obesity and, **45**:3, 10
  in insects, **35**:286–287
  metabolic–homeostatic, **30**:226
  postimplantation, **30**:224
Endocrine therapy, breast cancer and, **45**:129–130, 156
Endocrinology, of gestation, **30**:223–279
Endocytosis
  folypolyglutamate synthesis and, **45**:293
  glucose transporter insulin-induced translocation, **44**:135, 137
  insulin internalization and, **44**:118–121
Endoglin
  role in signaling, **48**:150–151
  structural features, **48**:124–125
Endometrial carcinoma, hormone role in, **33**:708
Endometrial stroma, IGFBPs and, **47**:56, 63, 65, 81
Endometriosis, **43**:257–258
Endometrium
  Bcl-2 family gene expression patterns *in vivo*, **53**:118–119
  IGFBPs and, **47**:36–37, 39
  ovarian hormone effects, receptivity of, **31**:225–236
Endoplasmic reticulum
  11β-hydroxysteroid dehydrogenase and, **47**:217, 225
  steroidogenesis in, **42**:357–359
β-Endorphin, **41**:1, 4
  acetylation, **41**:24
  distribution, **41**:28
  immunohistochemistry, **36**:327–331
  in temperature regulation, **41**:38
Endorphins, **37**:202–219
  ACTH and, **37**:203–206
  effect on memory, **37**:208–210
  experimental obesity and, **45**:13–14, 16, 43, 83
  in feeding behavior, **41**:36
  food intake and, **43**:9–10, 24–25, 53–54
  in memory, learning, and adaptive behavior, **41**:32–33
  in psychiatric disease, **41**:34–35
  vasopressin and, **37**:207
Endorphins and enkephalins
  analgesic effects, **36**:368–372
  biosynthesis and degradation of, **36**:313–317
  conformation of, **36**:362–368
  distribution by radioimmunoassay, **36**:306–313
  electrophysiological effects, **36**:346–348
  identification of, **36**:303–306
  immunohistochemistry of, **36**:317–336
    in CNS, **36**:318–336
    in gastrointestinal tract, **36**:333–336
    interaction with other neurotransmitter, **36**:336–339
    in pituitary, **36**:331–333
  neuroendocrine effects, **36**:339–348

Endorphins and enkephalins (*continued*)
  opioid receptor interactions of,
    36:349–362
  structural pharmacology of, **36**:348–368
Endosomal fraction, insulin receptor in,
    54:80–81
Endothelial cell binding proteins, IGFBPs
    and, **47**:73
Endothelial cells
  IGFBPs and, **47**:22, 59–60
    biology, **47**:72–73, 89
    regulation *in vitro*, **47**:67, 69
  laminins and, **47**:163, 174, 180
    biology, **47**:165–166, 169
    intracellular signals, **47**:177–179
  microvascular, growth inhibition by
    cAMP, **51**:77
Endothelin, **48**:157–183
  activation of transmembrane signaling
    systems, **48**:170–172
  biological actions, **48**:172–175
  discovery, **48**:158–159
  genes, structural organization,
    48:164–165
  in gonadotropes, **50**:272
  in liver, **48**:177–182
    glycogenolytic activation mediation,
      48:179
    hepatic portal pressure, **48**:179–180
    signaling mechanisms, **48**:177
  localization, **48**:169–170
  pathophysiology, **48**:175–176
  processing, **48**:162–164
  production stimulation, **48**:166
  structure, **48**:159–161
  structure–activity relationships,
    48:161–162
Endothelin receptors, **48**:166–169
  antagonists, **48**:168–169
  nomenclature, **48**:167
  N-terminal region, **48**:168
  regulation studies, **48**:182
  tissue distribution, **48**:172–173
Endothelium, experimental obesity and,
    45:88
Endothelium-derived relaxing factor,
    48:158, 173
Energy balance, *see also* Obesity;
    Thermogenesis
  alcohol metabolism, **54**:44–45
  futile substrate cycles, **43**:22–23
  leptin, **54**:11–14

normal, **43**:3–27
positive, and NPY, **54**:61
terminology, **43**:3–4
Energy expenditure, alcohol intake,
    54:34–36
Energy imbalances, experimental obesity
    and, **45**:30–32
Energy storage
  age and, **43**:5–9
  in catastrophic illness, **43**:8
  at high altitudes, **43**:8–9
  obligatory metabolic costs, **43**:13–15
Energy theory, aldosterone and,
    38:94–98
Engelbreth–Holm–Swarm tumor,
    laminins and, **47**:162, 164
Enkephalinase, **41**:26
Enkephalins, **41**:2, 6, 26
  in blood pressure regulation, **41**:39
  concentrations, alteration in CNS
    disease, **41**:40
  distribution, **41**:27–28
  experimental obesity and, **45**:9, 44
  food intake and, **43**:9–10
  in memory, learning, and adaptive
    behavior, **41**:32
  in pain perception, **41**:32
  precursor, **41**:20–22
  in psychiatric disease, **41**:35
Enone, **41**:256–257
Entactin, laminins and, **47**:165
Enterochromaffin cells, substance P in,
    35:231
Enterogastrone, **39**:306–311
Enterohepatic circulation, role in estrogen
    metabolism, **35**:122–123
Environmental factors, affecting LH and
    FSH secretion, **30**:92–94
Enzymatic activity
  14-3-3 protein, **52**:158
  Pseudomonas aeruginosa toxin,
    52:155–156
Enzymatic assays, for CoA content,
    46:185–186
Enzyme-activated irreversible inhibitors,
    41:253–254
Enzymes
  affinity labeling, **41**:253–266
  with antioxidant activities, **52**:36
  bifunctional, **48**:213–214
    CD38-like, **48**:215–216, 249–250
  cell membrane, **30**:53–54

in developing mammary gland,
  36:110–113
11β-hydroxysteroid dehydrogenase and,
  47:188–189, 248
  clinical studies, **47:**220, 224
  developmental biology, **47:**211
  expression, **47:**215–219
  function, **47:**235, 237, 241–242,
    246–247
  lower vertebrates, **47:**215
  molecular biology, **47:**225–232
  properties, **47:**189–206
IGFBPs and, **47:**19, 50, 89
laminins and, **47:**178
for progesterone synthesis, **30:**236–237
proteolytic, osteoclastic bone resorption
  by production of, **52:**77
pseudosuicide inactivation, **41:**254
pyridoxal phosphate-containing,
  48:208–209
recombinant, IL-1β converting enzyme,
  53:44–45
steroidogenic, *see* Steroidogenic enzymes
suicide substrates, **41:**253–254
zona pellucida and, **47:**132, 1315
Ephedrine, brown fat and, **43:**21
Epidermal growth factor, **41:**106,
  49:474–475, **53:**67–68
  cross-coupling with other signaling
    pathways, **51:**280–281
  effects on human fetal intestine, **50:**107
  IGFBPs and, **47:**67–68, 89
  laminins and, **47:**162, 166
  in milk, **50:**99–108
    orogastrically administered, effects,
      50:103–108
    sources, **50:**102–103
  prolactin production and, **43:**235–236
  in suckling rats, **50:**104–105
Epidermal growth factor–urogastrone
  amino acid sequences, **37:**71
  biological actions, **37:**78–82
  biosynthesis, storage, and secretion,
    37:75–78
  in cell transformation and
    tumorigenesis, **37:**100–103
  as hormone, **37:**103–106
  isolation and properties, **37:**72–75
    from man, **37:**74–75
    from mouse, **37:**72–74
  membrane receptor, **37:**83–97
    affinity labeling of, **37:**91–97

  in liver and placental membranes,
    87–91
  mitogenic action, **37:**85–87
  structure-activity relationships,
    37:97–100
  in various species, **37:**104
Epididymis
  androgen binding and transport by,
    33:283–295
  androgen-binding protein, **33:**289–291,
    49:222–223
  sex hormone-binding globulin, binding
    site distribution, **49:**231
Epinephrine, **41:**2, 130
  effects
    myometrial activity, **31:**282
    phosphatidylinositol turnover, **41:**142
  synthesis, **42:**131–134
Epithelial cells
  11β-hydroxysteroid dehydrogenase and,
    47:247
  IGFBPs and, **47:**58, 65–66, 68, 88
  laminins and, **47:**161–162, 165–166, 168
  mammary
    cAMP-mediated positive growth
      control, **51:**87–88
    IGFBPs, **47:**65–66, 68
  prostate explants, RNA synthesis in,
    33:25–29
  vitamin A deficiency and, **38:**7–11
  zona pellucida and, **47:**118
Epithelium
  breast cancer and, **45:**127–131, 158
  cell growth, **45:**135, 139
  insulinlike growth factors,
    45:148–150
  PDGFs, **45:**143–144
  protein, **45:**153
  TGF-α, **45:**141
  TGF-β, **45:**151
  calcium homeostasis in birds and,
    45:175, 188, 191
  uterine luminal, autolysis, **34:**231–232
  vaginal, in hormone immunoassay,
    31:181–183
Epoxides
  affinity labeling with, **41:**255–256
  electrophilic attaching functions, **41:**223
  intermediate in
    dihydroxyeicosatetraenoic acid
    formation, **39:**3–6
  steroid, **41:**256

Epristeride, structure, **49**:449
Epstein–Barr gene, *BHRF1*, **53**:178–179
Epstein–Barr virus, p53-dependent apoptosis, **53**:150
Ergocalciferol, **43**:118
a-Ergocryptine, **43**:230–232, 237
Ergosterol, therapeutic uses, **32**:142
Ergot derivatives, effect on prolactin secretion, **30**:198–204
Erythrocytes
 glucose transport
  insulin-insensitive, **44**:108–112
  insulin-sensitive, **44**:126
 inositide metabolism in, **33**:552
 metabolites, effects on erythropoietin synthesis, **31**:137–138
 nicotinamide nucleotides, in pellagra, **33**:512–514
Erythrogenin, **41**:174, 177
Erythroid burst-forming units, **41**:186–187
Erythroid colony-forming units, **41**:186–187
Erythropoiesis, **41**:166
 control, **41**:161–162
 IGFBPs and, **47**:3, 91
Erythropoietin, **31**:105–174
 amino acid composition, **41**:169–170
 amino acid sequence, **41**:169–170
 in anemias, **31**:156–157
 apparent molecular weight, **41**:170–171
 assays, **31**:107–110, **41**:163–164, 181, 186–194
 bioassay *versus* radioimmunoassay, **41**:194
 carbohydrate composition, **41**:169
 carbohydrate moiety role, **41**:173
 cell origin, **41**:199–202
 chemistry, **41**:168–178
 and purification, **31**:110–113
 circulating, **41**:165
 clinical implications and applications of, **31**:153–159
 detection, in normal human serum, **41**:192–194
 discovery, **41**:162
 fetal, **31**:144–146
 forms, **41**:168–169, 177–178
 functions, **41**:161
 glycosylation, **41**:173
 heterogeneity, **41**:169
 from human urine, **41**:178, 181–186
 hydrophobic interaction chromatography, **41**:184–185
 lectin affinity chromatography, **41**:186
 molecular weight, **41**:185–186
 inactivation, **41**:181
 and elimination, **31**:146–147
 in kidney, **41**:175–177, 194
 in milk, **50**:113
 monoclonal antibodies, **41**:186
 in plasma, **31**:111–112
 in polycythemias, **31**:153–155
 precursor, **41**:174
 production
  anephric models, **41**:194–195
  in vitro, **41**:167–168
  neural relationship, **31**:150–153
  and oxygen supply, **41**:165–166
  perfusion studies, **41**:195–196
  by renal and nonrenal tumors, **41**:196–199, 202
  site, **41**:194–202
 protein complex, **41**:177–178
 purification, **41**:178–186, 202
 radioimmunoassay, **41**:163, 189–192, 202
 renal excretion of, **31**:149–150
 sheep plasma, **41**:179–181
 sialic acid role, **41**:171–173
 sites and mechanisms of action, **31**:113–123
  bone marrow, **31**:114–117
  fetal yolk sac and liver cells, **31**:114–117
 sources, **41**:163, 178, 186
 species differences, **41**:163
 species distribution, **41**:162
 species specificity, **41**:162–163
 standardization, **41**:164
 structure, **41**:163
 structure–function relationships, **41**:168–178
 therapy using, **31**:157–159
 in urine, **31**:112–113
Erythropoietin biogenesis, **31**:123–133, 161, **41**:174
 erythrocyte metabolites affecting, **31**:137–138
 factors affecting, **31**:133–144
 hormones affecting, **31**:138–144
 in kidney, **31**:123–131

nucleotides affecting, **31**:135–137
vasoactive agents affecting, **31**:134–135
Escherichia coli
  acyl carrier protein, **46**:211
  biotin and, **45**:339, 341, 353, 362–364
  CoA synthesis, **46**:191–192
  DNA-binding protein, **49**:24
  folypolyglutamate synthesis and
    distribution, **45**:312–313
    folypolyglutamate synthetase,
      45:300–301
    role, **45**:293, 296–297
  IGFBPs, **47**:15, 86
  IL-1β converting enzyme expression,
    53:44–45
  K-12, pantothenic acid transport,
    46:184–185
  ketopantoate and pantoate synthesis,
    46:184
  lipid biosynthesis, role of acyl carrier
    protein:apo-acyl carrier protein
    ratio, **46**:212–213
  4′-phosphopantetheine-containing
    proteins, **46**:215
  4′-phosphopantetheine recycling in,
    46:204
  pyrroloquinoline quinone and, **45**:239,
    248, 250
  V-5/41, pantothenic acid transport,
    46:185
Esophageal sphincter
  gastrin effect, **32**:60–61
  pressure, gastrointestinal hormones
    and, **39**:304–306
Essential heat, **43**:4
Esters, electrophilic attaching functions,
  41:223
Estracyt, in prostatic cancer therapy,
  33:161–164, 170–172, 410–412
Estradiol
  antibodies, **31**:182
  breast cancer and, **45**:128–131
    insulin-like growth factors, **45**:149
    52 kDa protein, **45**:144, 146
    PDGF, **45**:143
    protein, **45**:132, 153–156
    regulation, **45**:157–158
    TGF-α, **45**:140
    TGF-β, **45**:151–152
  effects
    prostate organ culture, **33**:15

  vaginal fatty acids, **34**:166–167
  formation of, **43**:146–147
  11β-hydroxysteroid dehydrogenase and,
    47:203–204
  IGFBPs and, **47**:35, 65, 67–68, 76
  in milk, **50**:95
  ovarian stimulation and, **43**:265–270
  RNA synthesis and, **32**:116
  synthesis, **42**:329–337
16α-Estradiol, prolactin production
  studies, **43**:221–230
17β-Estradiol, prolactin production
  studies, **43**:205–230, 236, 238–239
Estramustine phosphate
  binding studies on, **33**:146–148
  effects
    prostatic 5α-reductase, **33**:144
    prostatic tumors, **33**:142–143
  metabolism, in prostate, **33**:145–146
Estriol
  in abnormal states, **35**:134–136
  in amniotic fluid, **35**:127–128
    assays for, **35**:132–134
  drug effects, **35**:135
  excretion in pregnancy, **30**:303–304
  in prolactin production studies,
    43:221–230
  renal clearance of, **35**:124–127
  in serum, assays of, **35**:130–132
  transport and intermediary metabolism
    of, **35**:121–128
Estrogen effects
  calcitonin secretion, **46**:111
  cartilage, **33**:610–616
  erythropoietin biosynthesis,
    31:143–144
  LH and FSH regulation, **30**:115–116
  monkey communication, **34**:144–146
    intravaginal, **34**:147
  myometrial activity, **31**:258–259
  nonpregnant women, **31**:259–271
  pregnancy and labor, **31**:271–280
  preimplantation embryo, **34**:236–238
  prostate, **33**:108–111
Estrogen receptor element, half-site
  spacing, **49**:23
Estrogen receptors, **33**:656–669,
  51:267–282
  affinity labeling, **41**:216–217, 223,
    229–235
  antagonism of function, **52**:112–120

Estrogen receptors (*continued*)
  antiestrogen action mechanism,
    51:277–280
  association and dissociation of,
    33:659–660
  chemical structure of, **33:**660–661
  complexes, **32:**92–97
    transformation by, **32:**98–107
  cross-coupling with other signaling
    pathways, **51:**280–282
  description, **52:**101–103
  DNA-binding domain, **51:**275
    hydrophobic core, **49:**9–11
    primary and secondary structure,
      49:2, 4–5
    specificity for ERE 20, **49:**20
  dynamics, **41:**234–235
  hormone binding and receptor
    dimerization, **51:**272–274
  human, phosphorylation sites,
    51:298–299
  inactivation, **41:**216
  initiation of signal transduction
    pathway, **52:**106–107
  intracellular localization, **51:**272–273
  ligand-binding domain, **49:**29–30
  mechanism of action, **51:**272–273
  model, **43:**200–201
  negativity, Bcl-2 and, **53:**116–117
  photoaffinity labeling, **41:**225
  purification of, **33:**661–662
  specific gene transcription,
    51:276–277
  structure and function, **41:**231–234
  target gene recognition, **51:**274–275
  transcriptional activation, **51:**275–276
    mechanisms, **51:**269
  transcriptional regulation by,
    52:103–106
Estrogen-regulatory element, breast
  cancer and, **45:**133–134
Estrogens, *see also* Antiestrogens
  in abdominal pregnancy, **30:**308–309
  in abortion, **30:**304–305
  androgens from, placental enzyme role
    in, **35:**113–114
  in anemia, **30:**319
  in anencephalic pregnancy, **30:**309–311
  in antepartum hemorrhage, **30:**319
  antisera to, **31:**181–183
  assay methods for, **35:**115–117
  autocrine hypothesis, **51:**270
  in benign prostatic hyperplasia therapy,
    33:450–451
  binding, early studies on, **32:**89–127
  binding protein, in preputial gland,
    36:27–28
  biosynthesis of, **35:**110–115
  in blood, **30:**249
  in body fluids, **35:**117–121
  in bone cell proliferation, **52:**67–68
  calcium homeostasis in birds and,
    45:188, 206–208
  carcinogenesis and, **34:**130
  in choriocarcinoma, **30:**308
  clinical aspects of, **35:**128–141
  control of relaxin receptor, **41:**106
  in diabetic pregnancy, **30:**314–315
  dynamic tests for, **30:**301–302
  endogenous, in nonpregnant women,
    36:78–80
  enones, **41:**230
  enterohepatic circulation of, **35:**122–123
  excretion of, **30:**299–301
    corticosteroids and, **30:**304
    day-to-day variations, **30:**302–304
    renal factors, **30:**303
  fetal acidosis and, **30:**317–319
  fetal sex and, **30:**311
  fetal weight and retarded fetal growth
    related to, **30:**316–317
  in hydatidiform mole pregnancy,
    30:305–308
  11β-hydroxysteroid dehydrogenase and,
    47:203
  in hypertension, **30:**312–313
  IGFBPs and, **47:**56, 60, 71
  interaction
    inhibin, **37:**279–280
    target cells, **32:**90–107
    two-step pathway, **32:**97–98
  intrauterine death and, **30:**318–319
  Leydig cell stimulation of, **34:**191–193
  mechanism of action, **52:**101–109
  milk levels, affecting factors, **50:**94–96
  in multiple pregnancy, **30:**311–312
  nonreproductive-related activities,
    52:100–101
  nuclear binding, **32:**103–106
    and extranuclear binding, **32:**90–92
  onset of labor and, **30:**320–321
  physiological responses to, **51:**268–271
  placental, biosynthetic defects,
    49:169–170

in pregnancy, **35**:109–147
　maintenance role, **30**:244–250
　pathological, **30**:304–324
　urine, **30**:247–248
in prematurity, **30**:319–320
in prenatal diagnosis of adrenogenital syndrome, **30**:311
pretranslational effects, **43**:202–203
and progesterone, ratio, **30**:253–255
prolactin synthesis regulated by, **43**:200–232, 238–240
in prostatic tumor therapy, **33**:351–376, 386–388
proteins regulated by, **36**:260–269
radioimmunoassay, **31**:178
regulation in breast cancer, *see* Breast cancer, estrogen regulation
in Rh isoimmunization, **30**:313–314
role in eutherian mammal, **43**:176–178
sex hormone-binding globulin regulation, **49**:254–256
and sexual differentiation in marsupials, **43**:174–176
stimulation of anterior pituitary, **43**:201–204
synthesis, **42**:329–337
　in ovaries, **30**:245
　in placenta, **30**:245–250
tryptophan metabolism and, **36**:54–57
uterine contractility and, **30**:252–253
Estrogen synthetase, **41**:255
Estrone, **43**:147
　antibodies to, **31**:182
Estrophilin, **32**:89–127
　RNA synthesis and, **32**:107–117
　uterine nuclei, **32**:110–117
Estrous cycle
　follistatin expression, **50**:270–272
　gonadotrope recycling, **50**:239–240
　monohormonal gonadotropin storage during, **50**:221–223
　prolactin secretion in, **30**:168–169
Ethanol
　effects on pantothenic acid conversion to CoA, **46**:177
　metabolism, and ADH isozymes, **54**:42–43
　substitution for dietary carbohydrate, **54**:33–35
Ethanolamine ammonia-lyase, **50**:49–50
Ethanolamine deaminase, cobalamin requirement, **34**:6

Ethnicity, and alcohol clearance rates, **54**:42–43
Ethoxzolamide, inhibition of osteoclastic bone resorption, **46**:46–47
N-Ethylmaleimide, inhibition of pantothenic acid uptake in choroid plexus, **46**:180
Ethylriboflavins, biological activities of, **32**:39
Eukaryotes
　breast cancer and, **45**:138
　metabolic pathway for biosynthesis of ubiquinone
　　generation of 4-hydroxybenzoate, **40**:8–9
　　pathway from 4-hydroxybenzoate, **40**:9–15
　pyrroloquinoline quinone and, **45**:229, 243, 248
Eukaryotic cells
　cell cycle, **51**:63–66
　heterologous expression of proteins, **48**:62–64
Euthyroidism, mechanism of restoration in treated thyrotoxicosis, **38**:161–162
Evolution
　brain peptides, **41**:13–16
　calcitonin–CGRP genes, **46**:93–104
　endocrine system, **41**:13–14
　ethanol-related survival, **54**:42, 44
　insulin, **41**:93
　PPAR subtypes, **54**:132
　relaxin, **41**:93–94
　vitamin D, into steroid hormone, **32**:330–333
Excitatory amino acid transmitters, roles, **51**:373
Exercise
　heat increment of, **43**:3–4
　muscular, and insulin-mimicking factors, **39**:168
　relationships to food intake and thermogenesis, **43**:23–25, 61–64
Exocrine cells
　calcium-regulated secretion, synaptotagmin role, **54**:219–221
　SNARE proteins, **54**:217–219
Exocrine fluid, somatomedin in, **40**:210
Exocrine secretion, substance P effects, **35**:262–263
Exocytosis, **42**:109–173
　actin, **42**:139–141

Exocytosis (continued)
  calcium homeostasis in birds and, 45:180
  dense core vesicles, 54:207–208
    and synaptic vesicles, 54:212–214, 219–221
  energetics, 42:170–172
  glucose transporter translocation and, 44:135, 137, 141
  inositol metabolism and, 42:163–167
  insulin secretion and, 44:142
  mechanism, 42:113–116
    approach step, 42:113–114
    contact step, 42:114–115
    fission step, 42:115–116
  membrane contact and fusion during, 42:142–170
  metalloendoproteases and, 42:167–170
  microtubules, 42:141–142
  neurotransmitter secretion and, 44:142
  protein phosphorylation and, 42:160–163
  regulatory role of 14-3-3 proteins, 52:154–155
  stimulus-secretion coupling, 42:160–163
Exoenzyme S, 52:155–156
Exophthalmos, 50:317–318
  TSaab and, 38:181–185
Exotic animals, vitamin B_6 requirements for growth, 48:287–288
Experimental obesity, 45:1–4, 75–76, 89–90
  afferent signals, 45:76–78
  controlled system, 45:81
  controller, 45:78–79
  dietary, see Dietary obesity
  efferent signals, 45:79–81
  genetic, see Genetic obesity
  hypothalamic, 45:4–6
    afferent systems, 45:16–20
    controlled system, 45:28–29
    efferent control, 45:20–27
    hypothalamic controller, 45:7–16
  mechanism
    adrenal dependence, 45:82–85
    automatic hypothesis, 45:81–82
    hyperinsulinemia, 45:89
    hyperphagia, 45:85–86
    lipoprotein lipase, 45:88
    sympathetic nervous system, 45:86–88

Extracellular matrix, breast cancer and, 45:155
Exudative diathesis, glutathione peroxidase in prevention of, 32:430–432
Eye
  cellular binding protein in, 36:11
  CGRP distribution, 46:143

F

Factor V_{1a}, 50:32
Fanconi syndrome, 46:210
Fasting, see also Starvation
  effects
    cardiac CoA content, 46:202–203
    hepatic CoA content, 46:202
    pantothenic acid transport, 46:180
    IGFBPs and, 47:44–45, 52, 73
    insulin and leptin levels in, 54:9
    leptin response, 54:12–13
Fat, see also Brown adipose tissue
  biotin and, 45:347
  dietary, 43:13, 15–17
  dietary obesity and
    afferent signals, 45:60–63
    central integration, 45:65–69
    characterization, 45:53–57
    controlled system, 45:72–74
    efferent control, 45:69–72
  distribution and character of, 43:54
  experimental obesity and, 45:2, 75
    characterization, 45:78–79
    efferent signals, 45:81
    mechanism, 45:83, 86
  genetic obesity and, 45:31, 37–38, 48
  hypothalamic obesity and, 45:9, 13, 16, 18, 28
  malabsorption, phylloquinone absorption in, 32:517–518
  metabolism, insulin and, 39:161–163
  thermal insulation and, 43:54–55
  vitamins soluble in, international symposium on, 32:129–545
Fat-free mass, metabolic rates and, 43:4–5, 7, 49–50, 59, 65–66, 78
Fatty acids, see also Polyunsaturated fatty acids
  biotin and
    deficiency, inherited, 45:365–368, 370
    enzymes, 45:340

nonprosthetic group fuctions, **45**:343–344
in cellular membranes, **30**:72
effects
 cartilage, **33**:631–634
 immune cells, **52**:40
 experimental obesity and, **45**:77–79, 87–88
 dietary obesity, **45**:55, 60–63, 71, 75
 hypothalamic obesity, **45**:11, 15, 19, 22
 folypolyglutamate synthesis and, **45**:292
 inhibition of pantothenic acid uptake, **46**:179
 PPARα-binding, **54**:135, 147
 regulation of PPARα gene expression, **54**:153–154
 unsaturated, vitamin E relationship to, **34**:38–40
in vaginal secretions, as sex attractants, **34**:161–166
Fatty acid synthetase
 acyl carrier protein, **46**:210–214
 elastase digestion of, **46**:213
 turnover, in lipogenesis, **36**:138–146
Fatty acyl CoA synthetase, effect of CoA long-chain acyl esters, **46**:209
Fatty streaks, in atherosclerosis pathogenesis, **52**:2
Feedback
 calcium homeostasis in birds and, **45**:174, 196, 198
 experimental obesity and, **45**:75, 90
  afferent signals, **45**:76
  dietary obesity, **45**:57–58
  genetic obesity, **45**:33
  hypothalamic obesity, **45**:14, 16–17, 27
 mechanism, **45**:84, 86
Feedback loops, β_2-adrenergic receptor/effector complex, **46**:29–30
Feeding, NPY-induced, neurochemical effects, **54**:56–60
Female
 breast development, **43**:154–155
 genital tract development, **43**:154
 virilization, **43**:170–171
Feminization, **43**:147
 androgen receptor mutation, **49**:391
 studies of, **43**:178–183
 testicular, **43**:165–168

Fermentation
 products, pyrroloquinoline quinone in, **46**:234
 pyrroloquinoline quinone and, **45**:236, 250
Ferrozine, **42**:111
Fertilization
 cyclic ADP-ribose role, **48**:244–245
 in vitro, see In vitro fertilization
 zona pellucida and, **47**:116, 135, 146
Fetal development
 11β-hydroxysteroid dehydrogenase and, **47**:206–210
 PTHrP-negative mice
  skeletal abnormalities, **52**:181–184
  survival until parturition, **52**:181
 steroid hormones in, **52**:142–143
 tissue-specific regulation and, **52**:134–135
Fetal placental unit, steroid biosynthesis by, **30**:246
α-Fetoprotein, **41**:264–265
 photoaffinity labeling, **41**:224
Fetus
 adrenal glands, role in pregnancy, **30**:255–262
 growth retardation, IGFBPs and, **47**:46
 liver explants, IGFBPs and, **47**:62–63
 male, differentiation, hormone antibody effect, **31**:193–194
 yolk sac, erythropoietin effects, **31**:114–117
Fibric acid drugs, PPAR activators, **54**:133–135
Fibrinolysis, oxidized LDL as impediment to, **52**:4–5
Fibroadenoma, breast cancer and, **45**:150, 153
Fibroblast growth factor, **49**:474–476
 basic
  breast cancer and, **45**:149, 157
  role in hippocampal neuronal survival, **51**:389, 391
  TSHR gene expression regulation, **50**:328–330
 heparin-binding, **52**:72
Fibroblasts
 breast cancer and, **45**:131, 140, 142–144, 149–151
 fetal, IGFBPs, **47**:69–70
 growth, inhibition by cAMP, **51**:75–77

Fibroblasts (continued)
  11β-hydroxysteroid dehydrogenase and, **47**:203, 205, 214, 242
  IGFBPs and, **47**:2
    binding properties, **47**:28
    biology, **47**:76–80, 84–88
    expression *in vitro*, **47**:58–59
    expression *in vivo*, **47**:30, 32
    genes, **47**:15–16, 18
    regulation *in vitro*, **47**:66, 69–70
  inositide metabolism in, **33**:555–556
  laminins, **47**:165–166, 173, 179
  as models for signal transduction, **48**:85–96
    cellular milieu, **48**:93–94
    $G_{i/o}$-coupled receptors, cell specific signaling, **48**:85–91
    cell proliferation, **48**:89–91
    gene transcription, **48**:89
    multiple signals, **48**:85–89
    G_s-coupled receptors, cell-specific signaling, **48**:91–93
    pathway-selective modulation, **48**:94–96
Fibronectin
  laminins and, **47**:166, 168, 171, 175
  zona pellucida and, **47**:120
Fibrosarcoma, CoA levels, **46**:207
Filipin, in studies of calcium transport, **32**:345–354
Finasteride, structure, **49**:449
FK506
  effect on hormone receptor function, **54**:184–185
  progestin receptor-binding, **54**:179
Flavins
  covalently bound, **32**:1–45
    in artificial flavoenzymes, **32**:38–40
    metabolism of, **32**:36–38
    redox properties, **32**:34–35
  metabolism, aldosterone and, **38**:84–88
  pyrroloquinoline quinone and, **45**:224, 228
Flavoprotein
  folypolyglutamate synthesis and, **45**:266
  pyrroloquinoline quinone and
    biological role, **45**:255
    cofactor research, **45**:227–228
    distribution, **45**:245–246
Flight behavior, in insects, hormonal effects, **35**:291–292

Flowering, initiation role of tocopherols, **34**:85
Fluorescence, pyrroloquinoline quinone and, **45**:228, 230, 234, 238
Fluoride, AlF_4^- complex, **44**:52
5-Fluorodeoxyuridine, in prostatic cancer therapy, **33**:161–164, 169–170
Fluspirilene, binding to Ca^{2+} channels, **44**:205
  kinetics, **44**:193–195
  in skeletal muscle, **44**:246
Flutamide
  in prostatic cancer therapy, **33**:170–172
  in therapy of benign prostatic hyperplasia, **33**:455
Foam cells
  conversion of oxidized LDL-derived lipids to, **52**:3
  in pathogenesis of atherosclerosis, **52**:2
  scavenger receptor-independent mechanisms and, **52**:4
Folate, connection with vitamin B_{12}, **50**:5–6
Folate-binding proteins, **45**:291–292, 315–317, 322
Folic acid
  in amino acid conversions, **34**:12–13
  in cell poiesis, **34**:1–30
  coenzymes, role in one-carbon-unit transfers, **34**:11–13
  correlation with vitamin B_{12}, **34**:14
  derivatives, structures and nomenclature of, **34**:9
  in formate generation, **34**:13
  metabolism, **34**:8–11
    flow chart, **34**:10
  in purine biosynthesis, **34**:11–12
  in pyrimidine biosynthesis, **34**:12
Follicles
  ultrasound measurements, **43**:264
  zona pellucida and, **47**:123–126
Follicle-stimulating hormone, **43**:266–270
  activin binding, **50**:270
  assay of inhibin with, **37**:251
  beta antigens, changes in estrous cycle, **50**:238
  β subunit mRNA, somatotrope expression, **50**:249
  biosynthesis, **50**:176–177
  effect on inhibin secretion by granulosa cells, **44**:36–37

during estrous cycle, **50**:221–223
gametogenesis and secretion of, **37**:244–246
gonadal receptors for, **36**:466–467
human chorionic, secretion and properties, **35**:191, 194
IGFBPs and, **47**:35, 52, 65, 67, 71, 76
inhibin effects, **37**:272
in negative feedback, **37**:294–296
laminins and, **47**:179
Leydig cell stimulation by, **34**:197
in monohormonal granules, **50**:259–260
mRNA, distribution analysis of cells, **50**:237–238
radioligand-receptor assays for, **36**:478–479
regulation
androgen-binding protein, **49**:252–254
gonadotropin receptors, **36**:559–560
release, modulation by activin A, **50**:177–179
release *in vitro*, anterior pituitary cells
activins and, **44**:24–27, 29
inhibins and, **44**:10, 13–14
PFF and, **44**:4–5, 13
role in reproduction, **30**:86–87
secretion
factors affecting, **30**:88–95
short feedback in, **30**:119–120
steroid effects, **30**:112–120
Sertoli cell stimulation by, **34**:199–203
Follicle-stimulating hormone-releasing hormone, **30**:83–164
in blood, **30**:121
chemistry, **30**:95–112
detection, **30**:97–100
determination, **30**:125–127
enzyme effects, **30**:107
from humans, **30**:105–106
hypothalamic, **30**:95–100
fluctuations, **30**:120–121
localization, **30**:120
purification, **30**:100–101
release, **30**:149–150
Follicular fluid
bovine, *see* Bovine follicular fluid
porcine, *see* Porcine follicular fluid
Follistatin, production, **50**:269–272
Folypolyglutamate synthesis, **45**:263–265, 321–322
distribution
activity, **45**:313–315
folate-binding proteins, **45**:315–317
one-carbon, **45**:317–318
regulatory factors, **45**:319–320
regulatory mechanism, **45**:320–321
substrate specificity, **45**:311–313
turnover, **45**:317
folate, **45**:265
amino acid metabolism, **45**:265–269
disposal of one-carbon units, **45**:271–272
mitochondrial pathways, **45**:272–275
purine cycle, **45**:270–271
thymidylate cycle, **45**:269–270
folypolyglutamate synthetase
distribution, **45**:299–302
kinetic properties, **45**:302–303
substrate specificity, **45**:304–310
γ-glutamylhydrolases, **45**:310–311
mammalian cells, **45**:275–276
role
amino acids, **45**:277, 280–283
disposal of one-carbon units, **45**:287–288
enzyme substrates, **45**:276–279
folate transport, **45**:292–294
intracellular folate-binding proteins, **45**:291–292
mitochondrial enzymes, **45**:288
multifunctional complexes, **45**:288–291
purine cycle, **45**:284–287
thymidylate cycle, **45**:283–284
in vivo effects, **45**:294–299
Food ingestion
affecting factors, **43**:9–13
effect on leptin levels, **54**:15–16
exaggerated, in obesity model, **54**:61
thermic effect, **43**:4
timing of, **43**:58–59
visual simuli and, **43**:12–13, 60–61
Food quotient, **43**:14
Forbidden clone theory of autoimmunity, **38**:187–191
Formaldehyde, folypolyglutamate synthesis and
folate, **45**:265, 269, 273–274
role, **45**:288, 295
Formate, generation, folic acid in, **34**:13
Formiminoglutamic acid, vitamin B_{12} deficiency effect, **34**:17–18

Formiminotransferase, folypolyglutamate synthesis and, **45:**268, 288, 298–299
Formylmethionylleucylphenylalanine, effects on phosphatidylinositol turnover, **41:**122–125
Forskolin, **41:**146, **43:**238
  cAMP pulse induction, **51:**67
  effect on isolated osteoclasts, **46:**68–69
  IGFBPs and, **47:**69–70, 78
  inhibition of nonfusing muscle cell lines, **51:**80–81
  laminins and, **47:**177
Fox, vitamin B_6 requirements for growth, **48:**274
Free radicals
  cigarette smoking and, **52:**53, 55
  enhancement of inflammatory response in rheumatoid arthritis, **52:**43
  immune cell function and in aging, **52:**44
  description, **52:**36, 39–42
  LDL and
    ascorbic acid scavenging, **52:**10–12
    transfer by a-tocopherol to, **52:**19–20
  micronutrients interfering with generation, **52:**36–37
Fructose dehydrogenase
  origins, **46:**231
  pyrroloquinoline quinone prosthetic group, **46:**231
Fructose diphosphatase
  in hepatic gluconeogenesis, **36:**432–438
  properties of, **36:**447
Fructose diphosphate aldolase, androgen regulation, **36:**272
Fructose 1,6-diphosphate 1-phosphohydrolase, pantothenic acid deficiency effects, **46:**171
Fructose 6-phosphate-fructose diphosphate substrate cycle, in hormonal control of gluconeogenesis, **36:**430–441
FSH, *see* Follicle-stimulating hormone
FSH-RH, *see* Follicle-stimulating hormone-releasing hormone
Fusarium
  F. culmorum, methylamine oxidase, **46:**233
  F. oxysporum, nitroalkane oxidase, **46:**233
Futile substrate cycles, **43:**22–23

G

GABA, *see* γ-Aminobutyric acid
Galactose, laminins and, **47:**174
Galactosyl retinoyl phosphate
  biosynthesis, retinol role, **35:**46–52
  formation, in membrane systems, **35:**51–52
Galactosyl transfer, retinylphosphate galactose as intermediate in, **32:**206–210
Gallopamil, effects on frog skeletal muscle
  charge movement and, **44:**232–234
  K^+-induced contracture and, **44:**231–232
  skinned fiber contraction and, **44:**235
Ganglion cells, retinal, IGF, **48:**31
Gas chromatography–mass spectrometry
  identification of steroids, **39:**65–82
  quantitation of steroids, **39:**87–94
Gas chromatography-resolution mass spectrometry, quantitation of steroids, **39:**94–96
Gas–liquid chromatography, quantitation of steroids, **39:**86–87
Gastric acid, secretion, **39:**306–311
Gastric inhibitory peptide
  amino acid sequence, **39:**250–252
  experimental obesity and, **45:**49–50
Gastrin, **32:**47–88, **41:**4, 15
  acid secretion and, **32:**58
  amino acid sequence, **39:**238–240
  antibodies to, **32:**72–75
    sensitivity and specificity, **32:**76–77
  in antral and intestinal mucosa, **32:**64–66
  big, **32:**51–53
  big, **32:**53–55
  bioassay of, **32:**69
  biological activity of, **32:**58–64
  distribution of, **32:**64–69
  effect on calcitonin secretion, **46:**111
  electron microscopic localization of, **32:**68–69
  estimation of, **32:**69–77
  heptadecapeptide of, **32:**49–51
  heterogeneity, **39:**276–286
  lower esophageal sphincter and, **32:**60–61
  microscopal localization in, **32:**66–67
  multiple activities of, **32:**58–60

pancreatic activity and, **32**:67–68
peptides related to, **32**:56–58
radioimmunoassay, **32**:69–77
radioiodination of, **32**:75–76
reaction with other hormones, **32**:61–64
receptor interaction hypothesis for, **32**:62–63
release of, **32**:78–81
  inhibition, **32**:80–81
  stimulation, **32**:78–80
species, **32**:55–56
  degradation, **32**:83
  structure, **32**:49–58
Gastrin degradation, **32**:81–83
  chemical mechanism, **32**:82–83
  in intestine, **32**:81–82
  in kidney, **32**:81–82
  in liver, **32**:82
  in stomach, **32**:82
  various species, **32**:83
Gastrin-releasing peptide, in milk, **50**:113–114
Gastrocnemius muscle, CoA concentrations, **46**:195
Gastrointestinal hormones
  heterogeneity
    gastrin, **39**:276–286
    peptides reacting with antibodies to glucagon, **39**:266–276
    types of, **39**:262–266
  hypothetical, **39**:363–365
  isolation, **39**:286–289
  mediators of activity, **39**:354–363
  physiological aspects, **39**:301–303
    blood flow through gastrointestinal organs, **39**:317–319
    extragastrointestinal effects, **39**:334–340
    motility and secretion, **39**:303–317
    release of hormones, **39**:326–334
    trophic effects, **39**:319–326
  structure–activity relationships, **39**:340–356
  structures, **39**:289–296
  synthesis, **39**:299–301
Gastrointestinal nerves, substance P in, **35**:232–240
Gastrointestinal peptides, **41**:3–4
Gastrointestinal tract, enkephalin activity, **36**:333–336
GATA-1, **49**:81–82

G1 checkpoint, loss, **53**:4–6
G_c-protein
  amino acid composition of, **37**:33
  isolation and properties of, **37**:31–33
Geldanamycin, effect on steroid hormone receptors, **54**:186–189
Gel filtration
  progesterone receptors, **33**:322
  Sepharyl S-200 Superfine, PFF analysis
    activin, **44**:24–25
    homoactivin A, **44**:26, 29
    inhibins, **44**:6, 8
Gene activation, transcription machinery during, **54**:124–126
Gene duplication, calcitonin–CGRP gene, **46**:91–92
Gene expression
  β_2-adrenergic receptors, post-transcriptional mechanisms affecting, **46**:26–28
  androgens, **33**:310–315
  in bone development, **52**:64–65
  cAMP-mediated positive growth control, **51**:99–105
  hormone regulation, **36**:259–295
  transcriptors in, **36**:280–281
  11β-hydroxysteroid dehydrogenase, **47**:231
  PPARs, **54**:153–155
  zona pellucida and, **47**:115, 129, 143–146
  structure, **47**:136–140
  transcripts, **47**:140–142
Gene products
  ras, G protein properties
    p21, mammalian oncogenic, **44**:68–69
    in yeast, **44**:69, 73
  rho, G protein properties, **44**:69
  YPT, G protein properties, yeast, **44**:69
Gene promoters
  BAX, DNA sequence analysis, **53**:120
  oxytocin and vasopressin, putative regulatory elements, **51**:240–242
Genes
  c-*fos*
    down-regulation by exon-deleted repressor isoform, **51**:31
    transcription control, **51**:100–102
  c-*jun*, **48**:12
    down-regulation by exon-deleted repressor isoform, **51**:31
    transcription control, **51**:102–103

Genes (continued)
  c-*myc*, transcription control, **51**:103–104
  CREB and CREM, autoregulation of expression, **51**:31–32
  CYP17, **49**:148–149
  endothelin, **48**:164–165
  Ftz–F1, **51**:349–350, 352, 361–362
  α_{2u}-globulin, androgen regulation of, **36**:271–272
  Hox, regulation by retinoids, **51**:437–439
  HSD3B2, **49**:156–157
  11β-hydroxysteroid dehydrogenase, **47**:220–221, 231–232
  IGFBPs, **47**:5–9
    acid-labile nonbinding subunit, **47**:20–24
    IGFBP-1, **47**:9–12
    IGFBP-2, **47**:12–14
    IGFBP-3, **47**:14–16
    IGFBP-5, **47**:17–18
    IGFBP-6, **47**:18–20
  murine PTHrP
    disruption in embryonic stem cells, **52**:179–180
    perinatal lethality with disruption of, **52**:181
    transgenic technology in expression studies, **52**:177–178
  recognition, estrogen receptors, **51**:274–275
  5α-reductase, **49**:449–450
  retinoid-binding proteins, transgenic studies, **51**:426–427
  steroidogenic enzymes
    cAMP reponse sequences for bovine steroid hydroxylase, **52**:138–139
    developmental–tissue-specific regulation, **52**:134–135
Genetic obesity, **45**:1–2, 29–30
  afferent signals, **45**:32–37
  central integration, **45**:38–47
  controlled system, **45**:51–53
  efferent systems, **45**:47–51
  energy imbalance, **45**:30–32
  mechanism, **45**:89
Genetics
  prostate growth, **33**:93–97
  scurvy, **36**:33–52
Gene transcription, **51**:1–46
  activating transcription 1, **51**:6–8
  anterior pituitary gland, **51**:37
  autoregulation of expression of CREB and CREM genes, **51**:31–32
  in brain regions, **51**:37–39
  cAMP-dependent, CREB-mediated, **51**:3–5
  cAMP response element-binding protein, **51**:6–8, 45
    autoregulation network, **51**:40–42
  cAMP response element modulator, **51**:6–8
    autoregulation network, **51**:40–42
  cAMP response elements, **51**:8–12
  cell-specific signaling properties, **48**:89
  estrogen receptors, **51**:276–277
  future directions, **51**:43–46
  homodimer and heterodimer combinations, **51**:43–44
  hypothalamus, **51**:37–39
  pineal gland, **51**:37–39
  regulation by signal transduction pathways, **51**:3–4
  testes, **51**:33–37
  transcriptional transactivation
    CREB domains, **51**:17–21
    interactions between signaling pathways, **51**:15–16
    kinases, **51**:12–16
    phosphatases, **51**:17
Genitalia, androgen action, **49**:385–386
Gerbil, vitamin B_6 requirements for growth, **48**:270–271
Germ cells, androgen stimulation of, **34**:206–209
Germinal vesicle breakdown, 11b-hydroxysteroid dehydrogenase and, **47**:220, 234–236, 240–247
Gestagen, effects
  myometrial activity, **31**:258–271
  pregnancy and labor, **31**:271–280
Gestation, *see also* Pregnancy
  comparative endocrinology, **30**:233–279
  long, adaptations to, **30**:251–252
  pantothenic acid deficiency during, **46**:170–171
  prolonged, **30**:255–260
ghd genes, *A. calcoaceticus*, **46**:246–247
$G_{i/o}$-coupled receptors
  cell specific signaling, **48**:85–91
  in growth hormone pituitary cells, **48**:73–75

heterologous expression, **48**:75–78
multiple signals and receptor-specific efficacies, **48**:77–78
transfection method specificity, **48**:75–77
Gla, *see* γ-Carboxyglutamic acid
Glicentin, amino acid sequence, **39**:260–261
Glucagon, **41**:2, 4, 15
effect on pantothyenagte incorporation into CoA, **46**:205
and experimental obesity
dietary, **45**:59
genetic, **45**:35, 48–49, 52
hypothalamic, **45**:26, 28
food intake and, **43**:10
Glucocorticoid receptor element, half-site spacing, **49**:23
Glucocorticoid receptors, **49**:49–115
activated, **54**:170
activation, **51**:322
activities, **49**:50–51
affinity labeling, **41**:230, 241–245
binding to GRE, **49**:50
carboxyl-terminal 40 residues, **49**:73–74
cross-linked, **54**:174–175
disulfide bonds, **49**:77
DNA complex, **49**:13–19
crystal structure, **49**:20, 24
geldanamycin effect, **54**:187–188
half-site spacing, **49**:50
hinge region, **49**:63–66
antigenic sites, **49**:63–64
DNA binding, **49**:64
nuclear translocation, **49**:64–65
point mutations, **49**:90
protein–protein interactions, **49**:65
steroid binding, **49**:64
transcriptional activity, **49**:65–66
hormone-binding domain, **54**:169
and hsp90, heterocomplex assembly, **54**:193
hypervariable, immunogenic domain, **49**:53–57
activities at other sites, **49**:56–57
antigenic sites, **49**:53–55
interaction with DNA-binding domain, **49**:96
point mutations, **49**:84–85
transcriptional activity, **49**:55–56
in intact target cells, **54**:176–177

interactions
AP-1, **49**:78–80
interdomain, **49**:95–98
immunogenic and DNA-binding domains, **49**:96
steroid binding and DNA-binding domains, **49**:96–97
other proteins, **49**:80–82
in vitro translated, **54**:189–190
molecular weight species, **41**:242, 244–245
nonactivated, **54**:175
heteromeric structure, **54**:171
nucleocytoplasmic shuttling, **51**:325–326, 328
phosphorylation, **49**:84
sites, **51**:299
point mutations, **49**:82–83
post-translational modifications, **49**:76–77
protection of, **50**:467–468
salt bridge, **49**:11–12
single-letter code for amino acid sequence, **49**:99–115
steroid-binding domain, **49**:66–74
antigenic sites, **49**:66
hsp90, **49**:69–71
interaction with DNA-binding domain, **49**:96–97
mero-receptors, **49**:66–67
molybdate stabilization, **49**:71–72
nuclear translocation, **49**:71
point mutations, **49**:90–95
covalent modifications, **49**:90–91
other activities, **49**:95
steroid binding and affinity labeling, **49**:91–95
transcriptional activity, **49**:95
receptor dimerization, **49**:72
steroid binding, **49**:67–69
transcriptional activity, **49**:72–74
structure and function, **41**:242–245
subcellular localization, indirect immunofluorescence, **51**:324
synergism, **49**:77–78
tau1, **49**:55
tau2, **49**:72–73
unliganded, **54**:181–182
Glucocorticoid receptors, DNA-binding domain, **49**:57–63
amino acids, **49**:57–58

Glucocorticoid receptors, DNA-binding
   domain (continued)
  antigenic sites, **49**:58
  auxiliary factors, **49**:60–61
  D box, **49**:60
  distal knuckle, **49**:59
  DNA binding, **49**:59–60
   cooperative, **49**:60
  hydrophobic core, **49**:9–11
  interactions
   immunogenic domain, **49**:96
   steroid binding domain, **49**:96–97
   and nuclear localization signal
    sequence, **51**:318–320
  P box, **49**:59
  phosphorylation, **49**:58–59
  point mutations, **49**:85–90
   prostate, cancer box, **49**:86
   second zinc finger, **49**:87
   zinc finger loop flip, **49**:87–88
  recognition helix, **49**:18
  specificity of binding, **49**:59–60
  structure
   α-helical, **49**:61–62
   primary and secondary, **49**:2, 4–5
  transcriptional activity, **49**:62–63
Glucocorticoid region, transcriptional
   activation, **54**:142
Glucocorticoid response element, **48**:63
Glucocorticoids
  in bone cell proliferation, **52**:68
  breast cancer and, **45**:132–133, 149
  effects
   cartilage, **33**:619–625
   CoA content, **46**:205
   CRF levels, **54**:58
   hippocampal formation, **51**:373
   vasopressin gene expression, **51**:241
  exogenous, effects on cognitive
   performance, **51**:394
  experimental obesity and, **45**:2, 82–83, 85
   genetic obesity, **45**:36–37, 40–41, 43
  food intake and, **43**:9, 19–20
  11β-hydroxysteroid dehydrogenase and
   biological activity, **47**:213
   clinical studies, **47**:219–221, 224
   developmental biology, **47**:206, 208
   enzymology, **47**:225, 230–231
   function, **47**:233–236, 240–247
   lower vertebrates, **47**:215
   properties, **47**:194–195, 204

  IGFBPs and, **47**:46
  interactions with mineralocorticoids,
   50:466
  in milk, **50**:93
  photoaffinity labeling, **41**:223
  prolactin production and, **43**:233
  proteins regulated by, **36**:263, 273–278
  role in parturition
   human, **30**:261–262
   ruminant, **30**:260–261
  synthesis, **42**:329–337
  tumor resistance, Bcl-2 family proteins
   as determinants, **53**:113
  up-regulation of b_2-adrenergic
   receptors, **46**:28–29
Glucocorticosteroid receptors, **33**:687–695
  in cytosol, **33**:687–689
  distribution of, **33**:689–693
  steroid resistance related to defects in,
   33:695
Glucocorticosteroids, effect on prostate
   organ culture, **33**:15
Glucokinase, biotin and, **45**:348
Gluconeogenesis
  in liver, hormonal control, **36**:383–460
   cAMP in, **36**:386–390
   sites of action, **36**:390–443
  in pantothenic acid-deficient rats,
   46:171
Gluconobacter
  alcohol dehydrogenase coupling to
   respiratory chain, **46**:259
  G. suboxydans, ubiquinone electron
   donor for glucose dehydrogenase,
   46:254
  vitamin requirements, **46**:237
Glucoprivic feeding, experimental obesity
   and, **45**:40, 61, 67
Glucoreceptor neurons, **43**:10
Glucose
  biotin and, **45**:340, 348
  breast cancer and, **45**:147
  experimental obesity and, **45**:76–79, 85
   dietary, **45**:60–61, 63, 66–67, 72, 74
   genetic, **45**:34–36, 40, 48–50, 52
   hypothalamic, **45**:11, 14–15, 25–26,
    28
   hypothalamic controller, **45**:17, 19
  homeostasis, **42**:49–51
  11β-hydroxysteroid dehydrogenase and,
   47:214, 246

IGFBPs and
  biology, **47:**74, 78
  regulation *in vitro,* **47:**63
  regulation *in vivo,* **47:**43–44, 46–47
  metabolism
    glucuronic acid pathway, **36:**35
    lipolysis effect, **43:**54
Glucose dehydrogenase
  coupling to respiratory chain, **46:**259
  effect of pyrroloquinoline quinone–amino acid adducts, **46:**238–239
  function, **46:**246
  membrane-bound, **46:**247–248
  occurrence and distribution, **46:**246
  origins, **46:**241
  pyrroloquinoline quinone
    mode of binding, **46:**248
    prosthetic group, **46:**231
  as quinoprotein, **46:**246
  soluble, **46:**247
Glucose-glucose 6-phosphate substrate cycle, in hormonal control of hepatic gluconeogenesis, **36:**441–443
Glucose 6-phosphatase, pantothenic acid deficiency effects, **46:**171
Glucose tolerance, impaired, oral contraceptives and, **36:**69–72
Glucose transport
  assay with 3-*O*-methyl-D-glucose, **44:**121–125
  in erythrocytes
    insulin-insensitive
      mobile carrier model, **44:**110–111
      stationary carrier model, **44:**111–112
      transporter peptide, **44:**108–110
    insulin-sensitive, **44:**126
  insulin binding to receptor and, **44:**116–117
  insulin effect, rat adipocytes
    ATP and, **44:**126–127, 132–133
    inhibitors, **44:**131–133
    isoproterenol and, **44:**132, 139–140
    kinetics, **44:**124–126
    peptides and, **44:**132
    reversal by cell washing, **44:**127–128, 136
  insulinomimetic substances and factors, **44:**128–131
  insulin-sensitive
    experimental models, **44:**112–114

phosphorylation theory, **44:**140–141
translocation hypothesis, **44:**134–139, 141–142
contradictions, **44:**139–140
system classification, **44:**106–108
β-Glucoside, pantothenic acid metabolite, **46:**178
Glucuronic acid pathway, glucose metabolism, **36:**35
Glutamate
  folypolyglutamate synthesis and distribution, **45:**314, 318–320
  folate, **45:**265, 269
  folypolyglutamate synthetase, **45:**301–303, 305–308, 310
  γ-glutamylhydrolases, folypolyglutamate synthesis and, **45:**310
  mammalin cells, **45:**275–276
  multifunctional complexes, **45:**289–290
  role, **45:**277, 280, 282–283, 285, 287
  substance P compared to, **35:**251–253
Glutamate dehydrogenase, effects of CoA long-chain acyl esters, **46:**209
Glutamate mutase, **50:**47
  cobalamin requirement by, **34:**6
L-Glutamate-oxaloacetate transaminase, CoA assay with, **46:**186
Glutamine synthetase, glucocorticoid regulation of, **36:**376
γ-Glutamylhydrolases, folypolyglutamate synthesis and, **45:**299, 310–311, 317
Glutathione peroxidase
  exudative diathesis and, **32:**430–432
  selenium and, **32:**435–437
Glutathionylcobalamin, **50:**54
β-Glycan, *see* Betaglycan
Glycerokinase, **43:**56
Glycerol dehydrogenase, pyrroloquinoline quinone prosthetic group, **46:**231
Glycine
  conversion to serine, folic acid in, **34:**12–13
  folypolyglutamate synthesis and, **45:**265–266, 272–273
  distribution, **45:**313, 319
  role, **45:**277, 288, 291, 294, 296–298
Glycogen, **42:**224–225
  experimental obesity and, **45:**2, 75
  IGFBPs and, **47:**79–80

Glycogen synthase phosphatase, biphasic response to insulin, **41**:62–63
Glycogen synthase phosphoprotein phosphatase, insulin sensitivity, **41**:64–68
Glycoprotein
  biosynthesis
    retinal role, **32**:202–210
    vitamin A effects, **35**:4–16
  breast cancer and, **45**:142, 144–145, 155–156
  11β-hydroxysteroid dehydrogenase and, **47**:226
  laminins and, **47**:161, 179
  zona pellucida and, **47**:129–130, 132, 139
Glycoprotein hormone receptor, cross-reactivity, **50**:311
Glycoprotein hormones, α and β subunits, **50**:314
Glycosaminoglycans
  cartilage, **33**:578
  retention of osteoclast resorption-stimulating activity, **46**:70
  subjacent to bone-lining cells, **46**:67
Glycosylation
  androgen-binding protein and sex hormone-binding globulin, **49**:211–214
  G protein-coupled receptors, **46**:8–12
  11β-hydroxysteroid dehydrogenase and, **47**:227, 230
  IGFBPs and
    biology, **47**:72, 88
    expression *in vitro*, **47**:57, 60
    expression *in vivo*, **47**:34, 36
    genes, **47**:5, 8–10, 13, 15–17, 19–20
    regulation *in vitro*, **47**:68–69
  N-linked, in β$_2$-adrenergic receptors, **46**:12
  in protection from proteolysis, **41**:173
Glycosyl transfer reactions, vitamin A in, **35**:1–57
Glycyrrhetinic acid, **50**:463
  11β-hydroxysteroid dehydrogenase and, **47**:221, 230, 237–241, 246
Glycyrrhetinic acid-like factors, **50**:476–478
GnRH, *see* Gonadotropin-releasing hormone
Goat, vitamin B$_6$ requirements for growth, **48**:280
Gobletin, **35**:5
Golgi apparatus, androgen-binding protein in, **49**:222, 224
Gonadal sex, establishment of, **43**:148–150
Gonadal steroids
  antibodies, **31**:176–179, **36**:165–202
  characterization, **36**:169–174
  effects
    female reproduction, **36**:187–193
    male reproduction, **36**:174–187
  in hormone studies, **31**:185–186
  in humans, **31**:196
  immunological side effects, **36**:194–197
  mechanism of action, **31**:185–186
  in passive immunization, **31**:187–194
  physiological studies using, **31**:181–196
  production, **36**:167–169
  reaction of, **31**:184–185
  specificity, **36**:172–173
  in steroid localization, **31**:180
  tumors and, **36**:193–194
  assay, **31**:178
  immunology, **31**:175–200
  protein conjugates, **31**:176
Gonadotrope maturation
  calcium signaling pattern development, **50**:242–243
  cell types contributing to population, **50**:246–256
  cyclic phenomenon, **50**:239–240
  GnRH receptors synthesis, **50**:239–243
  mitotic activity, **50**:244–245
  protein kinase C expression, **50**:243
Gonadotropes
  aggregates with growth hormone cells, **50**:253
  bihormonal
    differential processing of gonadotropes, **50**:256–263
    immunolabeling evidence, **50**:216–218
    with monohormonal granules, **50**:258–259
  consensus model of signal transduction, **50**:200
  cytological identification, **50**:215–216
  desensitization, **50**:179
  Ca^{2+} ion channel functional state and, **50**:180–181

division of labor among, **50:**215–275
  hypothesis emergence, **50:**220
  GnRH-stimulated, phospholipid
    metabolism, **50:**164–165
  junctional complex organization,
    50:273–274
  monohormonal, **50:**220–238
    authenticity, **50:**220–221
    characterization by size, **50:**223–227
    conversion to bihormonal, **50:**224,
      247–251
    gonadotropin secretion, **50:**227–234
    immunolabeling evidence, **50:**216–218
    small, immature or precursor cells,
      50:234–238
    storage during estrous cycle,
      50:221–223
  multipotential, **50:**218–219
  proposed maturation sequence, **50:**229
  recycling during estrous cycle,
    50:239–240
  as regulatory cells, **50:**263–274
    angiotensin II, **50:**265–268
    follistatin production, **50:**269–272
    inhibin and activin subunit
      production, **50:**268–269
    other products and functions,
      50:272–274
  somatotrope
    as maturing gonadotrope,
      50:254–255
    as regulatory cell, **50:**255–256
Gonadotropin
  Bcl-2 family proteins and, **53:**119
  biosynthesis, **50:**176–177
  breast cancer and, **45:**130
  calcium homeostasis in birds and,
    45:206
  chorionic, **41:**173
  differential processing by bihormonal
    gonadotropes, **50:**256–263
  growth hormone and, **36:**89–91
  human chorionic, *see* Human chorionic
    gonadotropin
  human menopausal, **43:**262–275
  inhibin effects, **37:**272
    kinetics, **37:**274–279
    secretion, **37:**282–287
  production, cannabinoid effect,
    36:211–214
  radioiodination of, **36:**469

release, calcium-dependent, **50:**162–164
responsiveness modulation, protein
  kinase C and, **50:**172–177
secreted by monohormonal
  gonadotropes, **50:**227–234
secretion
  neuroendocrine control, **38:**325–326
  pattern, **43:**174
  sexual differention of brain and,
    38:333–338
  structure–function relationships,
    36:497–499
Gonadotropin receptors
  analysis of, **36:**469–474
    labeled hormones of, **36:**469–472
    binding constants of, **36:**472–474,
      503–504
  characterization, **36:**465–468, 500–525
  desensitized target cells and,
    36:567–585
  hormonal regulation of, **36:**559–585
  lipid-associated, **36:**514–516
  physical characteristics of, **36:**504–511
  radioligand-receptor assays of,
    36:474–481
    applications, **36:**480–481
  in regulation of gonadal cell response,
    36:537–559
  solubilized, **36:**511–525
  in steroidogenesis, **36:**461–592
  structure of, **36:**494–499
    chemical and proteolytic
      modifications, **36:**494–496
    phospholipase treatment, **36:**496–497
  transfer to adrenal cells, **36:**536–537
Gonadotropin-releasing hormone, **41:**4;
  50:151–201
  actions on receptor synthesis, mediation
    by protein kinase C, **50:**160–161
  binding
    hippocampal receptors, **50:**197, 199
    somatotropes, **50:**249–254
  diacylglycerols and protein kinase C,
    50:169–172
  homologous receptor regulation by,
    50:158–159
  inositol phospholipids and Ca^{2+}-
    mobilizing signals, **50:**164–166
  LH release and, **50:**180
  protein kinase C role, **50:**170–171
  receptivity

Gonadotropin-releasing hormone
(*continued*)
  effect of inhibin and activin,
    50:241–242
  maturational increase, **50:**242
  role, **50:**152
  second messenger systems, **50:**165–166,
    197, 199
  stimulated LH release, **50:**171–172
  target cells, estradiol-induced changes,
    50:225
Gonadotropin-releasing hormone receptor,
    50:153–162
  agonist-occupied, protein kinase C and,
    50:161–162
  coupling enhancement, protein kinase
    C and, **50:**175
  distribution in rat brain, **50:**190–192
  effector coupling, **50:**174–176
    models, **50:**188–189
  G protein-coupled, **50:**167–169
  hippocampal, ligand specificity, **50:**193,
    195, 197–199
  ligand binding and physical
    characteristics, **50:**153–155
  mRNA
    distribution in rat brain, **50:**190,
      193–194, 196
    numbers, regulation, **50:**157–158
  number and affinity
    gonadotrope responsiveness and,
      50:173–174
    regulation by GnRH, **50:**179–180
  regulation
    by activin, **50:**161
    by Ca^{2+}, **50:**158–159
    by GnRH, **50:**158–159
    by inhibin, **50:**160–161
    of number of, **50:**155–158
    by protein kinase C activators, **50:**159
  synthesis, **50:**158–161, 239–243
  uncoupling from phosphoinositide
    hydrolysis, **50:**166–167
  up-regulation, **50:**156
    homologous, **50:**173–174
Gonads
  ascorbic acid in, **42:**51
  indifferent, differentiation of,
    43:148–154
  inhibin effects, **37:**270–271
  protein products, and number of GnRH
    receptors, **50:**157

G_i-protein
  α subunit
    amino acid sequences, **44:**79–80
    phosphorylation, **44:**88
    pertussis toxin effect, **44:**58, 60
    properties and function, **44:**60–62
  β/γ inhibitory action, **44:**61–62
G_o-protein
  α subunit, **44:**79
  distribution and properties, **44:**63–64
  restoration of DADLE-inhibited Ca^{2+}
    channels, **44:**186–187
G_{pi}-protein, pertussis toxin-sensitive,
  phosphoinositide breakdown and,
  44:65–67
G protein-coupled receptor kinases
  amino acid sequences, **51:**198–199
  characteristics of members, **51:**212–213
  cloning, **51:**196–199
  intramolecular autophosphorylation,
    51:207
  membrane localization, **51:**202–205
  molecular properties, **51:**200–201
  phosphorylation of receptors, **51:**207–208
  receptor specificity, **51:**208–212
  regulation, **51:**205–208
  tissue localization, **51:**199–202
G protein-coupled receptors, *see also*
    Arrestins
  amino acids
    conserved, **46:**3
    positivity charged clusters, **46:**14
  conserved cysteine residues, **46:**13–14
  coupling, **46:**15–16
  cytoplasmic loops, size of, **46:**3
  densensitization, **46:**17–23
  disulfide bond formation in, **46:**14
  gene expression, post-transcriptional
    mechanisms affecting, **46:**26–28
  human
    palmitoylated, **46:**13
    palmitoylation role in G_s coupling,
      46:14
  mannose-type oligosaccharides, **46:**8–9
  mutant, nonpalmitoylated, **46:**14
  N-linked glycosylation function, **46:**12
  nonglycosylated, **46:**9
  phosphorylation
    by β-adrenergic receptor kinase,
      46:15, 18–21
    by cAMP-dependent protein kinase,
      46:15, 18–21

primary sequence analysis, **46**:2–8
proline residue in transmembrane
   spanning domain IV, **46**:3, 8
as protooncogenes, **51**:139
regulation
   autoregulation, **46**:29–30
   down-regulation, **46**:23–24
      agonist-dependent pathway,
         46:24–25
      second messenger pathways,
         46:25–28
   receptor functionality, **46**:17–21
   receptor localization, **46**:22–23
   receptor number, **46**:23–30
   up-regulation
      by cAMP, **46**:29–30
      by steroid hormones, **46**:28–29
   sequestration, **46**:22–23
   substitution mutants, coupling to G
      proteins, **46**:16
topographical organization, **46**:2
topography in plasma membrane, **46**:12
transmembrane
   signaling regulation, **46**:16–30
   spanning domains, **46**:2
G protein-linked receptors, **48**:59–98
   characteristics, **48**:59–60
   induced signal initiation, essential
      components, **48**:60
   reconstitution, antibody, and
      mutational approaches, **48**:78–81
   stable transfection of antisense G
      protein subunit cDNA constructs,
      48:81–88
G proteins
   ADP ribosylation by bacterial toxins,
      44:57–59, 87
   β/γ-subunits, **51**:206–207
   Ca^{2+} channel regulation
      in cardiac muscle cells, **44**:177–178
      in neurons, **44**:168–169, 184–187
   changes affecting signal transduction
      developmental, **44**:86
      genetic, **44**:85–86
      phosphorylation, covalent, **44**:87–88
   coupled to GnRH receptor, **50**:167–169
   direct activation, **44**:51–52
   discovery, **44**:47–49
   effector coupling, **44**:50–51, 85
   future prospects, **44**:88–89
   $G_{i/o}$, coupling specificities, **48**:80
   GTPase activity, **44**:50–51

   insulin-sensitive, suggestion, **44**:142
   intracellular Ca^{2+} regulation and,
      44:72–73
   in invertebrates, **44**:73–74
   mediation of calcitonin effects on
      osteoclasts, **46**:128–131
   membrane attachment, **44**:54–57
   olfactory transduction and, **44**:70–71
   potassium channel function and,
      44:71–72
   receptor coupling, **44**:49–51, 83–85
   regulatory role in capacitative Ca^{2+}
      entry, **54**:101–102
   specificity, **48**:78–85
   TSHR signal coupling, **50**:303–311
G protein subunit structure
   α, amino acid sequences
      ADP ribosylation sites, **44**:75, **44**:81
      region similar to *ras* p21, **44**:74–75
   β, amino terminus in transducin,
      44:81–82
   β/γ complex, **44**:54, 82–83
   γ, amino acid sequences in transducin,
      44:83
   features and function, **44**:55
   SDS–PAGE analysis, **44**:52–53
G_s-protein
   α subunit
      amino acid sequences, **44**:76–79
      genetic changes
         mouse lymphoma cell lines, **44**:95
         pseudoparathyroidism and, **44**:86
   cholera toxin effect, **44**:57–60
   properties and function, **44**:59–60
Granule–granule interactions, **42**:153–154
Granule–liposome interactions,
   42:153–154
Granule–plasma membrane interactions,
   42:154–155
Granulocyte-macrophage colony
   stimulating factor, effects on
   macrophage and osteoclast formation,
   46:58–59
Granulosa cells
   follicular, inhibin secretion, **44**:36–37
   IGFBPs and, **47**:56, 63–65, 71
   zona pellucida and, **47**:123–126, 131
   ovarian follicular, cAMP-mediated
      positive growth control, **51**:88–89
Graves' disease, **42**:287–292
   abnormal TSH in, **38**:124–127
   blood TSH levels, **38**:123–124

Graves' disease (continued)
  causes
    search for, **38**:121–122
    TSaab, **38**:150–162
Growth
  calcium effects, **31**:86–89
  cannabinoid effects, **36**:236–237
  microbial, type II pyrroloquinoline
    quinone effect, **46**:235–236
  nature of, **40**:176
  retardation, fetal, depressed estrogen
    production, **35**:137
  stimulation by pyrroloquinoline
    quinone, measurement, **46**:241–242
  vitamin A deficiency and, **38**:3–4
  vitamin D effects, **31**:89–93
Growth factors
  breast cancer and, **45**:136, 139–140, 158
    insulin-like growth factors,
      45:146–150
    52 kDa protein, **45**:144–146
    regulation, **45**:156–157
    TGF-α, **45**:139–142
    TGF-β, **45**:150–152
  effect on PTH-stimulated bone
    formation, **52**:66
  estrogen effects, **51**:270
  and glucocorticoids, **52**:68–69
  membrane receptors, **51**:60
  milk-borne, diversity, **50**:99–101
  roles, **51**:65
  TGF-β regulation of gene expression,
    52:69
  types produced by osteoblasts, **52**:64
Growth hormone, **41**:4, 19, 58
  aggregates with gonadotropes, **50**:253
  in bone cell proliferation, **52**:68
  breast cancer and, **45**:146, 149
  calcium homeostasis in birds and, **45**:188
  cells
    bihormonal and monohormonal,
      50:255
    regulation, **50**:251–252
  deficiency, **48**:27
    newborn size and weight affected by,
      50:436–437
  effects
    cartilage, **33**:584–587
    erythropoietin biosynthesis,
      31:141–142
    longitudinal growth, **48**:21
  evolutionary divergence, **50**:387–389
  experimental obesity and, **45**:24, 35, 90
  expression, **50**:411
  gene transcription, estrogen effect,
    43:204–211
  glucocorticoid regulation of, **36**:276–277
  gonadotropins and, **36**:89–91
  human
    GH-N, alternative splicing,
      50:400–401
    GH-V gene, **50**:407–408
    isolated deficiency, **50**:413–414
    in milk, **50**:84
    proximal promoter, **50**:395–400
      pit-1, **50**:397–400
    structure, **50**:396–397
Growth hormone, IGFBPs and, **47**:3–4
  biology, **47**:73, 75, 84, 89
  expression in vitro, **47**:55–56
  genes, **47**:33, 35
  regulation in vitro, **47**:62, 64, 66–67, 69, 71
  regulation in vivo, **47**:44–49, 52
Growth hormone binding proteins,
  50:420, 423, 429–430, 433–434
Growth hormone gene
  human, locus control region,
    50:395–396
  human gene cluster, **50**:389–391
    genetic defects in structure and
      function, **50**:412–417
  structure, **50**:387–388
Growth hormone pituitary cells
  hormone secretion, somatostatin-
    induced inhibition, **48**:74
  as models for signal transduction,
    48:64–85
  $G_{i/o}$-coupled receptors, **48**:73–75
  G protein specificity, **48**:78–85
  hormone secretion, **48**:64–66
  ion channels and transporters,
    48:66–68
  as models of hormone action, **48**:68–73
  multiple signals and receptor-specific
    efficacies, **48**:77–78
  receptors, **48**:66
  transfection method specificity,
    48:75–77
Growth hormone–prolactin gene system,
  50:385–438
  evolutionary divergence, **50**:387–389
  gene expression sites, **50**:389–392
  GH expression, **50**:411

historical perspective, **50:**386–387
pituitary expression, **50:**392–402
  alternative splicing of hGH-N, **50:**400–401
  GH proximal promoter, **50:**396–400
  locus control region, **50:**395–396
  prolactin proximal promoter, **50:**401–402
  somatotropes, lactotropes, and somatolactotropes, **50:**392–395
  prolactin expression, **50:**409–411
Growth hormone receptors, **50:**417–435
  activation, **50:**427–428
  carboxy-terminal, **50:**423–424
  cytoplasmic domain, **50:**430–432
  dimerization, **50:**426–427
  disulfide bridges, **50:**423
  genes, **50:**418–419
  genetic defects of expression and function, **50:**435–438
  interaction with hGH, **50:**421–425
  isoforms, **50:**432–434
  ligand-binding domains, **50:**423
  tissue-specific alternative splicing, **50:**432–433
Growth hormone releasing factor
  GH transcription induction, **50:**393
  in milk, **50:**83
Growth hormone releasing hormone, **41:**2, 4
Growth-inhibitory factors, breast cancer and, **45:**138, 150
Growth plate, warfarin and, **42:**96–98
Growth-promoting factors, cAMP mediation, vertebrate cells, **51:**84
G_s-coupled receptors, cell-specific signaling, **48:**91–93
GTP, G protein binding
  direct stimulation, **44:**51–52
  receptor–effector coupling and, **44:**49–51
GTP-binding proteins, ribosylation, role of 14-3-3 protein and ADP, **52:**155–156
GTP hydrolysis, in Ca^{2+} capacitative entry, **54:**101–102
Guanine nucleotide binding proteins, *see* G proteins
Guanylate cyclase, biotin and, **45:**349–350, 369
Guanyl nucleotide binding protein, CTX-sensitive, LH movement mediation, **50:**182–187

Guinea pig, vitamin B_6 requirements for growth, **48:**271
L-Gulonolactone oxidase
  activity, affecting factors, **36:**41–42
  deficiency, in scurvy, **36:**34–38
  flavin prosthetic group of, **36:**40–41
  genetics, **36:**42–49
    immunologic factors, **36:**47
  kinetics, **36:**39–40
  molecular weight, **36:**40
  purification and characterization, **36:**39
Gut hormones, food intake and, **43:**10
Gynecomastia, **43:**178–179

H

Hales-Randle effect, **43:**54
Haloacetamides, affinity labeling, **41:**254
Haloacetates, affinity labeling, **41:**254
Halocarbonyl groups, electrophilic attaching functions, **41:**222
Hamster
  LH-RH effects, **30:**136
  vitamin B_6 requirements for growth, **48:**271
Haptocorrin, vitamin B_{12} binding, **50:**40–41, 43
Harderian gland, tumors of, prolactin and, **34:**130
HCG, *see* Human chorionic gonadotropin
Heart
  CGRP distribution, **46:**135
  CoA, **46:**195–196
    cytosolic carnitine, **46:**198
    diabetes effects, **46:**190, 202–203
    fasting effects, **46:**202–203
    mitochondrial transport, **46:**203–204
    starvation effects, **46:**190
  conduction, CGRP effects, **46:**136
  contraction, CGRP effects, **46:**136
  hormonal regulation of pantothenate kinase, **46:**191
  pantothenic acid
    concentrations, **46:**176
    transport, **46:**178–182
      diabetes effects, **46:**180
      fasting effects, **46:**180
      insulin treatment effects, **46:**182
    uptake
      ethanol effects, **46:**206
      inhibition of, **46:**179–180

Heart disease, ischemic, vitamin E therapy, **34**:65–67
Heat increment, of exercise, **43**:3–4
Heat loss, obesity and, **43**:27
Heat shock proteins, **51**:322–323, *see also* Chaperones; *specific heat shock proteins*
 associated hormone receptor functions, **54**:181–186
 hormone receptor-associated, **54**:177–180
 in vitro, **54**:189–193
 interactions with steroid hormone receptors, **51**:330–331
 ovarian steroid receptors and, **52**:103–106
α-Helical CRF, effect on NPY-induced feeding, **54**:58–59
α-Helices, acyl carrier proteins, **46**:211
Helix 12, interaction with LBD core, **54**:148
Hemangioblastoma, cerebellar, **41**:196–197
Hematopoietic cell survival, cytokine role, **53**:159–160
Hematopoietin/cytokine receptor superfamily, **50**:420–421
Heme
 binding, cytochrome P450, **49**:134
 synthesis, pantothenic acid deficiency, **46**:171
Hemoglobin
 H Cape Town, **41**:166
 Kempsey, **41**:166
 oxygen dissociation curve, **41**:166–167
 Ypsilanti, **41**:166
Hemopoietic stem cells, osteoclast derivation, **46**:56–57, 61–62
Hemorrhagic disease, neonate, **43**:134
Heparin
 experimental obesity and, **45**:29
 IGFBPs and, **47**:22, 88
Hepatic bile, gastrointestinal hormones and, **39**:314
Hepatocarcinoma cells, IGFBPs and, **47**:63
Hepatocyte nuclear factor-4, PPRE-binding, **54**:141
Hepatocytes
 CoA content, glucocorticoid effects, **46**:205
 IGFBPs and, **47**:23, 32, 47
  expression *in vitro*, **47**:53–54
  regulation *in vitro*, **47**:62, 64–66, 71

 pantothenate content, ethanol effects, **46**:206
 phosphatidylinositol turnover, **41**:119–120, 129–135, 141, 149
Hepatoma, erythrocytosis in conjunction with, **41**:197
Hepatoma cells
 H_4
  insulin action in, **41**:60–61
  insulin response in, **41**:64
 IGFBPs, **47**:9–10, 54, 61–62, 78, 89
Herring, vitamin B_6 requirements for growth, **48**:285
Heterodimerization, 14-3-3 protein isoforms, **52**:152
Heterokaryons, transient, **51**:324–326
Heterologous expression systems, **48**:61–64
 advantages and disadvantages, **48**:61–62
 vectors for eukaryotic expression, **48**:62–64
Hexacarboxylic acid derivative, X-ray diffraction, **50**:10–12
Hexamethylmelamine, in prostatic cancer therapy, **33**:161–164, 169–170
Hexestrol azide, **41**:229–230
High-density lipoprotein, biotin and, **45**:346
High-pressure liquid chromatography
 CoA, **46**:186
 pantothenic acid, **46**:174
 quantitation of steroids, **39**:84–85
 reverse-phase, PFF analysis
  activin, **44**:24
  homoactivin A, **44**:29–30
  inhibins, **44**:8–10
High-resolution mass spectrometry, steroid quantitation, **39**:87
Hippocampal formation
 response to adrenal steroids, **51**:372–373
 roles, **51**:373
Hippocampus
 behavioral functions, **37**:223–224
 brain-derived neurotrophic factor mRNA expression, **51**:389–390
 experimental obesity and, **45**:7, 10, 39, 42
 gene expression, adrenal steroid receptor mediation, **51**:387–388
 GnRH receptor, ligand specificity, **50**:193, 195, 197–199

11β-hydroxysteroid dehydrogenase, **47**:243–245
neuronal atrophy, adrenal steroids, **51**:374–377
neuronal survival, basic fibroblast growth factor role, **51**:389, 391
plastic changes, regulation and intracellular signaling mechanisms, **51**:389
stress-induced changes, antidepressant effect, **51**:377–380
Histamine
effect on phosphatidylinositol turnover, **41**:128
experimental obesity and, **45**:12–13
Histidine
catabolism, folic acid in, **34**:13
folypolyglutamate synthesis and, **45**:268–269, 282–283, 299
8α-Histidyl-FAD
in β-cyclopiazonate oxidocyclase, **32**:18–19
in D-6-hydroxynicotine oxidase, **32**:13–14
enzymes containing, **32**:4–19
identification of, **32**:3
in sarcosine dehydrogenase, **32**:14–15
in succinate dehydrogenase, **32**:4–13
  amino acid sequence, **32**:12
  attachment site, **32**:8–10
  characteristics, **32**:11
  histidine linkage, **32**:10–12
  mammalian, **32**:4–12
in thiamine dehydrogenase, **32**:15–18
  fluorescence properties, **32**:17
Hoatzin, vitamin B_6 requirements for growth, **48**:283
Holocarboxylase synthetase, biotin and, **45**:353, 362–363
Homeostasis
calcium, in birds, *see* Calcium homeostasis in birds
experimental obesity and, **45**:2–3, 75, 89
genetic, **45**:40
hypothalamic, **45**:11, 19
folypolyglutamate synthesis and, **45**:264, 299, 311
metabolic, and alcohol ingestion, **54**:41–42
Homoactin A, from PFF
amino acid sequences, **44**:30, 32

FSH-releasing activity, **44**:26–27, 29–30
isolation, **44**:26–27, 29–30
SDS–PAGE analysis, **44**:30–31
structure, comparison with inhibins, **44**:33–34
Homocysteine, in spermatogenesis regulation, **34**:187–214
Homocysteine methyltransferase, **50**:51–53
Homologation, 1,25-dihydroxyvitamin D_3, **49**:307
Homology
IGFBPs, **47**:2, 9–10, 27, 59
laminins, **47**:162–164, 173
zona pellucida, **47**:125, 128, 131, 137, 143
Hormonal effects
erythropoietin biosynthesis, **31**:138–144
mammary gland lipogenesis, **36**:101–163
myometrial activity, **31**:257–303
prolactin secretion, **30**:195–204
prostatic androgen receptors, **33**:319–345
prostatic cell proliferation, **33**:61–102
Hormone-binding domain
glucocorticoid receptor, **54**:182
interaction with hsp90, **54**:178–180
steroid hormone receptors, **54**:168–169
Hormone-cytostatic complexes, effect on prostate, **33**:137–154
Hormone-like peptides
historical background and definitional problems, **39**:231–237
substances
heterogeneity, **39**:262–286
isolated peptides with partially disclosed sequence data, **39**:237, 261–262
known peptides not yet isolated, **39**:237–238, 262
peptides with known amino acid sequences, **39**:237–261
Hormone response elements
bound by RARs and RXRs, **51**:420–421
nuclear receptors recognizing, **54**:122–123
steroid/nuclear receptors, **49**:6–7
Hormones
analogs, **41**:228–229
biotin and, **45**:342, 346, 348–349, 364
breast cancer and, **45**:128–130, 132

Hormones (continued)
  cell growth, **45**:134, 137, 139, 147
    protein, **45**:154
    regulation, **45**:156, 158
  calcium homeostasis in birds and, **45**:173–174, 177, 179
    calcitonin, **45**:185–186
    conceptual model, **45**:176–177
    controlling systems, **45**:194–196, 200, 202
    1,25-dihydroxycholecalciferol, **45**:186–194
    PTH, **45**:179–185
    reproduction, **45**:207–209
    stimulated oscillatory behavior, **45**:202–203
  changes in pregnancy, **30**:226
  control of calcium metabolism in lactation, **37**:303–345
  EGF–urogastrone as, **37**:103–106
  experimental obesity and, **45**:3, 78
    dietary, **45**:58–59, 62–64
    genetic, **45**:33–36, 38, 49, 52–53
    hypothalamic, **45**:19–20, 24–27
  growth stimulation through cAMP, **51**:119–120
  11β-hydroxysteroid dehydrogenase and, **47**:188, 208, 215, 231
    clinical studies, **47**:220–221
    function, **47**:233, 240
    properties, **47**:194, 203–206
  hypothalamo-hypophyseal, **50**:78–86
  IGFBPs and, **47**:54, 62, 65, 67, 74, 89
  interaction with intracellular receptor protein, **52**:99
  neurohypophyseal, **41**:4
  pancreatic, in milk, **50**:98–99
  in pathological pregnancy, **30**:281–361
  polypeptide
    diversity, **41**:18–20
    multigene families, **41**:18–19
    splicing choices within primary transcript, **41**:20
  in prostatic disease therapy, **33**:189–192
  radioiodination, **36**:469–471
  regulation
    IGFBPs and, **47**:43–53
    prostate, **33**:104–106
  secretion, see Exocytosis
  in spermatogenesis regulation, **34**:187–214

  trivial and systematic names for, **30**:228
  vitamin B_6 interaction with, **36**:53–99
  vitamins as, **32**:159
Horse, vitamin B_6 requirements for growth, **48**:277–278
Horse bracken staggers, from thiaminase, **33**:489–490
Horsetail, thiaminase I in, **33**:489
HPA axis, deregulation, in depression, **51**:393–394
HPLC, see High-pressure liquid chromatography
hsp56, interaction with hsp90, **54**:179–180
hsp70
  in activated hormone receptors, **54**:174–175
  in hormone receptor assembly, **54**:190
hsp90
  binding to glucocorticoid receptor, **49**:69–71
  in intact target cells, **54**:176–177
  as molecular chaperone, **54**:177–180, 182
  in nonactivated steroid hormone receptors, **54**:171–175
  removal from reticulocyte lysate, **54**:190
Htrp3 gene, effect on capacitative Ca^{2+} entry, **54**:112
Human chorionic gonadotropin, **30**:284–293, **43**:147, 262–275
  in abortion, **30**:286
  α subunit, **35**:158–159
  assay of, **30**:284–285
  β subunit, **35**:160–162
  biosynthesis, **35**:176–179
  in choriocarcinoma, **30**:287–288
  in ectopic pregnancy, **30**:289
  fetal metabolism of, **30**:285–286
  gonadal receptors, **36**:465–466
  gonadotropin receptors, **36**:500–511
  in hydatidiform mole, pregnancy, **30**:287–288
  in hypertension, **30**:290–291
  in inhibin assay, **37**:251–254
  in luteoma of pregnancy, **30**:289
  metabolism, **35**:183–186
  in normal pregnancy, **30**:285
  physiological role, **35**:150–154
  pre- and postmaturity, **30**:292–293
  radioligand-receptor assays, **36**:475–478

renal clearance, **30:**285
in Rh isoimmunization, **30:**291
secretion, **35:**183–186
regulation, **35:**182–183
structure-activity relationships,
35:162–164
Human chorionic thyrotropin, secretion
and properties, **35:**189–190, 194
Human papillomavirus, E7 and E6
oncogenes, p53-dependent apoptosis,
53:149–150
Human placental lactogen, **30:**293–299
in abortion, **30:**295
amino acid sequence, **35:**165
biosynthesis, **35:**179–182
in choriocarcinoma, **30:**295–296
in clinical test in late pregnancy,
30:294–295
in disturbed carbohydrate metabolism,
30:297
effects on fetal weight and growth,
30:297–298
in hydatidiform mole pregnancy,
30:295–296
in hypertension, **30:**296
as index of placental function,
35:188–189
metabolism, **35:**186–188
regulation, **35:**182–183
normal values, **30:**294–295
physiopathological role, **30:**294
in Rh isoimmunization, **30:**296–297
in serum, urine, and cord, **30:**293
structural relationship to HCG,
35:168–169
structure–function relationships,
35:165–169, 194
Humans
children, healthy, leptin levels, **54:**10–11
EGF–urogastrone, **37:**74–75, 77–78
gestational endocrinology of,
30:270–271
olfactory factors and sexual behavior in,
34:162–165
premature infant, vitamin E deficiency
in, **34:**47–52
prolonged pregnancy in, **30:**258–260
sex-attractant acid changes, in,
34:178–181
sexuality, chemical communication and,
34:181
women
androgen metabolism, **33:**216
lactating, skeletal calcium content,
37:338–341
Hunger
affecting caloric balance, **54:**37–38
for alcohol, **54:**45
Huntington's disease, **41:**40
Hybridization, *see also In situ*
hybridization
breast cancer and, **45:**141, 148, 150
folypolyglutamate synthesis and,
45:301
11β-hydroxysteroid dehydrogenase and,
47:230, 232, 237, 245
IGFBPs and, **47:**2
expression *in vitro*, **47:**55, 57, 60–61
expression *in vivo*, **47:**32, 36–40
genes, **47:**11, 18, 20
zona pellucida and, **47:**121, 137,
140–141
Hydatidiform mole pregnancy
estrogen in, **30:**305–308
HCG in, **30:**287–288
human placental lactogen in,
30:295–296
progesterone levels in, **30:**334–335
Hydrazine, pyrroloquinoline quinone
and
cofactor research, **45:**229–230
distribution, **45:**242, 247
properties, **45:**233, 240–242
Hydrazone, pyrroloquinoline quinone and,
45:241–242
Hydrocortisone
ascorbic acid uptake and, **42:**23–26
11β-hydroxysteroid dehydrogenase and,
47:220, 241
prolactin production and, **43:**233
Hydrogenobyrinic acid, **50:**25
Hydrogen peroxide
generating system, thyroid hormone
and, **39:**178–179
insulin-sensitive glucose transport and,
44:128–129, 136
Hydrolysis
amide groups, vitamin B_{12}, **50:**31
phosphoinositide, GnRH receptor
uncoupling, **50:**166–167
4-Hydroxy-4-androstene-3,17-dione,
41:261

Hydroxyapatite
  bone Gla protein and, **42**:72–74
  solubility, acid effects, **46**:54
4-Hydroxybenzoate
  generation of, **40**:8–9
  pathway to ubiquinone from, **40**:9–15
4-Hydroxybenzoate:polyprenyltransferase, characterization, **40**:15–16
3-Hydroxybutyrate, experimental obesity and, **45**:62, 65–66, 72
β-Hydroxybutyrate, effect on leptin response to fasting, **54**:12–13
1α-Hydroxycholecalciferol, therapeutic uses, **32**:143
25-Hydroxycholecalciferol
  assay, **32**:423–424
  binding proteins, **32**:418–420
  serum binding proteins, **32**:409–416
  therapeutic uses, **32**:142–143
5,6-*trans*-25-Hydroxycholecalciferol, therapeutic uses, **32**:143
25-Hydroxycholecalciferol hydroxylase
  assay and properties, **32**:365
  regulation, **32**:365–373
4-Hydroxycoumarin drugs
  anticoagulant action, **35**:89–101
  molecular action, **35**:94–100
  pharmacology, **35**:90–91
2-Hydroxyestrogens, origin, **35**:115
15α-Hydroxyestrogens, origin, **35**:115
1-Hydroxylase, calcium homeostasis in birds and
  controlling systems, **45**:201
  regulating hormones, **45**:187–188, 194
  reproduction, **45**:208–209
  stimulated oscillatory behavior, **45**:202–203
11β/18-Hydroxylase, **42**:347–350
11β-Hydroxylase, **49**:152, 164–169
  biochemistry, **49**:164–165
  deficiency, **49**:152, 166–167
  genetic analysis, **49**:165
17α-Hydroxylase, **42**:345–347, **49**:147–154
  biochemistry, **49**:147–148
  deficiency, **49**:148–149
    genetic basis, **49**:149–150, 154
  genetic analysis, **49**:148
21-Hydroxylase, **42**:347, **43**:171
  biochemistry, **49**:157–158
  deficiency, **49**:150–151, 158, 160
    genetic analysis, **49**:160–163

  prenatal diagnosis and neonatal screening, **49**:164
  molecular genetic analysis, **49**:158–159
Hydroxylation
  biological, ascorbic acid role, **30**:1–43
  2-ketoacid-dependent, **30**:15–19
  D-6-Hydroxynicotine oxidase, 8a-histidyl-FAD in, **32**:13–14
4-Hydroxy-5-polyprenylbenzoate hydroxylase, characterization, **40**:16
17α-Hydroxypregnenolone, in hydatidiform mole pregnancies, **30**:335
17α-Hydroxyprogesterone, **42**:332
  in hydatidiform mole pregnancies, **30**:334
Hydroxyproline, excretion in scurvy, **30**:26–28
3β-Hydroxysteroid dehydrogenase
  biochemistry, **49**:154–155
  deficiency, **49**:150, 156–157
  genetic analysis, **49**:155–156
11β-Hydroxysteroid dehydrogenase, **47**:187–190, **50**:460–461
  and apparent mineralocorticoid excess, **49**:174–175, **50**:463–464
  biochemistry, **49**:172–173
  biological activity, **47**:213–214
  clinical studies, **47**:219–225
  in cortisone oxoreductase deficiency, **49**:175
  developmental biology
    fetal, **47**:206–210
    postnatal, **47**:210–213
  endogenous inhibitors, **50**:475–476
  enzymatic properties, **47**:191–203
  enzymology, **47**:225–232
  expression
    microsomes, **47**:217–219
    reversibility, **47**:215–217
  function
    kidney, **47**:232–240
    mammary gland, **47**:247–248
    nervous system, **47**:242–246
    stress, **47**:246–247
    vascular bed, **47**:240–242
  genetic analysis, **49**:173–174
  hormonal effects, **47**:203–206
  isoforms, **50**:467
  lower vertebrates, **47**:214–215
  physiology, **47**:191

protective mechanisms, **50**:467–468
steroid metabolite inhibitors,
  50:477–478
tissue distribution, **47**:189–191
17β-Hydroxysteroid dehydrogenase, in
  preimplantation embryos, **34**:223–224
20α-Hydroxysteroid dehydrogenase,
  41:256, 259
20β-Hydroxysteroid dehydrogenase,
  41:240
  affinity labeling, **41**:254–255
r^5-3-Hydroxysteroid dehydrogenase,
  41:258
r^5-3β-Hydroxysteroid dehydrogenase, in
  preimplantation embryos, **34**:217–223
  blastocysts, **34**:222
  histochemistry, **34**:218–219
  in postimplantation period, **34**:222–223
  of rat, **34**:219–220
Hydroxyurea, in prostatic cancer therapy,
  33:161–164, 169–170
Hydroxyvitamin D, binding proteins for,
  37:39–40
1α-Hydroxyvitamin D_3, structure and
  activity of, **32**:396–399
Hyperaldosteronism, glucocorticoid-
  suppressible, **49**:168–169
Hypercalcemia
  calcitonin release in, **46**:110
  calcium homeostasis in birds and, **45**:192
  effect of calcitonin in, **46**:118
  induced by PTH and PTHrP, **52**:177
Hyperglycemia
  experimental obesity and, **45**:34, 47, 74
  IGFBPs and, **47**:4
Hyperinsulinemia, **43**:58, 60, 67, 72
  dietary obesity and, **45**:62, 74
  experimental obesity and, **45**:86, 89–90
  genetic obesity and
    afferent signals, **45**:33, 35
    central integration, **45**:38–39, 44, 46
    controlled system, **45**:52
    efferent systems, **45**:49–50
    hypothalamic obesity and, **45**:6, 25–26
Hyperinsulinemic–euglycemic clamp,
  effect on leptin levels, **54**:15–17
Hyperleptinemia, **54**:7, 11, 22
Hyperphagia
  dietary obesity and, **45**:55, 65, 73
  experimental obesity and, **45**:79, 85–86,
    90

genetic obesity and
  afferent signals, **45**:33–34, 37
  central integration, **45**:40, 43–44,
    46–47
  controlled system, **45**:53
  efferent systems, **45**:48
  energy imbalance, **45**:30
  hypothalamic obesity and, **45**:5–6
    afferent systems, **45**:16–18
    controller, **45**:7, 9–10
    efferent control, **45**:20–21, 23, 25–27
Hypertension
  11β-hydroxysteroid dehydrogenase and,
    47:248
  clinical studies, **47**:219–224
  function, **47**:238, 241
  obesity and, **43**:47
  of pregnancy
    abnormal estriol levels, **35**:137–138
    estrogen in, **30**:312–313
    HCG in, **30**:290–291
    human placental lactogen in, **30**:296
    progesterone in, **30**:337–338
Hyperthyroidism
  effect on liver CoA content, **46**:205
  hypermetabolism of, **43**:46
  TSaab as cause, **38**:150–162
Hypertriglyceridemia, from oral
  contraceptives, **36**:75
Hypocalcemia
  amylin-amide-induced, **46**:126–127
  calcium homeostasis in birds and,
    45:194, 204
Hypoglycemia
  experimental obesity and, **45**:60, 67
  IGFBPs and, **47**:29, 44, 47, 72–76
  non-Islet cell tumor-induced, **48**:37–38
Hypogonadism, primary, **42**:284–286
Hypokalemia, 11β-hydroxysteroid
  dehydrogenase and, **47**:219–220,
  238–239
Hypoparathyroidism, *see also*
  Pseudohypoparathyroidism
  idiopathic, **42**:284–286
Hypophyseal tropic hormones, brain
  amines and, **36**:85
Hypophysectomy
  effects on memory, amelioration by
    peptides, **37**:165–170
  11β-hydroxysteroid dehydrogenase and,
    47:203–204

Hypophysectomy (continued)
  IGFBPs and, **47:**44, 46–48, 51, 53
  in prostatic tumor therapy, **33:**390
Hypophysis, neurohormones in portal blood
  catecholamines, **40:**154–155
  peptide hormones, **40:**151–154
Hypophysitis, **42:**286–287
Hypotaurine, metabolism of cysteamine to, **46:**201
Hypothalamic controller, experimental obesity and
  neuroanatomic structure, **45:**7–10
  physiological function, **45:**10–16
Hypothalamic obesity, **45:**4–6
  afferent systems, **45:**16–20
  controlled system, **45:**28–29
  efferent control, **45:**20–27
  hypothalamic controller, **45:**7–16
Hypothalamic-releasing hormones, **41:**2–4, 26
Hypothalamo-hypophyseal hormones, **50:**78–86
Hypothalamohypophysis
  in control of implantation, **31:**217–222
  vasculature, **40:**146–149
Hypothalamopituitary axis, inhibin transport to, **37:**293
Hypothalamus
  breast cancer and, **45:**130
  CGRP receptor binding sites, **46:**119
  control of
    pituitary gland, **30:**87–95
    prolactin secretion, **30:**165–221
    thermogenesis, **43:**17–18
  corticotropin-releasing factor, **37:**113–115
  dietary obesity and, **45:**65–68, 72–73
  dopamine secretion and regulation, **40:**162–166
  electrical stimulation, effects on secretion of LH and FSH, **30:**90–91
  experimental obesity and, **45:**1, 3–6
    controller, **45:**78–79
    efferent signals, **45:**81
    mechanism, **45:**81–86, 88–89
  FSH-RH in, **30:**120–121
  genetic obesity and
    afferent signals, **45:**35
    central integration, **45:**38–39, 42–44, 47

  efferent systems, **45:**48, 50
  gene transcription, **51:**37–39
  inhibin effects, **37:**268–270
  lateral
    dietary obesity and, **45:**67
    experimental obesity and, **45:**76, 82, 84, 90
    genetic obesity and, **45:**38
    hypothalamic obesity and, **45:**6–7, 9–10, 12–13, 15
  lesions, effect on ACTH secretions, **37:**128–132
  LH-RH in, **30:**121–123
  metabolism, steroid effects, **30:**119
  neurons, somatic recombination between vasopressin and oxytocin genes, **51:**247–249
  somnolence and weight gain, **43:**59–60

I

ICI 182780, antiestrogen action, **51:**279–280
ICI 164,384 antiestrogen, **52:**117–119
IGF, *see* Insulin-like growth factor
IGFBP-1, **47:**4, 91
  binding properties, **47:**25–29
  biology, **47:**73–74, 77, 80, 82–83, 85, 88–89
  expression *in vitro*, **47:**54, 56, 59–61
  expression *in vivo*, **47:**30, 32–37
  genes, **47:**5, 8–12, 16–19, 22
  regulation *in vitro*, **47:**61–64, 68, 70
  regulation *in vivo*, **47:**41–47
IGFBP-2, **47:**4, 91
  binding properties, **47:**24–28
  biology, **47:**72, 75, 77, 80, 83, 88
  expression *in vitro*, **47:**53–58, 60–61
  expression *in vivo*, **47:**32–39
  genes, **47:**5, 8–9, 11–14, 16–19
  regulation *in vitro*, **47:**64–66, 68–69
  regulation *in vivo*, **47:**41–49
IGFBP-3, **47:**3–4, 90–91, **50:**437
  binding properties, **47:**25–30
  biology, **47:**71–78, 80, 85–89
  expression *in vitro*, **47:**55–61
  expression *in vivo*, **47:**32–36, 39
  genes, **47:**5, 8–9, 11, 14–24
  regulation *in vitro*, **47:**66–70
  regulation *in vivo*, **47:**41–43, 45, 50–53

IGFBP-4, **47:**4, 91
  binding properties, **47:**25
  biology, **47:**72, 77–80, 86, 88
  expression *in vitro,* **47:**54–61
  expression *in vivo,* **47:**32–33, 39–40
  genes, **47:**5, 8–9, 11, 16–19
  regulation *in vitro,* **47:**68–69
  regulation *in vivo,* **47:**42, 53
IGFBP-5, **47:**4, 91
  binding properties, **47:**25, 28
  biology, **47:**73, 87–89
  expression *in vitro,* **47:**55, 57–60
  expression *in vivo,* **47:**32, 35, 40
  genes, **47:**5, 8, 11, 17–19
  regulation *in vitro,* **47:**69–71
  regulation *in vivo,* **47:**42
IGFBP-6, **47:**4, 91
  binding properties, **47:**24–26
  biology, **47:**73, 79, 85, 87–88
  expression *in vitro,* **47:**54, 56, 58, 60
  expression *in vivo,* **47:**31–34, 36, 40
  genes, **47:**5, 8, 11, 18–20, 22
  regulation *in vivo,* **47:**42
*il1*β gene, **53:**51, 53–55
IL1 genes, expression, **53:**28
Illness
  catastrophic, energy storage in, **43:**8
  energy balance and, **43:**8, 45–48
Immune cells
  β-carotene intake by cigarette smokers and, **52:**54–55
  free radicals and function of, **52:**36, 39–42
  tumor cell lysis
    in elderly, **52:**46, 48
    types capable of, **52:**39
  vitamin E intake by elderly and, **52:**53
Immune response
  assessment of oxidative stress and antioxidant status
    DTH skin text, **52:**38–39
    invasive measures, **52:**38
    noninvasive measures, **52:**37–38
  dependence on free radical and antioxidant status, **52:**55–56
  dysfunction
    in aging, **52:**44–53
    in cigarette smokers, **52:**53–55
    in rheumatoid arthritis, **52:**42–44
  free radical role, **52:**36
  overview, **52:**37

Immune system
  cAMP role, **51:**78–80
  dysfunction, biotin and, **45:**367–369
  laminins and, **47:**172
  vitamin D effect, **49:**301–304
Immunization, to steroids
  active, **31:**194–196
  passive, **31:**187–194
Immunoassay
  androgen-binding protein and sex hormone-binding globulin, **49:**202
  hormonal, vaginal epithelium in, **31:**181–183
  retinol-binding protein, **31:**36–37
  substance P, **35:**227–231
Immunocytochemistry, transport of osteoclast proteinases, **46:**53
Immunofluorescence, OFA-mediated transmembrane linker effects, **46:**43
Immunoglobulin G, antibody tagging, **54:**171
Immunoglobulins, **41:**20
  molecular functional components, **38:**179–180
Immunohistochemistry, osteoclast carbonic anhydrase, **46:**45
Immunology, gonadal steroids, **31:**175–200
Immunometric assays
  calcitonin, **46:**112–114
  two-site, for CGRP, **46:**114–115
Immunoneutralization, hypothalamic NPY, **54:**54
Immunophilins, associated with hormone receptors, **54:**177–180
Immunoprecipitation
  IGFBPs and, **47:**21, 65, 85
  expression *in vitro,* **47:**54, 59
  expression *in vivo,* **47:**32, 34–36
  regulation *in vivo,* **47:**45, 47, 50
  osteoclast functional antigen, **46:**42
Indomethacin
  effects
    erythropoietin production, **41:**167
    insulin mediator, **41:**70
    relaxin-dependent uterine cAMP increase, **41:**104
  PPAR-binding, **54:**136
Infertile male syndrome, **43:**166–168
Infertility, immunological, **43:**259

Inflammatory response, 11β-
    hydroxysteroid dehydrogenase and,
    47:241
Inhibin, **37:**243–302
  amino acid composition, **37:**261
  from BFF
    isolation and characterization,
      44:14–15
    subunit arrangements, **44:**35
  bioassay, FSH release inhibition,
    44:4–5, 10, 13–14
  biological properties, **37:**267–287
  as cybernine, **37:**296–298
  definition, **37:**246
  detection and measurement, **37:**249–260
  effects
    GnRH receptivity, **50:**241–242
    gonadotropin secretion, **37:**282–287
    spermatogenesis, **37:**280–282
  GnRH receptor regulation, **50:**160–161
  history, **44:**1–4
  immune reactions, **37:**293
  interactions with androgen and
    estrogens, **37:**279–280
  lack of carbohydrate in, **37:**265–266
  mechanism of action, **37:**272–274
  molecular weight, **37:**261–264
  origin and transport, **37:**287–293
    in follicles, **37:**290–291
    to hypothalamopituitary axis, **37:**293
    in testes, **37:**287–292
  from PFF
    isolation procedures, **44:**5–10, 13–14
    proteins A and B
      amino acid composition and
        sequences, **44:**10–14
      SDS–PAGE analysis, **44:**10–12
  physicochemical and immunological
    properties of, **37:**260–266
  in plasma, animal and human females,
    44:39
  primary structure, **44:**15–23
    α subunit precursor, porcine,
      44:16–17
      comparison with bovine, human,
        rodent, **44:**20–21
    β subunit precursor, porcine,
      44:16–19
      comparison with human, rodent,
        44:22–23
      similarity with human TFG-b,
        44:19–20, 33–34
  radioimmunoassay, **37:**256–257
  receptors, in gonadotrophs, **37:**274
  roles, **37:**293–298
  secretion, rat
    by corpus luteum, **44:**38–39
    by follicular granulosa cells, **44:**36–37
    by Sertoli cells, testes, **44:**37
  sites of action, **37:**267–271
    gonads, **37:**270–271
    hypothalamus, **37:**268–270
    pituitary, **37:**267–268
  sources and purification, **37:**246–249
    from ram rete testis fluid, **37:**247–249
    from seminal plasma, **37:**247
  subunits
    assembly, **44:**33–36
    production, **50:**268–269
Inhibition
  biotin and, **45:**343
    biotin-binding proteins, **45:**356–357,
      359, 361
    deficiency symptoms, **45:**369
  breast cancer and, **45:**132, 157, 159
    cell growth, **45:**138–139
    insulin-like growth factors, **45:**149
    52 kDa protein, **45:**145
    protein, **45:**134, 154
    transforming growth factor-a, **45:**141
    transforming growth factor-b,
      45:150–152
  calcium homeostasis in birds and,
    45:185, 187
  experimental obesity and, **45:**2, 90
    afferent signals, **45:**76–77
    controller, **45:**79
    dietary obesity, **45:**62, 68, 73
    genetic obesity, **45:**43–44, 47
    mechanism, **45:**84, 86
  folypolyglutamate synthesis and,
    45:321
    distribution, **45:**315, 320
    folate, **45:**268
    folate transport, **45:**293
    folypolyglutamate synthetase,
      45:301–302, 307, 309–310
    intracellular folate-binding proteins,
      45:291
    in vivo effects, **45:**294–295, 298
    multifunctional complexes, **45:**289
    role, **45:**276–277, 279–287
  pyrroloquinoline quinone and,
    45:246–247, 254, 256

Inhibitors
  11β-hydroxysteroid dehydrogenase,
    47:214, 216, **50**:475–478
    enzymology, **47**:239–242, 246–247
    properties, **47**:191, 194–199, 205
  IGFBPs, **47**:59, 90
    binding properties, **47**:26, 28
    biology, **47**:75–85, 87, 89
    expression *in vivo,* **47**:30, 35
    genes, **47**:15, 21–23
    regulation *in vitro,* **47**:63, 66–67,
      70–71
    regulation *in vivo,* **47**:51–53
  interleukin-1β converting enzyme,
    53:34–36
  k_{cat}, **41**:338
  laminins, **47**:172, 178–179
  5α-reductase, **49**:448–449
  retinoid receptor affecting factors,
    51:417–418
  steroid 5β-reductase, **50**:475–478
  viral, of apoptosis, **53**:175–187
  zona pellucida and, **47**:120, 126,
    132–133
Initiation, IGFBPs and, **47**:9, 13–14, 16, 62
Inositol metabolism, exocytosis and,
  42:163–167
Inositol phospholipids, and Ca^{2+}-
  mobilizing signals, **50**:164–166
Inositol trisphosphate, **41**:151,
  43:296–297, **48**:224–225
Inositol 1,4,5-trisphosphate
  excitation–contraction coupling in
    skeletal muscle and, **44**:226–227
  generation, pathways, **54**:97–98
  G proteins and, **44**:73
  response in oocytes, CIF effect,
    54:105–106
Inositol 1,4,5-trisphosphate receptors,
  cytoplasmic projection, **54**:107
Insects
  behavior
    during growth and development,
      35:291
    hormonal control, **35**:286–292
    endocrine system, **35**:286–287
    modifier effects, **35**:298–301
    reproductive behavior, **35**:287
    social behavior, hormonal effects, **35**:292
In situ hybridization
  11β-hydroxysteroid dehydrogenase,
    47:237, 245

  IGFBPs, **47**:37–38
  zona pellucida, **47**:121, 140–141
Insomnia, in pellagra, **33**:518
Insulin, **41**:2, 4, 13, 80, 106
  action
    acute, classification, **44**:104–106
    biological, in nervous system,
      48:34–35
    intracellular mediators, **41**:51–78
    on nuclear function, **41**:57–58
  action pathway, LRP role, **54**:80
  amino acid sequences, **41**:88–92
  antibodies, **42**:292–293
  binding, **41**:95
  biotin and, **45**:346, 350
  in bone cell proliferation, **52**:68
  breast cancer and, **45**:132
    cell growth, **45**:144, 146–147, 149
    TGF-β, **45**:151
  C-peptide, **41**:87
  dietary obesity and
    afferent systems, **45**:60–61, 63
    central integration, **45**:66–67
    controlled system, **45**:73–74
    efferent control, **45**:72
  dissociation of, **39**:166–167
  distribution, **41**:28
  effects
    cartilage, **33**:597–600
    CAT activity after transfection into
      FRTL-5 cells, **50**:355–356
    CoA synthesis, **46**:205
    defective myocardial pantothenic
      acid transport, **46**:182
    leptin, **54**:14–16
    NPY-induced appetite, **54**:56–57
    prostate organ culture, **33**:18
  enzymes sensitive to, **41**:64–68
  evolution, **41**:93
  experimental models, **44**:112–114
  experimental obesity and, **45**:2, 90
    afferent signals, **45**:76–77
    hypothalamic controller, **45**:11, 13–15
    hypothalamic obesity, **45**:6, 19, 21,
      23–28
    mechanism, **45**:82, 87–89
  fasting, and leptin levels, **54**:9
  fat metabolism, and, **39**:161–163
  in feeding behavior, **41**:37
  food intake and, **43**:10
  functions, **41**:51
  genes, **41**:85

Insulin (continued)
  genetic obesity and
    afferent signals, **45**:32, 34–37
    central integration, **45**:38–41, 43, 46
    controlled system, **45**:51–53
    efferent system, **45**:48–51
  glucose transport stimulation, rat adipocytes
    ATP and, **44**:126–127, 132–133
    divalent cations and, **44**:127, 129–130
    inhibitors, **44**:131–133
    methods, **44**:121–124
    stimulating substances and factors, **44**:129–131
    termination by cell washing, **44**:127–128, 136
  historical background, **39**:145–151, **44**:103–104
  11β-hydroxysteroid dehydrogenase and, **47**:206, 214
  interaction with receptor, **41**:51–52; **44**:114–118
  internalization by endocytosis
    CURL acidification and, **44**:119–120
    degradation in lysosomes and, **44**:119–121
    distribution in subcellular fractions, **44**:118–119
    scheme, **44**:120
  major target tissues, **41**:51
  mechanism of action
    phosphorylation theory, **44**:140–141
    translocation hypothesis, **44**:134–139
    contradictions, **44**:139–140
  membrane systems sensitive to, **41**:55–58
  in milk, **50**:98–99
  obligate heat regulation and, **43**:4
  processing, **41**:88
  protein metabolism role, **39**:160–161
  protein phosphorylation as modulator of enzyme action, **39**:157–160
  receptor role, **39**:151–156
  second messenger, **41**:51–52, 61
  secretion, cyclic ADP–ribose role, **48**:245–248
  signaling, reversible tyrosine phosphorylation in, **54**:68–69
  signal transduction, **39**:156–157
  slow effects, **39**:163–165
  subcellular systems responding to, **41**:52–59
  α subunit, **48**:10
  thermogenesis and, **43**:18–19, 34, 60, 65
  tissues sensitive to, PTPase expression, **54**:72–73
  transduction by ions, **39**:165–166
Insulin/IGF-I, **50**:321–322
  TSHR gene expression regulation, **50**:327–328
Insulin-like activity, in serum, **40**:178
Insulin-like growth factor, **41**:80, **48**:1–39
  amino acid sequence, **41**:88–89
  binding to IGF-binding proteins, **48**:17
  breast cancer and, **45**:131
    cell growth, **45**:144, 146–150
    regulation, **45**:156–157
  in cancer, **48**:34–38
    IGF-binding proteins, **48**:36–37
    ligands, **48**:35–36
    receptors, **48**:36
    tumor hypoglycemia, **48**:37–38
  in developing gastrointestinal tract, **50**:111–112
  mRNAs, *in situ* hybridization, **48**:23–25
  in nervous tissue
    function, **48**:33–34
    ligands, **48**:31–32
    receptors, **48**:32–33
  physiological roles, **48**:20–27
    cell cycle, **48**:20
    development, **48**:22–25
    in vitro effects, **48**:25–27
    in vivo biological actions, **48**:21–22
    as progression factor, **48**:20
  in reproductive system, **48**:27–31
    ovarian physiology, **48**:28–29
    testes, **48**:30–31
    uterus, **48**:29–30
  subunits, **48**:19
  tertiary structures, **48**:2–3
Insulin-like growth factor I, **47**:2–4, 91, **48**:2–5
  binding properties, **47**:24–30
  biology, **47**:71–72, 74–88
  in bone cell proliferation, **52**:70–72
  expression *in vitro*, **47**:55, 57, 59
  expression *in vivo*, **47**:30–36
  gene expression, **48**:4–5
  genes, **47**:15, 20–24
  interaction with IGF-I receptors, p53-dependent apoptosis, **53**:158–159
  in milk, **50**:108–110
  mRNA, **48**:4–5

regulation *in vitro,* **47:**63–71
regulation *in vivo,* **47:**41, 45–52
Insulin-like growth factor II, **47:**2–4,
　90–91, **48:**5–6
　binding properties, **47:**24–29
　biology, **47:**71–72, 74–79, 87–89
　in bone cell proliferation, **52:**70–72
　expression *in vitro,* **47:**59
　expression *in vivo,* **47:**31–35, 38
　genes, **47:**15, 20–24
　in milk, **50:**110–111
　regulation *in vitro,* **47:**63, 65, 68–71
　regulation *in vivo,* **47:**41–42, 45–46, 48,
　　50, 52
Insulin-like growth factor-binding
　proteins, **47:**2–4, **48:**15–19,
　50:111–112
　binding properties, **47:**24–30
　biology
　　plasma, **47:**71–76
　　TGF-β, **47:**89–90
　　tissues, **47:**76–89
　in cancer, **48:**36–37
　expression
　　in ovarian tissue, **48:**28–29
　　regulation, **48:**17–18
　expression *in vitro*
　　bone, **47:**55–56
　　breast cancer, **47:**60
　　endothelial cells, **47:**59–60
　　fibroblasts, **47:**58–59
　　kidney, **47:**58
　　liver, **47:**53–54
　　muscle, **47:**54–55
　　neuroepithelium, **47:**57–58
　　reproductive system, **47:**56
　　thyroid, **47:**58
　expression *in vivo*
　　extracellular fluids, **47:**32–36
　　measurement, **47:**30–32
　　tissue mRNA, **47:**36–40
　function, **48:**19
　future directions, **47:**90–91
　genes, **47:**5–9
　　acid-labile nonbinding subunit,
　　　47:20–24
　　IGFBP-1, **47:**9–12
　　IGFBP-2, **47:**12–14
　　IGFBP-3, **47:**14–16
　　IGFBP-4, **47:**16–17
　　IGFBP-5, **47:**17–18
　　IGFBP-6, **47:**18–20

IGF binding, **48:**17
regulation *in vitro,* **47:**61, 71
　IGFBP-1, **47:**61–64
　IGFBP-2, **47:**64–66
　IGFBP-3, **47:**66–68
　IGFBP-4, **47:**68–69
　IGFBP-5, **47:**69–71
regulation *in vivo,* **47:**43–53
　ontogeny, **47:**41–43
　structure, **48:**15–17
Insulin-like growth factor II/M-6-P
　receptors, **48:**14–15
Insulin-like growth factor I receptors,
　48:6, 8–14, **53:**65–91
　αβ hemireceptors, **48:**13
　α and β subunits, autophosphorylation,
　　48:10–12
　antisense strategies, critique,
　　53:84–86
　apoptosis, **53:**76–77
　　normal cells, **53:**81–82
　　protecting cells from, mechanisms,
　　　53:86–87
　　tumor cell protection from, **53:**77–81
　binding characteristics, **48:**10–11
　in cancer, **48:**36
　diagram, **53:**66
　dominant negatives, **53:**82–84
　expression, **48:**8–10
　host response, **53:**88–90
　mitogenesis, **53:**67–68
　mRNAs, *in situ* hybridization,
　　48:23–25
　mutational analysis, **53:**71–75
　　in growth and transformation, **53:**73
　precursor, **48:**8
　receptor heterogeneity, **48:**13–14
　signal-transducing pathways, **53:**68–70
　signal transduction, **48:**10–13
　significance, **53:**90–91
　transformation, **53:**69–71
　transforming potential, **53:**74–75
Insulin mediators, **41:**58–59
　from adipocyte plasma membranes,
　　41:52–55
　chemical characteristics, **41:**68–71
　inactivation, **41:**69
　from muscle, **41:**54–55
　number of, **41:**61–64
　physical characteristics, **41:**68–71
　whole cell and tissue studies, **41:**60–61
Insulin-mimicking factors, **39:**167–168

Insulin receptor kinase
  β-subunit, **54:**68–70
  LAR role, **54:**74
Insulin receptors
  antibodies against, **42:**292
  association with LAR, **54:**76–77
  dephosphorylation
    and internalization kinetics, **54:**80–81
    subcellular localization, **54:**70–71
  insulin binding, rat adipocytes
    glucose transport and, **44:**116–117
    pH effect, **44:**118
  purification and structure, **44:**115
  signal-transduction pathway, **53:**68–70
  substrate proteins, **54:**69–70
  tyrosine kinase activity, **44:**115, 129, 140–141
Insulin resistance
  in diabetes, animal models, **54:**83–84
  human, with and without type II diabetes, **54:**86–88
Integrins
  IGFBPs and, **47:**9
  laminins and, **47:**174–177
Interferon, effect on cAMP levels, **51:**80
Interferon-γ, inhibition of bone resorption, **52:**85
Interleukin-1, effects
  osteoblasts and bone formation, **52:**74
  osteoclasts and bone resorption, **52:**80–81
Interleukin-1β, neutralizing antibodies, **53:**53–54
Interleukin-4
  in bone cell proliferation, **52:**75
  inhibition of osteoclast formation and bone resorption, **52:**86
Interleukin-6, effects
  osteoblasts and bone formation, **52:**73–74
  osteoclasts and bone resorption, **52:**83–84
Interleukin-11, in bone cell proliferation, **52:**75
Interleukin-1β converting enzyme, **53:**27–56
  cleavage sites, evolutionary conservation, **53:**30, 39
  enzymology, **53:**32–36
    active site labeling, **53:**33
    catalytic activity, **53:**33
    catalytic mechanism, **53:**33–34
  inhibitors, **53:**34–36
  protease classification, **53:**32–33
  gene family members, **53:**48–51
  knockout mice, **53:**51, 53–55
  molecular biology, **53:**36–48
    crystal structure, **53:**45–48
    expression in cells, **53:**41–42
    human cDNA sequences, **53:**36–39
    mRNA expression, **53:**38, 40
    recombinant enzymes, **53:**44–45
    sequences from other species, **53:**40–41
    structure and regulation of human gene, **53:**42–44
  phylogenic relationship, **53:**48–49
  purification, **53:**31–32
  role in IL-1β processing and secretion, **53:**51–53
  substrate specificity, **53:**30–31
Interleukin-1 receptor, antagonist, **52:**74–75
Interleukin-1 system, **53:**28–30
Intestinal mucosa
  gastrin distribution, **32:**64–66
  glycoprotein synthesis and vitamin A, **35:**4–6
  morphology, **32:**342–343
Intestine
  biotin and, **45:**359–362, 365
  calcium absorption, **32:**326–336, **37:**43–46
    during lactation, **37:**321–331
  calcium homeostasis in birds and, **45:**174
    conceptual model, **45:**175
    controlling systems, **45:**198–200
    regulating hormones, **45:**179, 188–190, 192–193
    simulated oscillatory behavior, **45:**203
  calcium transport, **32:**342–355
  cells
    interaction with RBP, **32:**194–199
    retinylphosphate monosaccharides, **32:**199–201
  changes during lactation, **37:**321–322
  dihydroxycholecalciferol activity, **32:**325–384
  1,25-dihydroxyvitamin D binding proteins, **37:**40–43
  fluid and enzyme secretion, hormonal regulation, **39:**314–317
  gastrin degradation, **32:**81–82

nucleus, RNA synthesis, **37**:52–53
  in organ culture, calcium-binding
    protein studies, **32**:313–319
  pantothenic acid
    absorption, **46**:174–175
    cellular transport, **46**:178, 181
  phylloquinone absorption, **32**:514–522
  protein synthesis, **31**:50–66
  response to vitamin D, **37**:46–58
    enzyme activity, **37**:54–56
  small, pantothenic acid deficiency
    effects, **46**:170–171
  vitamin D action, **32**:277–298
Intracellular signals, role, **51**:61–63
Intracellular stores, Ca^{2+}, release by
  inositol 1,4,5-trisphosphate, **54**:98–99
Intrinsic factor
  low secretion, **50**:44
  vitamin B_{12} binding, **50**:41–43
Invertebrate systems, for study of
  hormonal effects on behavior,
  35:283–315
In vitro fertilization, **43**:251–280
  age and, **43**:260–261
  endometrial development, **43**:275–276
  history, **43**:253–254
  implantation failure, **43**:275–276
  indications for, **43**:254–259
  ovarian inaccessibility and, **43**:260
  pregnancy rates, **43**:276–277
  procedures, **43**:252, 261–276
Iodides, aromatic, photoaffinity labeling
  with, **41**:266
Iodination, IGFBPs and, **47**:26–27
Iodine
  deficiency, consequences, adaptation to,
  38:139–140
  oxidized species in iodination reaction,
  39:182–186
  regulatory effects
    bityrosine formation, **39**:214
    coupling reaction, **39**:213–214
    mechanism of action of antithyroid
      drugs and, **39**:214–217
Iodoaromatics, photoaffinity attaching
  functions, **41**:225
Ion channels, in growth hormone
  pituitary cells, **48**:66–68
Ionic properties, steroid hormone
  receptors, **54**:169–170
Ionomycin, effect on calcitonin and CGRP
  secretion, **46**:110

Ionophore A23187, effect on
  phosphatidylinositol turnover,
  41:118–120, 123, 126–129, 140–141,
  143, 146–147
Ions, *see also* Calcium ion; Metal ions
  aluminum tetrafluoride, mimicking
    calcitonin effect, **46**:129
  bicarbonate, and osteoclastic bone
    resorption, **46**:51–52
  insulin transduction by, **39**:165–166
  intestinal transport, $1,25(OH)_2$ D and,
    40:242–244
  potassium, skeletal muscle contraction
    induction, **44**:231–232
Iron, pyrroloquinoline quinone and,
  45:247–248
Ischemic heart disease, vitamin E
  therapy, **34**:65–67
Islet amyloid polypeptide, *see* Amylin
3-Isobutyl-1-methylxanthine, in uterine
  contraction, **41**:103–105
Isophosphamide, in prostatic cancer
  therapy, **33**:161–164, 169–170
Isoprenyl side chain, ubiquinone,
  precursors, **40**:5–6
Isoproterenol, effects
  insulin-sensitive glucose transport
    inhibition in adenosine aminase
    presence, **44**:132, 139–140, 142
  stimulation at normal conditions,
    44:132
  uterine cAMP, **41**:10–104
Isoprothrombin
  biosynthesis of, **32**:496–503
  in rat, characterization, **32**:493–496
  relation to prothrombin, **32**:487–492
  turnover time of, **32**:499–503
Isoretinoin, **43**:117
Isotocin, **51**:249–250
Isotope dilution method, for vitamin A
  estimation, **32**:244–247
Isotretinoin, **49**:363

J

JAK-2 kinase, **50**:430–432

K

Kaliuretic response, **50**:471–473
Kallikrein-1, human glandular, mRNA,
  49:411–412

Kassinin, structure of, **35**:222
Katacalcin secretion, by C-cells, **46**:110
k_{cat} inhibitors, **41**:338, 5336
Kennedy's disease, **49**:395–396
Keratinocyte growth factor, **49**:476
α-Ketoglutarate, CoA assay with, **46**:186
α-Ketoglutarate dehydrogenase
  CoA assay with, **46**:186
  succinyl CoA:CoA ratio effects, **46**:209
Ketones
  acetylenic, **41**:259
  allenic, **41**:257–259
  experimental obesity and, **45**:65–67, 75, 87
  unsaturated, **41**:258–259
    electrophilic affinity labeling with, **41**:256–257
    photoaffinity labeling, **41**:263–266
Ketopantoic acid reductase, **46**:184
r^4-3-Ketosteroid 5α-reductase, **41**:257–258, 262
r^5-3-Ketosteroid isomerase, **41**:255, 257–258, 260, 263
17-Ketosteroid reductase, **49**:170–172
  deficiency, **49**:171–172
α-Ketovalerate, pantoate synthesis from, **46**:182–184
Kidney
  biotin and
    biotin-binding proteins, **45**:355
    deficiency, inherited, **45**:353
    enzymes, **45**:340
    nonprosthetic group functions, **45**:343, 345–346
  breast cancer and, **45**:146
  calcitonin effects, **46**:132–133
  calcium-binding protein in, **32**:312–313
  calcium homeostasis in birds and, **45**:174–175
    controlling systems, **45**:194, 200–201
    regulating hormones, **45**:179, 183–184, 186, 188, 190
  CGRP effects, **46**:133–134
  CoA
    clofibrate effects, **46**:190
    maleate effects, **46**:209–210
  dihydroxycholecalciferol production in, **32**:363–381
  diseases, RBP in, **31**:29–30
  erythropoietin production in, **31**:123–131
  gastrin degradation in, **32**:81
  IGFBPs and, **47**:65, 89
    expression *in vivo*, **47**:37–38, 40
    regulation *in vivo*, **47**:43, 45, 47–48
  pantothenic acid
    concentrations, **46**:176
    regulation, **46**:177
    transport, **46**:180–181
  proteins, γ-carboxyglutamate in, **35**:80–81
  protein synthesis and vitamin D in, **31**:66–69
  pyrroloquinoline quinone and, **45**:232, 247–248
  role in RBP metabolism, **32**:190–193
  substance P effects, **35**:262–263
  vitamin D deficiency effects, **32**:141
  as vitamin D target organ, **49**:298–299
Kidney, 11β-hydroxysteroid dehydrogenase and, **47**:248
  clinical studies, **47**:219, 224
  developmental biology, **47**:210, 213
  enzymology, **47**:225, 230–232
  function, **47**:232–242, 245, 247
  lower vertebrates, **47**:214
  properties, **47**:199–200, 203–204
Kidney, PTH mechanism of action in
  activation of enzyme and transport processes in renal tubule, **38**:235–236
  adenylate cyclase, mechanism of coupling and activation, **38**:234
  cyclic AMP accumulation and effects on protein kinase, **38**:234–235
  receptors, **38**:230–234
Kinases, transcriptional transactivation mechanisms, **51**:12–16
Kinetics
  calcium homeostasis in birds and, **45**:176
    controlling systems, **45**:195, 197
    regulating hormones, **45**:185, 189
  folypolyglutamate synthesis and distribution, **45**:312
    folypolyglutamate synthetase, **45**:302–305
    role, **45**:277–278, 284, 287, 289
  11β-hydroxysteroid dehydrogenase and, **47**:200–201, 226, 230
  pantothenic acid transport, **46**:179
Kinins, substance P and, **35**:213
Klebsiella
  K. aerogenes, 4′-phosphopantetheine-containing proteins, **46**:215

K. pneumoniae, 4′-phosphopantetheine-
 containing proteins, **46:**215
Kleine-Levin syndrome, **43:**59–60
Knockout animals
 LAR, **54:**78
 PPAR, **54:**155–156
Knockout mouse, *see also* Parathyroid
 hormone-related peptide-negative
 mouse
 consistent female phenotype of SF-1,
  52:143
 IL-1b converting enzyme, **53:**51, 53–55
Knockouts, antisense, **48:**81–85
Koji extract
 growth-stimulating substance in,
  46:236
 pyrroloquinoline quinone in, **46:**234
Korsakoff's disease, vasopressin effects,
 37:217–218
Kupffer cells, endothelin conversion,
 48:179180

L

Labor
 endocrine factors, **31:**293–294
 estrogen and gestagen effects,
  31:271–280
 prostaglandin induction, **31:**293–294
Lactation
 breast cancer and, **45:**132, 141
 cannabinoid effects, **36:**220–223
 effects on pantothenic acid nutritional
  status, **46:**169–170
 energy balance and, **43:**7, 11, 53
 ergot drug effects, **30:**202–203
 hormonal control of calcium
  metabolism, **37:**303–345
 11β-hydroxysteroid dehydrogenase and,
  47:247
 intestinal changes during, **37:**321–331
 prolactin secretion in, **30:**171–172
 urinary calcium secretion in,
  37:331–334
Lactobacillus plantarum
 assay for pantothenic acid, **46:**172
 pantothenic acid transport, **46:**185
Lactose dehydrogenase, breast cancer
 and, **45:**155
Lactotrope, prolactin secretion, **50:**392–395
Lactotrope differentiation factor, rat milk,
 50:115

Lamina limitans, on bond surfaces, **46:**67
Laminin receptors, **47:**174
 integrins, **47:**175–177
 nonintegrin, **47:**174–175
Laminins, **47:**161–162, 179–180, **49:**259
 biology, **47:**165–168
 differentiation, **47:**168–171
 neurite outgrowth, **47:**173–174
 tumors, **47:**171–173
 intracellular signals, **47:**177
  endothelial cells, **47:**177–179
  neuronal cells, **47:**177–178
  Sertoli cells, **47:**179
 ligands, **47:**175
 structure, **47:**162–165
Laron dwarfism, **48:**21, **50:**413, 435–437
LAR protein
 expression in liver, **54:**73–74
 immunodepletion, **54:**86–87
 role in insulin action pathway, **54:**75–78
Latencies, for vesicle exocytosis,
 54:213–214
LATS, *see* Long-acting thyroid stimulator
LBD core, interaction with helix 12,
 54:148
LDL, *see* Low-density lipoprotein
Learning
 active avoidance type, **37:**158–161
 passive avoidance type, **37:**161–162
Leaves, plant, vitamin E content,
 34:80–81
Lectins
 experimental obesity and, **45:**7
 laminins and, **47:**174
Lens cataracts, pyrroloquinoline quinone
 effects, **46:**262
Leptin
 body weight change effects, **54:**11–12
 bound and free, in circulation,
  54:20–21
 circadian rhythm, **54:**16–17
 fasting and overfeeding effects,
  54:12–14
 hormonal regulation, **54:**14–16
 induction of weight loss, **54:**2–3
 interaction with binding proteins,
  54:18–20
 and obesity, measurement methods,
  54:5–7
 pulsatile secretion, **54:**17–18
 serum levels, **54:**8–11
Leptin-binding proteins, **54:**18–20

Leptin receptors
  isoforms, **54**:3
  and leptin resistance, **54**:22
  soluble, **54**:19–20
Leptin resistance
  in CSF, **54**:21–22
  in human obesity, **54**:7, 20
Leucine
  effects on enzymes of tryptophan-nicotinic acid pathway, **33**:516–517
  role in pellagra, **33**:509
Leu-Enkephalin, **41**:4
Leukemia
  acute promyelocytic, **49**:366–367
  hormonal role, **33**:709
Leukocytes
  inositide metabolism in, **33**:555
  polymorphonuclear, arachidonic acid transformation in, **39**:1–3
Leukotriene B_4, upregulation of PPARa target genes, **54**:136
Leukotrienes
  biological effects, **39**:23–27
  biosynthesis
    A_4 and B_4, **39**:14–15
    C_4 and D_4, **39**:15–18
    nomenclature, **39**:21
    other unsaturated fatty acids and, **39**:18–21
  metabolism, **39**:22
  occurrence, **39**:22–23
Leydig cells
  hormones stimulating, **34**:190–197
  11β-hydroxysteroid dehydrogenase and, **47**:247
  IGF expression, **48**:30
  protein kinase, properties, **36**:551–557
LH, *see* Luteinizing hormone
LH-RH, *see* Luteinizing hormone-releasing hormone
Libido, **43**:171–174
Licorice
  amplification of mineralocorticoid Na^+ retention, **50**:469–470
  enzyme inhibition, **50**:473–474
  11β-hydroxysteroid dehydrogenase and, **47**:221, 237–240
  ingestion, Na^+ retention and, **50**:462–464
  11β-hydroxysteroid dehydrogenase, **50**:467
  interactions between glucocorticoids and mineralocorticoids, **50**:466
  mammalian kidney and toad bladder, **50**:465–466
Ligand-binding domains, estrogen and progesterone receptors, **52**:102–103
Ligands
  availability, and retinoid receptor activity, **51**:413–415
  breast cancer and, **45**:132–134, 141, 147
  extracellular, bone, OFA binding, **46**:43–44
  11β-hydroxysteroid dehydrogenase and, **47**:226, 238, 245
  IGFBPs and
    binding properties, **47**:24, 28
    biology, **47**:72, 74–75
    expression *in vitro*, **47**:54, 56, 58–59
    expression *in vivo*, **47**:31–36
    genes, **47**:15, 19
    regulation *in vitro*, **47**:64, 68, 71
    regulation *in vivo*, **47**:41, 44, 46–47, 50, 52
  laminins and, **47**:175
  pyrroloquinoline quinone and, **45**:248
  selective for
    retinoic acid receptors, **49**:357–360
    retinoid X receptor, **49**:360–361
  zona pellucida and, **47**:121, 133
Ligand screening, PPARs, **54**:133
Ligand signals, PPAR multistep activation pathway in response to, **54**:151–152
Light, role in $[Ca^{2+}]_i$ store depletion, **54**:111–112
Light vesicle fraction, **46**:22
Limulus photoreceptors, G proteins, **44**:73–74
Linoleic acid, biotin and, **45**:366–367
Linolenic acid, activation of PPARa, **54**:135
Lipid hydroperoxides, **52**:13–14
Lipid peroxidation
  ethanol-induced, **54**:42
  lag phase
    extension by α-tocopherol, **52**:16–17, 25
    sequence of antioxidant consumption, **52**:15
  in oxidation of LDL, **52**:5–9
  tocopherol-mediated, **52**:17–20
  vitamin E role, **30**:57–59

Lipid perturbation theory, peroxisome proliferator activity, **54:**126
Lipids
  accumulation, pantothenic acid deficiency effects, **46:**171–172
  biosynthesis, role of acyl carrier protein:apo-acyl carrier protein ratio, **46:**212–213
  biotin and
    deficiency symptoms, **45:**366–370
    nonprosthetic group functions, **45:**343, 345, 347
  cell membrane, **30:**47–48
  experimental obesity and
    dietary, **45:**55, 62, 72, 74
    genetic, **45:**31, 33, 38, 47–48
  myo-inositol, *see* Myo-inositol lipids
  pyrroloquinoline quinone and, **45:**247
Lipoatrophy, congenital, **43:**46
Lipogenesis
  cyclic nucleotides and, **36:**146–149
  definition, **36:**102
  mammary cancer and, **36:**154–159
  in mammary gland
    in development, **36:**105–107
    enzymic changes, **36:**110–113
    fatty acid changes, **36:**116–118
    hormonal effects, **36:**101–163
  in nonruminants, **36:**149–153
Lipoglycoprotein, binding of cellular retinol by, **36:**26–27
Lipoprotein lipase, **43:**57
  experimental obesity and, **45:**88
Liposome–liposome interactions, **42:**150–153
Lipotropin, **43:**53
β-Lipotropin, **41:**25
  immunohistochemistry, **36:**327–331
Lipoxygenase
  origins, **46:**231
  pyrroloquinoline quinone prosthetic group, **46:**231
Liquid chromatography-mass spectrometry, steroid identification, **39:**82–83
Liver
  ADH isozymes, **54:**40–41
  alcohol levels, **54:**39
  biotin
    biotin-binding proteins, **45:**352, 356, 359, 363
    deficiency symptoms, **45:**365, 370
    enzymes, **45:**340, 342
    nonprosthetic group functions, **45:**342, 348, 350
  biphasic response to insulin, **41:**62
  calcium homeostasis in birds and, **45:**183, 187, 207
  diabetic, **54:**84–85
  diseases, RBP in, **31:**28–29
  EGF–urogastrone receptor, **37:**87–91
  endothelin, **48:**177–182
  erythropoietin inactivation in, **31:**146–147
  experimental obesity and, **45:**62, 74, 77
  fetal cells, erythropoietin effects, **31:**114–117
  folypolyglutamate synthesis
    distribution, **45:**311–314, 320
    folate, **45:**266, 271–273, 275
    folypolyglutamate synthetase, **45:**299–307, 309
    γ-glutamylhydrolases, **45:**310–311
    intracellular folate-binding, **45:**291
    in vivo effects, **45:**295, 298–299
    mammalian cells, **45:**275
    multifunctional complexes, **45:**288, 290
    role, **45:**277–288
  gastrin degradation in, **32:**82
  gluconeogenesis of hormonal control, **36:**383–460
  glycogen levels, pantothenic acid deficiency effects, **46:**171
  glycoprotein synthesis and vitamin A in, **35:**8–12
  inositide metabolism in, **33:**549–550
  insulin action, **41:**60–61
  ketone bodies, pantothenic acid deficiency effects, **46:**171
  mitochondria, CoA biosynthetic enzyme localization, **46:**193–194
  pantothenic acid transport, **46:**178–179
    diabetes effects, **46:**180
    fasting effects, **46:**180
  plasma membrane, insulin sensitivity, **41:**55–58
  prothrombin precursor in, **32:**463–481
  PTPase activity, **54:**73–74
  pyrophosphatase degradation of dephospho-CoA, **46:**199–200
  RBP in, **32:**216–224

Liver (continued)
  regeneration, vitamin A and 9,
    38:12–16
  tumor-bearing, CoA levels, 46:207
  vitamin A in, 32:237
  vitamin D deficiency effects, 32:141
Liver, CoA, 46:195
  cytosolic carnitine and, 46:198
  diabetes effects, 46:189–190, 202
  glucocorticoid effects, 46:205
  hyperthyroidism, 46:205
  mitochondrial versus cystolic,
    46:197–198
  pantothenic acid deficiency effects,
    46:171
  starvation effects, 46:189–189, 202
Liver, 11β-hydroxysteroid dehydrogenase,
  47:189
  developmental biology, 47:208–209, 213
  enzymology, 47:230–232, 2225–227
  expression, 47:217–219
  function, 47:235, 239, 245
  lower vertebrates, 47:215
  properties, 47:189, 199–205
Liver, IGFBPs
  biology, 47:88–89
  expression in vitro, 47:53–54
  expression in vivo, 47:37–40
  genes, 47:9–10, 12, 15, 17
  regulation in vitro, 47:61–62
  regulation in vivo, 47:43–46, 48, 52–53
Liver filtrate factor, 46:166
Localization signals
  nuclear, 49:403–404
  p59/hsp56 interaction with, 54:186
Lomustine, in prostatic cancer therapy,
  33:161–164, 169–170
Long-acting thyroid stimulator
  biological properties, 38:128–134
  chemical properties, 38:135–139
  Graves' disease
    abnormal thyroid-stimulating
      hormone, 38:124–127
    blood TSH levels, 38:123–124
  McKenzie mouse bioassay, 38:127–128
Long-acting thyroid stimulator protector
  autoantibody, 38:147–149
  bioassay, 38:176–177
  species specificity, 38:150
  stimulating activity, 38:156–159
Long terminal repeat-binding protein,
  embryonal, 51:351–352

Long-term potentiation, adrenal steroids,
  51:383–387
Loss of heterozygosity, 49:439–441
Low-density lipoprotein
  antioxidant protection by vitamin C,
    52:9–14
  oxidation
    mechanisms, 52:5–9
    questions for future research, 52:26
    vitamin C supplementation and,
      52:21–22
    vitamin E and, 52:14–27
  oxidized, 52:2–5
  in pathogenesis of atherosclerosis,
    52:1–2
LRP, role in insulin action pathway, 54:80
[N-Methyl—^{3}H]LU 49888
  photoaffinity labeling of
    phenylalkylamine receptors
      in brain membrane, 44:276, 279
      Ca^{2+} channel-active drug effects,
        44:275–276, 278
      in head membrane, Drosophila,
        44:279–280
      kinetics, 44:275–276
      in skeletal muscle T-tubules,
        44:275–278
    properties, 44:275
Luciferase, IGFBPs and, 47:14
Luft's syndrome, 43:46
Lung
  11β-hydroxysteroid dehydrogenase,
    47:217, 230–231
  developmental biology, 47:208–209
  properties, 47:199–200, 204–205
  laminins, 47:172
Luteinizing hormone, 41:4, 173
  β antigens, distribution analysis,
    50:236–237
  biosynthesis, 50:176–177
  β subunit mRNA, somatotrope
    expression, 50:249
  effects, steroid biosynthesis, 36:557–559
  during estrous cycle, 50:221–223
  gonadal receptors, 36:465–466
  gonadotropin receptors, 36:465–468,
    500–511
    properties, 36:523–525
    purification, 36:516–523
  IGFBPs and, 47:35, 78
  Leydig cell stimulation, 34:190–191
  monohormonal, 50:261

movement, mediation by CTX-sensitive guanyl nucleotide binding protein, **50**:182–187
mRNA, cells expressing, **50**:235–236
ovarian stimulation and, **43**:267–270
radioligand-receptor assays, **36**:475–478
release
  GnRH-stimulated, **50**:171–172
  second messenger requirements, **50**:165–166
  modulation by activin A, **50**:178
  in response to GnRH and maitotoxin, **50**:180
role in reproduction, **30**:86–87
secretion
  factors affecting, **30**:88–95
  inhibin effect, **37**:296
  short feedback in, **30**:119–120
  steroid effects, **30**:112–120
in serum
  bioactive in monkey, **36**:491–494
  bioassay of, **36**:481
  rat interstitial cell-testosterone assay, **36**:483–484
  releasing hormonal effects, **36**:486–487
substance similar to in preimplantation embryo, **34**:225–226
surge, **43**:271–275
zona pellucida and, **47**:125
Luteinizing hormone receptors, **43**:159–160
Luteinizing hormone-releasing hormone, **30**:83–164, **41**:26, 30
  antisera, **38**:259–260
  antigenicity, **38**:269–270
  physiological events, **38**:265–269
  production, **38**:260–264
  application, **30**:142
  chemistry, **30**:95–112
  determination, **30**:123–125
  distribution, **41**:28
  effects, **30**:136–141
    on humans, **30**:138–141
    serum LH, **36**:486–487
  enzyme effects, **30**:107
  and FSH-releasing hormone, **30**:102–103
  mechanism of action, **30**:147–149
  natural and synthetic, **30**:127–149
  nomenclature, **30**:150
  from humans, **30**:105–106
hypothalamic, **30**:95–96, 121
  fluctuations, **30**:122–123
inhibitory analogs
  clinical studies with, **38**:310–313
  development of, **38**:295–305
  effect on cAMP, **38**:309–310
  effect on uptake of LH-RH by pituitary membrane receptors, **38**:310
  physiological studies with, **38**:305–309
  theoretical considerations, **38**:294–295
in milk, **50**:84
other materials with, **30**:111
prolactin release-inhibiting factor and, **30**:112
purification, **30**:102–106
release, **30**:149–150
stimulatory analogs, **38**:270–271
  antifertility effects in humans, **38**:291–294
  clinical studies with, **38**:280–282
  methods of determination of activity, **38**:271–274
  paradoxical antifertility effects, **38**:283–291
  structure–biological activity relationship, **38**:274–277
  superactive analogs, **38**:277–280
synthesis, **30**:110–111
Luteoma of pregnancy, HCG in, **30**:289
17,20-Lyase, biochemistry, **49**:147–148
Lyases, pyrroloquinoline quinone and, **45**:225
Lymph, IGFBPs and, **47**:35, 72
Lymphocytes, *see also* B cells; T cells
  carotenoid intake and proliferative response to mitogens, **52**:48
  11β-hydroxysteroid dehydrogenase and, **47**:204, 216, 220
  IM-9, insulin action in, **41**:60–61
  inositide metabolism in, **33**:551–552
  vitamin E
    and fish oil intake *versus* blastogenic response of, **52**:40
    supplementation in elderly and enhanced proliferation of, **52**:52
Lymphoma, TLX-5, CoA levels, **46**:207
Lymphotoxin, *see* Tumor necrosis factor-β
Lysine
  biotin and, **45**:338, 341, 362
  pyrroloquinoline quinone and, **45**:232, 247

Lysine hydroxylases, protocollagen proline and, **30**:13–15

β-Lysine isomerase, cobalamin requirement by, **34**:6

Lysophosphatidic acid, in Ca^{2+} influx, **54**:108

Lysosomal phosphatase
 breakdown of 4'-phosphopantetheine to pantetheine via, **46**:198–201
 mediation of CoA dephosphorylation, **46**:198–199

Lysosomes
 breast cancer and, **45**:145, 147
 insulin degradation, **44**:119–121

Lysyl oxidase
 origins, **46**:231
 pyrroloquinoline quinone prosthetic group, **46**:231
 pyrroloquinoline quinone role in, **46**:261–262

M

α_2-Macroglobulins, IGFBPs and, **47**:90

Macromolecules, circulating, leptin association, **54**:19–20

Macrophage-colony stimulating factor, effects on macrophage and osteoclast formation, **46**:58–59

Macrophage-colony stimulating factor receptor, in differentiation of hemopoietic cells, **46**:61–62

Macrophages, *see also* Monocytes
 alveolar, osteoclastic differentiation in, **46**:60
 calcium homeostasis in birds and, **45**:196
 in lungs of cigarette smokers, **52**:54
 in pathogenesis of atherosclerosis, **52**:2
 peritoneal, osteoclastic differentiation in, **46**:60
 phosphatidylinositol turnover, **41**:122–125
 prostaglandin secretion in vitamin-E deficient rats, **52**:51–52
 uptake of oxidized LDL, **52**:3

Magnesium
 calcium homeostasis in birds and, **45**:182
 effects on adenylate cyclase, **36**:529–531
 folypolyglutamate synthesis and, **45**:301

Maitotoxin, LH release and, **50**:180

Major histocompatibility complex, class I gene expression
 regulation and autoimmunity, **50**:364–366
 thyroid hormone formation and, **50**:365–367
 TSHR regulation and, **50**:363–364

Major urinary protein complex, androgen regulation, **36**:272

Malabsorption states, vitamin E deficiency in, **34**:52–59

Malate dehydrogenase, effects of CoA long-chain acyl esters, **46**:209

Male
 breast development, **43**:154–155
 chromosomal determinants, **43**:147–148
 differentiation of genitalia, **43**:151–154
 feminization, **43**:147
 gonadal steroids, formation and metabolism, **43**:146–147
 infertility, *in vitro* fertilization and, **43**:176

Maleate
 effects on biological systems, **46**:209–210
 in vitro effects, **46**:210

Malignancy, *see also* Cancer; Tumor tissue
 laminins and, **47**:171–172
 related alteration in vitamin A metabolism, **40**:130–131

Malnutrition, RBP in, **31**:31–33

Malt extract
 growth-stimulating substance in, **46**:236
 pyrroloquinoline quinone in, **46**:234

Mammalian systems, cyclic ADP-ribose-dependent Ca^{2+} release, **48**:231–236

Mammary gland
 development, **36**:103–105
 11β-hydroxysteroid dehydrogenase and, **47**:247–248
 lipogenesis in, hormonal effects, **36**:101–163

Mammary tumors
 age factors, **34**:122–123
 development, prolactin role, **34**:120–130
 dietary factors, **34**:123
 genetic susceptibility, **34**:121–122
 pathogenesis, **34**:123–126

Mammotropic tumors, prolactin-cell hyperplasia and, **34**:116–120

Mannose, breast cancer and, **45:**145
Mannose 6-phosphate receptor
  breast cancer and, **45:**145, 147
  IGFBPs and, **47:**2–3, 24
Mannosyl retinoyl phosphate
  anomeric configuration, **35:**24–27
  enzymic synthesis of, **35:**17–23
  transfer of mannolyl residues from, **35:**38–43
Marijuana, *see* Cannabinoids
Mass spectrometry, by direct inlet systems, identification of steroids and, **39:**59–65
Mast cell
  phosphatidylinositol turnover, **41:**119, 122–125
  substance P effects, **35:**264
Maturation promoting factor, zona pellucida and, **47:**126
McCune–Albright syndrome, **51:**137–138
MCF-7 cells, Bcl-2 protein in, **53:**115–116
MDBK cells, IGFBPs, **47:**65, 67–68
Meat extract
  growth-stimulating substance in, **46:**236
  pyrroloquinoline quinone in, **46:**234
Median eminence, tissue CRF and, **37:**143–145
Medicine, fat-soluble vitamins in, **32:**131–154
Medrogestone, in therapy of benign prostatic hyperplasia, **33:**453, 455
Megaloblastic anemia, from vitamin deficiency, **34:**2, 20–22
Meiosis
  in oocytes, cAMP-dependent prophase block, **51:**81
  zona pellucida, **47:**122–123, 125–129
Melanocytes, cAMP-mediated positive growth control, **51:**90
α-Melanocyte-stimulating hormone, **41:**4
  deacetylation, **41:**24–25
  distribution, **41:**28
  experimental obesity and, **45:**44
  in memory, learning, and adaptive behavior, **41:**32
  in temperature regulation, **41:**38
Melanoma cells, laminins and, **47:**172, 174–175
Melatonin, in milk, **50:**82–83
Membrane binding proteins, androgen-binding protein and sex hormone-binding globulin, **49:**229–233
Membrane fusion
  calcium and, **42:**149–155
  regulated in neural cells, **54:**208–212
Membrane receptor, EGF–urogastrone, **37:**82–97
Membranes
  cellular, *see* Cell membranes
  glycosyl transfer reactions in, **35:**1–57
  interactions with cytochrome P450, **49:**137
  stability, tocopherols in, **34:**84–85
Memory
  ACTH-10 effects, **37:**216–217
  active avoidance learning in, **37:**158–161
  analysis of, **37:**154–155
  assessment of, **37:**158–162
  behavioral deficit amelioration, **37:**165–182
    after pituitary-lobe ablation, **37:**170–176
    in amnesia, **37:**181
    in diabetes insipidus, **37:**176–179
    hypophysectomy, **37:**165–170
    in old animals, **37:**179–180
  CREB role, **51:**39–40
  human and nonhuman, **37:**157–158
  hypophysectomy effects, **37:**167–170
  opioid effects, **37:**207–210
  passive avoidance learning in, **37:**161–162
  peptide effects, **37:**162–182
    in cognitively impaired, **37:**215–219
    in normal subjects, **37:**211–215
    sites and mechanisms of action, **37:**219–231
  pituitary hormone and related peptide effects, **37:**153–241
  pituitary lobe ablation effects, **37:**170–176
  processing in, **37:**154–158
  storage and retrieval in, **37:**157
  treatments affecting, **37:**155–157
Menadione, **43:**131, 136
Menaquinones, **43:**131
Menstrual cycle
  anovulatory, estrogen effects, **31:**263–264
  prolactin secretion in, **30:**168–169
  sex-attractant acid variations in, **34:**173

Menstruation
  energy storage and, **43:**6
  estrogen effects on myometrium in, **31:**259–271
Mental syndrome, of pellagra, **33:**517–521
2-Mercaptoethanol, reaction with alkylcobalamins, **50:**54
Mercurials, electrophillic attaching functions, **41:**223
4-Mercuriestradiol, **41:**230–231, 235
Mero-receptors, **49:**66–67
Merosinh, laminins and, **47:**164
Mesencephalon, enkephalin activity in, **36:**320–321
Mesenchyme
  breast cancer and, **45:**131, 142, 144
  embryonic, role in androgen-mediated differentiation, **43:**169–170
Mesotocin, **51:**249–250
Messenger RNA
  androgen-binding protein, **49:**260
  β_2-adrenergic receptors, post-transcriptional mechanisms affecting, **46:**26–28
  Bax levels, breast, **53:**117–118
  Bcl-2 levels, prostate, **53:**122
  biotin, **45:**342, 346, 348, 350, 364
  brain-derived neurotrophic factor, expression in hippocampus, **51:**389–390
  breast cancer and
    cell growth, **45:**137
    insulin-like growth factors, **45:**148–150
    52 kDa protein, **45:**145–146
    PDGF, **45:**143
    protein, **45:**132, 154–155
    regulation, **45:**157
    transforming growth factor-α, **45:**140–141
    transforming growth factor-β, **45:**151
  Ca^{2+} channel-coding, mammalian, expression in *Xenopus* oocytes, **44:**307
  calcitonin-CGRP
    alternative splicing, **46:**90–91
    distribution, **46:**90
    and peptide sequences, comparison, **46:**96
    translation, **46:**89–90
  calcium-binding protein, **32:**285–288
  calcium homeostasis in birds and, **45:**182, 185, 189, 191
  c-*myc*, **49:**306
  endothelin, **48:**169
  experimental obesity and, **45:**33–34
  FSH
    activin and levels, **50:**177–178
    distribution analysis of cells, **50:**237–238
  G_i-α, heterogeneity, **44:**80
  GnRH receptor
    distribution in rat brain, **50:**190, 193–194, 196
    numbers, regulation, **50:**157–158
  growth hormone receptor, **50:**432–433
  G_s-α, heterogeneity, **44:**78–79
  11β-hydroxysteroid dehydrogenase, **47:**227, 230–232, 237, 246
  IGFBPs, **47:**91
    biology, **47:**75, 88–89
    expression *in vitro*, **47:**53–61
    expression *in vivo*, **47:**31–32, 36–40
    genes, **47:**10–11, 13, 18, 20, 22–23
    regulation *in vitro*, **47:**61–62, 64–71
    regulation *in vivo*, **47:**42–46, 51–53
  IGF-I, **48:**4–5
  IGF-II, **48:**6
  in situ hybridization, **48:**23–25
  IL-1β converting enzyme expression, **53:**38, 40, 43
  inhibin subunit-encoding, **44:**16–17, 19, 34
  laminins, **47:**174–175
  LH, cells expressing, **50:**235–236
  neurohypophysial hormone receptors, **51:**255–257
  neurotrophin, adrenal steroid effect, **51:**391
  ob gene, **54:**5
  relaxin, **41:**85–86
  sex hormone-binding globulin, **49:**261
  transport, response to insulin, **41:**62–63
  vasopressin and oxytocin, in dendrites and axons, **51:**242–246
  vitamin D, **49:**290
  zona pellucida and, **47:**116, 126–128, 136–141
Metabolic clearance rate, steroid, determination, **33:**210–212
Metabolic disorders
  bone, **42:**86–89

inherited, **43**:103–104
Metabolic homeostasis, and alcohol
  ingestion, **54**:41–42
Metabolic rate, alcohol effect, **54**:44–45
Metabolism
  IGFBPs, **47**:43–53
  inositol, and exocytosis, **42**:163–167
  one-carbon, *see* One-carbon metabolism
Metal ions
  binding to LDL, ascorbic acid
    inhibition, **52**:13
  interaction with dihydrotestosterone-
    receptor complexes, **33**:304–305
  in LDL oxidation, **52**:7–8
Metalloendoproteases, secretion and,
  42:167–170
Metarhodopsin II, phosphorylation,
  51:194
Metastasis suppressor gene, **49**:441
Met-Enkephalin, **41**:4
Methane synthesis, methyl B_{12}
  requirement by, **34**:6
Methanol dehydrogenase
  coupling to
    cytochrome c_L, **46**:260
    respiratory chain, **46**:256–257
  origins, **46**:231
  properties, **46**:248–249
  pyrroloquinoline quinone prosthetic
    group, **46**:231
  structure, **46**:248–249
Methanol oxidase system
  in *A. methanolicus,* **46**:260
  in methylotrophs, **46**:257
Methionine
  biotin and, **45**:340
  folypolyglutamate synthesis and
    distribution, **45**:318–319
  folate, **45**:266, 268, 271–273
  role, **45**:280–282, 294, 298
  in vitamin B_{12} deficiency, **34**:22–24
Methionine synthase, **50**:51–53
Methylamine dehydrogenase
  coupling to
    amicyanin, **46**:260
    respiratory chain, **46**:257–259
  origins, **46**:231
  properties, **46**:248–249
  pyrroloquinoline quinone prosthetic
    group, **46**:231
  structure, **46**:248–249

Methylamine oxidase
  localization, **46**:233
  origins, **46**:231
  pyrroloquinoline quinone prosthetic
    group, **46**:231
  system of, **46**:257–259
Methyl B_{12}, reactions requiring, **34**:6
Methylcobalamin, **50**:2, 5, 53–54
  molecular structure, **50**:14–15, 20
3-*O*-Methyl-D-glucose, in glucose
  transport assay, **44**:121–125
16-Methylene estrone, **41**:256
2-Methyleneglutarate mutase, **50**:47
6-Methylene-4-pregna-3,20-dione, **41**:257
3-Methylitaconate, **50**:47
Methylmalonate-succinate isomerization,
  vitamin B_{12} role in, **34**:5, 7
Methylmalonyl–CoA mutase, **50**:45–47
  cobalamin requirement by, **34**:6
Methylobacterium AM1, methylamine
  oxidase respiratory chain, **46**:257
Methylophilus methylotrophus, methanol
  oxidase system, **46**:257
Methylotroph 4025, methylamine oxidase
  respiratory chain, **46**:257
Methylotrophs
  methanol oxidase system, **46**:257
  methylamine oxidase system,
    46:258–259
  pyrroloquinoline quinone production,
    46:242–244
w-Methylpantothenic acid, pantothenic
  acid deficiency caused by, **46**:170
Methylriboflavins, biological activity of,
  32:39
N^5-Methyltetrahydrofolate:homocysteine
  methyltranferase, **34**:6
Methyltetrahydrofolate trap hypothesis,
  34:13–25
7-Methyltocol, isolation, **34**:90
Methyltocols, in tocopherol pathway,
  34:87–90
Methyl trienolone, **41**:245–246
Mexican Americans, leptin levels, **54**:8, 10
Microbial assays, growth stimulation by
  pyrroloquinoline quinone and
  adducts, **46**:241–242
Microelectrode studies, osteoclastic
  acidification with hemivacuole, **46**:49
Micronutrients, with antioxidant
  activities, **52**:36

Microorganisms
  biosynthesis of cobalamins, **50:**38
  inositide metabolism in, **33:**558–560
  role in formation of sex-attractant acids, **34:**171–172
Microsomes
  11β-hydroxysteroid dehydrogenase
    expression, **47:**215, 217–219
    function, **47:**239–240
    properties, **47:**199–202
  peptide carboxylation in, **35:**85–89
  sea urchin egg, cyclic ADP-ribose receptor binding, **48:**237–239
  steroidogenesis in, **42:**329–337
Microtubules, exocytosis and, **42:**141–142
Microvasculature, skin, CGRP effects, **46:**135–136
Migration
  laminins, **47:**161, 175
    biology, **47:**166, 168, 173
    structure, **47:**163, 165
  zona pellucida, **47:**115, 119–121
Milk
  calcium and vitamin D in, **37:**335–337
  hormones in, **50:**77–118
    adrenal, **50:**92–93
    bombesin, **50:**113–114
    brain-gut hormones, **50:**113–115
    calcitonin, **50:**90–91
    casomorphin, **50:**115–117
    cholecystokinin, **50:**115
    epidermal growth factor, **50:**101–108
    erythropoietin, **50:**113
    estrogen and metabolites, **50:**94–96
    growth factors, **50:**99–113
    growth hormone, **50:**84
    growth hormone-releasing factor, **50:**83
    IGFBPs, **50:**111–112
    IGF-I, **50:**108–110
    IGF-II, **50:**110–111
    lactotrope differentiation factor, **50:**115
    LH-RH, **50:**84
    melatonin, **50:**82–83
    motilin, **50:**115
    neural growth factor, **50:**112–113
    neurotensin, **50:**114–115
    nucleotides, **50:**117–118
    osteocalcin, **50:**91
    oxytocin, **50:**83
    pancreatic hormones, **50:**98–99
    parathyroid hormone and related peptides, **50:**92
    peptide histidine methionine, **50:**115
    progesterone and metabolites, **50:**96–98
    prolactin, **50:**78–82
    sexual gland hormones, **50:**94–98
    somatostatin, **50:**82
    thyroid hormones, **50:**86–91
    thyroid-stimulating hormone, **50:**85–86
    TSH-releasing hormone, **50:**84–85
    vasoactive intestinal peptide, **50:**115
  IGFBPs, **47:**36
  pantothenic acid levels, **46:**170
  pyrroloquinoline quinone, **46:**234
Mineralocorticoid receptor
  aldosterone, **38:**59–65
  11β-hydroxysteroid dehydrogenase
    clinical studies, **47:**221, 224
    function, **47:**232–234, 237, 239–240, 243–246
  protection of, **50:**469–471
Mineralocorticoids
  11β-hydroxysteroid dehydrogenase
    clinical studies, **47:**220–225
    enzymology, **47:**225, 230–232
    function, **47:**232, 234–236, 239–246
  interactions with glucocorticoids, **50:**466
  synthesis, **42:**329–337
Mineralocorticosteroid receptors, **33:**695–699
Mink, vitamin B_6 requirements for growth, **48:**274–275
Mitochondria
  anion transport in, in gluconeogenesis, **36:**402–403
  biotin, **45:**340, 352, 365
  CoA content, maleate effect, **46:**209
  CoA leakage, **46:**199, 208
  CoA transport system, **46:**196–197
  degradation of CoA to dephospho-CoA, **46:**198
  experimental obesity and
    dietary, **45:**62, 70, 72–73
    genetic, **45:**30–31
    hypothalamic, **45:**22, 24
  folypolyglutamate synthesis and
    folate, **45:**265–266, 272–285
    folypolyglutamate synthetase, **45:**300
    role, **45:**288, 291, 297

heart, CoA transport, diabetes effects, **46**:203–204
hepatic, vitamin C-induced peroxidation, **32**:433–435
11β-hydroxysteroid dehydrogenase, **47**:199
liver cells, CoA biosynthetic enzyme localization, **46**:193–194
steroidogenesis, **42**:329–337
  inner membrane, **42**:355–357
in steroidogenesis, **52**:131–132
tricarboxylate transport, effects of CoA long-chain acyl esters, **46**:209
zona pellucida, **47**:129
Mitogen
  breast cancer and, **45**:131
  cell growth, **45**:135, 139
  insulin-like growth factors, **45**:147–149
  52 kDa protein, **45**:144, 146
  PDGF, **45**:142–144
  regulation, **45**:157–158
  transforming growth factor-α, **45**:140–142
  transforming growth factor-β, **45**:152
  folypolyglutamate synthesis and, **45**:274–275
Mitogen-activated protein 2 kinase, **48**:12
Mitogen-activated protein kinases, phosphorylation, **51**:110–111
  steroid hormone receptor, **51**:294
Mitogenesis
  IGFBPs, **47**:3, 80, 82, 86
  IGF-I receptor, **53**:67–68
Mitogenic factors, synergism with cAMP, **51**:92–93
Mitogenic pathways
  cAMP-dependent, **51**:122
  in thyroid, **51**:143–144
  cAMP-dependent and -independent activation state of protein kinase-dependent regulatory networks, **51**:110
  c-*fos* and c-*jun* expression, **51**:111–113
  c-*myc* RNA levels, **51**:113–114
  cross-signaling, **51**:106–108
  and DNA synthesis, **51**:114–117
  late gene expression pattern, **51**:114
  MAP kinase phosphorylation, **51**:110–111
Mitogenic signals, cAMP-independent, transfer to nucleus, **51**:61–62

Mitosis
  breast cancer, **45**:129
  calcium effects, **31**:79–86
  in gonadotropes, **50**:244–245
  11β-hydroxysteroid dehydrogenase, **47**:204
  transition, cAMP-dependent inhibition, **51**:81–82
  zona pellucida and, **47**:123
Mitotic death, **53**:3
MMI therapy, **50**:366
Models
  new, steroid hormone receptor nucleocytoplasmic shuttling, **51**:329–332
  obesity
    and diabetes mellitus, PTPase assays, **54**:83–86
    leptin in, **54**:2–3
    in study of NPY, **54**:60–61
  signal transduction
    fibroblasts as, **48**:85–96
    growth hormone pituitary cells as, **48**:64–85
Molecular bridges, 14-3-3 proteins as, **52**:168
Molecular chaperones, 14-3-3 proteins as, **52**:167–168
Mollusk, behavior, hormonal control, **35**:303–308
Molybdate, stabilization, glucocorticoid receptor, **49**:71–72
Monensin, CURL acidification blocked by, **44**:119–120
Monkey
  baboon, sex-attractant acid changes in, **34**:177–178
  bioactive serum LH in, **36**:491–494
  chemical communication in, **34**:139–140
  LH-RH effects, **30**:137–138
  vitamin D binding proteins in, **32**:409–411
Monoamine oxidase, **42**:134–138
  8α-S-cysteinyl-FAD in, **32**:20–27
    amino acid sequence, **32**:26
    attachment site, **32**:20–22
    cysteinyl-FAD linkage, **32**:22–26
Monoaminergic neurotransmitters, experimental obesity and, **45**:10–13
Monoamines, **41**:2–3
  effects on FSH-RH and LH-RH release, **30**:149–150

Monoclonal antibodies
    anti-vitamin D, **49:**285
    biotin, **45:**338, 347
    breast cancer and, **45:**132, 149
    BUGR-2, **49:**54–55
    13C32 and 23C6, OFA
        immunoprecipitation with,
        46:42–43
    erythropoietin, **41:**186
    11β-hydroxysteroid dehydrogenase,
        47:239
    IGFBPs, **47:**37, 63, 80
    laminins, **47:**164
    relaxin, **41:**108
    zona pellucida and, **47:**119
Monocytes, *see also* Macrophages
    in pathogenesis of atherosclerosis,
        52:1–2
    recruitment and retention in
        atherosclerotic lesions, **52:**3–4
Mononuclear cells, circulating,
    50:409–411
    GH expression, **50:**411
    prolactin expression, **50:**409–411
Mononuclear phagocytes, as osteoclast
    precursors, **46:**56–57, 61
Mononucleotides, interaction with
    dihydrotestosterone-receptor
    complexes, **33:**305–306
Monosodium glutamate, experimental
    obesity and
    genetic obesity and, **45:**34
    hypothalamic obesity, **45:**6, 13, 15, 19, 24
Morphine, in memory, learning, and
    adaptive behavior, **41:**32
Morphogen, retinoids as, **51:**439–440
Morula
    metabolic activities in, **34:**233–234
    preimplantation embryo steroid effect,
        34:228–229
Mosquito, sexual receptivity in, hormonal
    control, **35:**298–299
Moth
    activation of adult behavior patterns in,
        35:299–301
    preeclosion behavior in, hormonal
        release of, **35:**293–297
Motilin, **41:**4
    amino acid sequence, **39:**248–250
    in milk, **50:**115
Motor neurons, CGRP distribution,
    46:141

Mouse, *see also* Knockout mouse
    EGF–urogastrone, **37:**72–77
    experimental model
        diabetes, **42:**266–267
        thyroiditis, **42:**280–281
    vitamin B_6 requirements for growth,
        48:270
Mouse mammary tumor virus, RNA of
    glucocorticoid regulation of,
    36:274–276
Mucosa, gastrin in, **32:**64–66
Mucus, secretion, **39:**306–311
Müllerian inhibiting substance,
    43:156–157, **49:**385–391
Multimerization, IGFBPs and, **47:**81–82
Multinuclear cells, as osteoclasts, **46:**63
Multinuclearity, marker for osteoclasts,
    46:57
Multiple carboxylase deficiency, biotin
    and, **45:**352–353
    biotin-binding proteins, **45:**356, 360
    symptoms, **45:**364–365, 368, 370–371
Multiplication-stimulating activity
    effects on cartilage, **33:**600–604
    in serum, **40:**177–178
Muscarinic cholinergic receptors
    development changes, **44:**86
    G protein coupling, **44:**84
Muscarinic receptors
    conserved amino acids, **46:**3
    coupling to G proteins, **46:**15–16
    phosphorylation by β-adrenergic
        receptor kinase, **46:**15
Muscle
    androgen action, **49:**388–389
    atrophy, spinal bulbar, X-linked,
        49:395–396
    biphasic response to insulin, **41:**62
    1,25-dihydroxyvitamin D_3 effect, **49:**301
    11β-hydroxysteroid dehydrogenase,
        47:200
    IGFBPs, **47:**54–55, 74, 88–89
    inositide metabolism, **33:**554–555
    insulin action in, **41:**60–61
    laminins, **47:**164, 169
Muscle cell line, nonfusing, inhibition by
    cholera toxin and forskolin, **51:**80–81
Muscular dysgenesis, slow Ca^{2+} current
    deficiency, mouse, **44:**238–239
Muscular dystrophy, congenital, **41:**40–41
Mutagenesis
    androgen binding protein, **49:**213–214

sex hormone-binding globulin,
  49:216–218
 breast cancer and, **45:**133
 11β-hydroxysteroid dehydrogenase and,
  47:229
 IGFBPs and, **47:**29
 site-specific, N-linked glycosylation in
  β_2-adrenergic receptors, **46:**12
Mutants
 deletion, β_2-adrenergic receptor,
  coupling to G proteins, **46:**16
 IGFBPs and, **47:**3, 70
  binding properties, **47:**26–30
  biology, **47:**80, 82, 86
  genes, **47:**11–12, 14
  transient receptor potential, **54:**111–112
  zona pellucida and, **47:**121–123, 125,
   143–146
Mutational analysis, IGF-I receptor,
 53:71–75
Mutations
 biotin and, **45:**352
 breast cancer and, **45:**128, 131
  cell growth, **45:**138, 152
  protein, **45:**133–134
 Cys-341 to Cly, **46:**13
 experimental obesity and, **45:**31–32, 50
 folypolyglutamate synthesis and,
  45:264, 274
  folypolyglutamate synthetase, **45:**300
  role, **45:**293, 295, 297
 henny feathering, **43:**179–183
 mdg, slow Ca^{2+} current deficiency,
  44:238–239
 nonsense and frameshift, 21-
  hydroxylase, **49:**161
 ob gene, and linkage studies, **54:**3–5
 pyrroloquinoline quinone and
  biological role, **45:**253
  biosynthesis, **45:**248, 250–251
  distribution, **45:**244
  in S49 lymphoma cell line, mouse CYC⁻
   G_i inhibiting adenylate cyclase,
   44:61, 64, 85
  G_s-α deficiency, **44:**60, 77, 85
  UNC, G_s lesion, **44:**85
Myc, apoptosis mediated by, **53:**151–153
myc oncogene, apoptosis and, **53:**9–11
Myelin, inositide metabolism in, **33:**546
Myoblasts
 IGFBPs and, **47:**65, 70, 79, 86
 laminins and, **47:**165

Myocytes, IGFBPs and, **47:**70
Myo-inositol lipid metabolism, **33:**530–532
 erythrocytes, **33:**552
 liver, **33:**549–550
 lymphocytes, **33:**551–552
 muscle, **33:**554–555
 nervous tissue, **33:**545–549
 pancreas, **33:**554
 platelets, **33:**552–553
 thyroid, **33:**550–551
Myo-inositol lipids, **33:**529–573
 analysis and distribution, **33:**539–543
 biosynthesis, **33:**531
 catabolism, **33:**531–532
 extraction and separation, **33:**533–536
  by chromatography, **33:**536–538
 molecular species, **33:**538–539
 physical properties, **33:**543–545
 structures, **33:**530–531
Myometrium
 biogenic amine effects, **31:**281–283
 catecholamine effects, **31:**282
 corticosteroid effects, **31:**280–281
 epinephrine effects, **31:**281–282
 estrogen and gestagen effects,
  31:258–280
 hormonal effects, **31:**257–303
 oxytocin effects, **31:**283–287
 progesterone in, **30:**243
 prostaglandin effects, **31:**290–294
 sorotonin effects, **31:**282–283
 vasopressin effects, **31:**287–290
Myosin, **41:**98–99
Myosin ATPase, **41:**98–99
Myosin light chain kinase, **41:**99–101
 in trachea, **41:**102
 uterine, **41:**103
Myxedema, pretibial, **38:**181–185

N

Na^+/Ca^+ exchanger, role in osteoclastic
 bone resorption, **46:**54–55
NAD, 11β-hydroxysteroid dehydrogenase
 and, **47:**200, 226, 232
NAD^+, Ca^{2+} release, **48:**201–202
NADase, relationship to cyclic ADP-
 ribose, **48:**216–218
NAD^+ glycohydrolase, relationship with
 cyclic ADP-ribose, **48:**216–218
NADH, production, as assay for CoA,
 46:185–186

NADP, 11β-hydroxysteroid dehydrogenase and, **47:**200, 241
  enzymology, **47:**226, 229–230, 232
  expression, **47:**216–217
NADPH, 11β-hydroxysteroid dehydrogenase and, **47:**209, 216–217, 230
Na$^+$/H$^+$ antiporter, role in osteoclast bone resorption, **46:**50–51
Naloxone
  in blood pressure regulation, **41:**39
  effect on schizophrenia, **41:**35
  experimental obesity and, **45:**13, 43, 69
  food intake and, **43:**9–10, 25, 53
  in thermoregulation, **41:**38
Naltrexone, food intake and, **43:**10
Natural killer cells, β-carotene intake effects
  cell number and function, **52:**50–51
  tumor lysing, **52:**48
NBTG, *see* Nitrobenzylthioguanoside
o-NCS-dihydropyridine, affinity labeling of 1,4-dihydropyridines
Necrosis
  cerebrocortical, in ruminants, **33:**488–489
  distinguished from apoptosis, **53:**2
Neonatal period, energy storage and energy balance in, **43:**5, 21
Neo-vitamin B$_{12}$, **50:**32
Nerve growth factor
  effect on cartilage, **33:**625
  experimental obesity and, **45:**46
Nerve growth factor inducible-B, cytochrome P450 steroid hydroxylase expression, **51:**357–358
Nerves
  CGRP distribution, **46:**141
  peripheral, substance P, **35:**234–236
Nervous system
  11β-hydroxysteroid dehydrogenase and, **47:**242–246
  substance P in, **35:**232–240
Nervous tissue
  IGF distribution and function, **48:**31–34
  inositide metabolism in, **33:**545–549
Neural cells, regulated membrane fusion in, **54:**208–212
Neural growth factor, in milk, **50:**112–113
Neural pathways, demonstration, **41:**10–11
Neurite outgrowth, laminins and, **47:**173–175, 178–179

Neuroanatomy, NPY, **54:**52–53
Neuroblastoma cells, IGFBPs and, **47:**5, 16, 57, 69, 78, 86
Neurochemical plasticity, adrenal steroid receptor subtypes, role, **51:**387–388
Neuroepithelial cells, IGFBPs and, **47:**57–58
Neurohormones, **41:**1, 13
  in hypophysial portal blood
    catecholamines, **40:**154–155
    peptide hormones, **40:**151–154
Neurohypophysial hormone receptors
  sequence relationship, **51:**257–258
  tissue distribution, **51:**255–257
Neurohypophysis, blood flow of, **40:**149–151
Neurological abnormalities, biotin and, **45:**369–371
Neurological disorders, pyrroloquinoline quinone role, **46:**263
Neuromodulator, **41:**30
Neuronal cells, laminins and, **47:**162
  biology, **47:**165–166, 168, 173–174
  intracellular signals, **47:**177, 179
Neurons
  ACTH effects, **37:**230
  atrophy, adrenal steroid role, **51:**388–391
  calcium channels
    G proteins and, **44:**168–169, 184–187
    neurotransmitters and, **44:**179–185
    protein kinase C and, **44:**188
  cultured, patch clamp technique, **41:**9
  hypothalamus, somatic recombination between vasopressin and oxytocin genes, **51:**247–249
  peptidergic, expression, **41:**16–17
Neuropeptides, *see also* Brain peptides
  experimental obesity and, **45:**78
    dietary, **45:**68
    genetic, **45:**42, 44, 46, 51
  function, **41:**3
  precursors, **41:**20–23
  processing, **41:**8
  synthesis, **41:**8
Neuropeptide Y
  antagonists, appetitive actions, **54:**53–54
  injection into PVN, **54:**51–52
  neuroanatomy and receptor substrates, **54:**52–53

quantitation *in vivo*, **54**:54–55
role in etiology of eating disorders, **54**:60–62
Neuropeptide Y_y, **41**:4
Neurophysins, **41**:3–4, 23
Neurospora crassa, 4′-phosphopantetheine-containing proteins, **46**:215
Neurotensin, **41**:4
  amino acid sequence, **39**:258–260
  distribution, **41**:27–28
  effect on phosphatidylinositol turnover, **41**:128
  in gonadotropes, **50**:272
  in milk, **50**:114–115
  in pain perception, **41**:32
  in temperature regulation, **41**:38
Neurotoxins, botulinum, **54**:209–210, 215–218
Neurotransmitter release
  by synaptic vesicle exocytosis, **54**:212–213
  synaptotagmin I effect, **54**:210–211
Neurotransmitters, **41**:1–3, 13
  Ca^{2+} channel function in neurons and, **44**:179–185
  CGRP effects on cardioacceleration, **46**:135
  definition, **41**:29–30
  experimental obesity and dietary, **45**:67–69
  hypothalamic, **45**:10–16, 28
  expression in neural tissues, ontogeny, **41**:16–17
  interaction with enkephalins, **36**:336–339
  pyrroloquinoline quinone and, **45**:247
Neurotrophin, mRNA, adrenal steroid effect, **51**:391
Neutral protease, release by osteoblastic cells, **46**:65–66
Neutral protein gelatinase, production by human bone cells *in vitro*, **46**:65
Neutrophils
  in lungs of cigarette smokers, **52**:54
  oxidative burst effect, **52**:40–41
  phosphatidylinositol turnover, **41**:122–125
NF-IL6, interaction with glucocorticoid receptor, **49**:80–81
NF-kB, interaction with glucocorticoid receptor, **49**:80

Niacin, requirements for acetic acid bacteria, **46**:237
Nicolaysen's endogenous factor, **32**:329–330
Nicotinamide nucleotides, in erythrocytes, in pellagra, **33**:512–514
Nicotinic acid
  deficiency, in pellagra, **33**:507–508
  metabolites, excretion in pellagra, **33**:509–511
  requirements for acetic acid bacteria, **46**:237
Nicotinic acid ribonucleotide, as product of tryptophan metabolism, **36**:54–57
Nidation, hormone antibody effects, **31**:192–193
NIDDM
  human ob gene role, **54**:4
  IGFBPs, **47**:43
  and insulin resistance, **54**:87–88
  leptin levels, **54**:9–10, 16
Nifedipine, effect on skeletal muscle
  Ca^{2+} currents and tension development, frog, **44**:235
  charge movement and, frog, rabbit, **44**:236–237
Nimodipine, binding to Ca^{2+} channel receptor, **44**:157–158, 203
  (+)-*cis*-diltiazem and, **44**:203, 214–215, 218
  divalent cations and, **44**:212, 214–216, 218
  NBTG and, **44**:158
  temperature and, **44**:206
Nitrendipine
  binding to Ca^{2+} channel receptor, **44**:156
  Ca^{2+} currents in cardiac cells and, **44**:167–168
  photoaffinity labeling of 1,4-dihydropyridine receptors, **44**:261–262
Nitric oxide, synthesis, **48**:220–221
Nitrile hydratase
  identification as quinoprotein, **46**:234
  origins, **46**:231
  pyrroloquinoline quinone prosthetic group, **46**:231
Nitroalkane oxidase
  origins, **46**:231
  pyrroloquinoline quinone prosthetic group, **46**:231, 234

Nitroanisoles, photoaffinity attaching functions, **41**:225
Nitrobenzylthioguanoside, competition with nimodipine binding, **44**:158
Nitrogen–cobalt bond, **50**:29
Nitrous oxide, effect on cobalamins, **50**:52–53
NMR, *see* Nuclear magnetic resonance
N-Nitrosomethylurea, IGFBPs and, **47**:338–340
Nocturnal rise, leptin secretion, **54**:16–17
Nonapeptide receptors, **51**:251–258
  homologies, **51**:253–254
  molecular cloning, **51**:252–253
  phylogeny, **51**:257–258
  physiological roles, **51**:251
  structure, **51**:253–255
  tissue distribution, **51**:255–257
Nonconsensus response elements, *in vivo* recognition, **49**:29
Non-insulin-dependent diabetes mellitus, *see* NIDDM
Nonintegrins, laminins and, **47**:174–175
Nonsuppressible insulin-like activity, effects on cartilage, **33**:600–604
Norepinephrine, **41**:2, 30–31
  brown fat and, **43**:21
  Ca^{2+} channel and, **44**:184–185
  dietary obesity and, **45**:68–72, 75, 78
  effects
    erythropoietin biogenesis, **31**:134
    phosphatidylinositol 4,5-bisphosphate labeling, **41**:125
    phosphatidylinositol turnover, **41**:131
  experimental obesity and, **45**:78, 84
  genetic obesity and, **45**:46–47
  hypothalamic obesity and
    afferent systems, **45**:19
    controlled systems, **45**:28
    controller, **45**:10–13, 15
    efferent control, **45**:21–24, 27
  physical training and, **43**:25, 41–42
  synthesis, **42**:127–131
NPY, *see* Neuropeptide Y
NPY-Y1 receptor, knockdown, **54**:55–56
NRK cells, breast cancer and, **45**:140–141
NSC-45388, in prostatic cancer therapy, **33**:161–164, 169–170
Nu-Butyrate, **43**:236
Nuclear accessory factor, vitamin D, **49**:292–294
Nuclear hormone receptors

AF-2 cofactors, **54**:143–144
  cross-talk with, **54**:139–152
  PPARs belonging to, **54**:122–126
Nuclear import, steroid receptors, **51**:317–323
  mechanisms, **51**:320–323
  nuclear localization signal sequence, **51**:317–320
Nuclear localization signals, **49**:403–404
  steroid receptors, sequence, **51**:317–320
Nuclear magnetic resonance, pyrroloquinoline quinone and, **45**:228, 230, 234
Nuclear receptors
  conserved residues, **49**:38
  domain structure, **51**:268
  half-site spacing recognition, **49**:26–28
  orphan, **54**:155
  variable hinge domain, **54**:124
Nuclear translocation, glucocorticoid receptor, **49**:64–65, 71
Nucleocytoplasmic shuttling, **51**:323–333
Nucleolus, prostate epithelial cells, RNA synthesis, **33**:25–27
Nucleotide pyrophosphatase, dephospho-CoA pyrophosphatase and, **46**:200
Nucleotides, *see also* Cyclic nucleotides; Decanucleotides
  biotin and, **45**:350
  calcium homeostasis in birds and, **45**:180, 182–183
  effects on erythropoietin biogenesis, **31**:135–137
  folypolyglutamate synthesis and, **45**:263
  folate, **45**:275
  folypolyglutamate synthetase, **45**:301–302, 309–310
  11β-hydroxysteroid dehydrogenase and, **47**:211, 242
    enzymology, **47**:227, 229–230, 232
    expression, **47**:216–217
    properties, **47**:200, 206
  IGFBPs and, **47**:70
    expression *in vivo*, **47**:33–34
    genes, **47**:5, 9–12, 14, 16–18
    laminins and, **47**:177, 179
    in milk and colostrum, **50**:117–118
    zona pellucida and, **47**:128
Nucleotide sequences, inhibin cDNA, **44**:15–19

Nucleus
  biphasic response to insulin, **41**:62–63
  interaction with dihydrotestosterone-receptor complexes, **33**:308–309
  regulated accumulation of proteins in, **42**:201–203
Nucleus accumbens, experimental obesity and, **45**:7, 12–13
Null mutant, studies of NPY knockout, **54**:56
nur77, *see* Nerve growth factor inducible-B
Nutritional status, pantothenic acid, **46**:169–170

O

Obesity, *see also* Energy balance
  adipose tissue ob mRNA expression, **54**:5
  characterization, **43**:79–81
  cognitive skills and, **43**:65
  dietary, *see* Dietary obesity
  experimental, *see* Experimental obesity
  factors promoting, **43**:50–79
  hypothalamic, *see* Hypothalamic obesity
  leptin measurements, **54**:5–7
  mammary tumors and, **34**:123
  models, **54**:2–3
    PTPase assays, **54**:83–84
  reduced facultative thermogenesis and, **43**:66–79
  social attitudes toward, **43**:51
  truncal, **43**:19–20
ob gene
  expression in adipose tissue, **54**:2–3
  insulin and cortisol effects, **54**:14–15
  mutation, and linkage studies, **54**:3–5
Obligate heat, **43**:4, 13–15
Obligatory metabolic costs, **43**:13–15
Oct-1, **49**:81
Oct-2A, **49**:81
Octopus, photoreceptors, G proteins, **44**:73
OFA, *see* Osteoclast functional antigen
1,25-$(OH)_2D_3$, *see* 1,25-Dihydroxyvitamin D_3
25-(OH)D-1-hydroxylase inhibitor, and vitamin D-binding protein, **37**:38–39
Okadaic acid, potentiation of CIF, **54**:103–104
Oligodeoxynucleotides, antisense, **53**:85–86

Oligonucleotides
  antisense, **48**:81–83
    studies of NPY receptor, **54**:55–56
  IGFBPs and, **47**:11, 38
Oligosaccharides
  bovine rhodopsin, NMR, **46**:12
  complex and hybrid, in D_2-dopaminergic receptors, **46**:9
  complex N-linked, in adrenergic receptors, **46**:8–9
  N-linked, role in TSHR expression, **50**:316–317
  zona pellucida and, **47**:132–133, 136
Omeproazole, effects on osteoclastic bone resorption, **46**:49–50
Onapristone, **52**:112–113
Oncogenes, *see also* Protooncogenes
  Bcl-2, and apoptosis, **53**:11–13
  Bcr-Abl, 14-3-3 protein-regulated, **52**:165–166
  breast cancer and, **45**:138, 140, 142, 151
  definition, **49**:438
  E7 and E6, human papillomavirus, p53-dependent apoptosis, **53**:149–150
  effect on radiation-induced apoptosis, **53**:14–16
  genetic mutations, **49**:438
  gip2, **51**:140
  myc, and apoptosis, **53**:9–11
  related to cAMP signaling cascade, **51**:136–140
Oncoproteins, CREB, CREM, and ATF-1, **51**:42–43
One-carbon metabolism,
  folypolyglutamate synthesis and, **45**:263, 265, 321–322
  distribution, **45**:317–318, 320–321
  folate, **45**:265–275
  folate-binding proteins, **45**:291–292
  folypolyglutamate synthetase, **45**:299, 306
  role, **45**:276, 280–282, 287–288
  in vivo effects, **45**:294–295, 298
Oocytes, *see also* Zona pellucida
  donor, **43**:259–260
  maturation in culture, **43**:270
  meiosis, cAMP-dependent prophase block, **51**:81
  in study of Ca^{2+} influx, **54**:103–106
Oophorectomy, breast cancer and, **45**:127–128

Open reading frames, zona pellucida and, **47**:123, 138–139
Opiates, experimental obesity and, **45**:14, 43, 69
Opioid peptides, *see also* Endorphins; Enkephalins; Lipotropin
  blood pressure regulation, **41**:39
  effects on neurotransmitters, **36**:340–341
  in feeding behavior, **41**:36–37
  identification, **36**:303–306
  radioimmunoassay, **36**:306–313
  role
    pain perception, **41**:32
    psychiatric disease, **41**:34
    temperature regulation, **41**:38
Opioids
  effect on memory, **37**:207–210
  experimental obesity and, **45**:14, 16, 44
Oral contraceptives
  effects
    LH and FSH regulation, **30**:118
    sex attractant acids, **34**:180
    vitamin B_6 metabolism, **36**:54–80
      deficiency data, **36**:63–69
    hypertriglyceridemia from, **36**:75
    mental depression from, **36**:72–75
    presence in breast milk, **50**:97–98
Orexigenic effect, NPY, **54**:52–53
Organ culture, prostate, androgen effects, **33**:1–38
Orphan nuclear receptors, **54**:155
Orphan receptors
  cloning, **46**:2
  NH_2-terminal domains devoid of N-X Ser-Thr glycosylation, **46**:9
Oscillation, calcium homeostasis in birds and, **45**:202–206
Osmotic shock, effects of pantothenic acid transport, **46**:184–185
Osteoblasts
  in bone formation process, **52**:63
  calcium homeostasis in birds and, **45**:184, 188, 195–196
  CGRP receptors, **46**:126
  factors involved in proliferation and differentiation
    local, **52**:69–76
    systemic, **52**:65–69
  general characteristics, **52**:64

IGFBPs and
  biology, **47**:78, 83–84, 87
  regulation *in vitro*, **47**:64, 67
  initiation of resorptive activity in osteoclasts, **46**:63–64
  modulation of resorptive activity, **46**:68–72
  neutral protease release, **46**:65–66
  osteopontin production, **46**:44
  procollagenase production, **46**:53
  systems for *in vitro* study, **52**:64–65
  vitamin D target, **49**:299–300
Osteocalcin, **50**:91, *see also* Bone Gla protein
  γ-carboxyglutamate in, **35**:79–80
Osteochondrodysplasia, in PTHrP-negative mice, **52**:181, 184
Osteoclast functional antigen
  binding to extracellular ligands in bone, **46**:43–44
  immunoprecipitation, **46**:42–43
  location, **46**:43
  mediation of transmembrane linker effects, **46**:43
  role in osteoclast attachment, **46**:43
Osteoclast-like cells, in human bone marrow cultures, **46**:57–58
Osteoclasts
  adhesion to bone surface, **46**:42–44
  amylin receptor, **46**:130–131
  autocrine–paracrine factors stimulating, **52**:80–84
  bone resorption
    amiloride effects, **46**:50
    bafilomycin A effects, **46**:50
    bone slice assay, **46**:47
    calcitonin effects, **46**:123–124
    calcium role, **46**:54–55
    carbonic anhydrase role, **46**:44–48
    CGRP effects, **46**:125
    Cl^-/HCO_3^--exchange effects, **46**:48–49
    collagenase production, **46**:53
    dependence on neutral protease secretion, **46**:66
    DIDS effects, dependence on neutral protease secretion, **46**:51–52
    dimethylamiloride effects, **46**:50
    distinct processes of, **46**:65–66
    H^+,K^+-ATPase role, **46**:50–51
    induction, **46**:62–68
    inhibition by

acetazolamide, **46:**46–47
ethoxzolamide, **46:**46–47
monoclonal antibody 13C2,
  46:42–43
in vitro, **46:**120
in vivo, **46:**119–120
Na^+/Ca^+ exchanger role in,
  46:54–55
Na^+/H^+ antiporter role, **46:**50–51
omeproazole effects, **46:**49–50
osteoblast neutral protease role,
  46:65–66
osteoclast-derived proteinase role,
  46:52–54
osteoclast resorption-stimulating
  activity, **46:**69–70
proton role, **46:**48–52
proton transport systems in,
  46:48–52
PTH-stimulated organ culture
  experiments, **46:**44–47
SITS effects, **46:**51–52
calcitonin effects, **46:**43, 46
  direct response to, **46:**68–69
  mediation by G proteins, **46:**128–131
  Q & R effects, **46:**128–131
calcitonin receptors, **46:**117
calcium homeostasis in birds and,
  45:184–186, 196
effects of contact with bone mineral,
  46:64
formation, regulation, **46:**55–62
general characteristics, **52:**76–77
hormones affecting function and
  formation, **52:**78–80
life span, **46:**55
lineage, **46:**56–57
local inhibitory factors, **52:**84–86
migration
  adhesion systems, **46:**63
  during bone resorption, **46:**55
motility
  calcitonin effects, **46:**120–121
  cholera toxin effects, **46:**130–131
  pertussis toxin effects, **46:**130–131
podosomes
  calcium effects, **46:**43
  location, **46:**42–43
postmenopausal increase in activity,
  52:100
post-receptor signaling in, **46:**145
precursors, **46:**62
response to cytokines, **46:**70–72
sealing zones, **46:**42–43
secretory activity, calcitonin effects,
  46:121
spread area
  cholera toxin effects, **46:**130–131
  pertussis toxin effects, **46:**130–131
stimulation, osteoblast-derived
  mediators of, **46:**71
Osteocytes
  calcitonin effects *in vivo*, **46:**124
  calcium homeostasis in birds and,
    45:196
Osteomalacia, **46:**66
Osteopenia
  excess glucocorticoid role, **52:**68
  insulin deficiency and incidence in,
    52:68
Osteopetrosis, **43:**123–124
  carbonic anhydrase II deficiency in,
    46:47
  op/op mouse, **46:**60–61
Osteopontin
  extracellular recognition ligand in bone,
    46:44
  immunolocalization, **46:**44
  production by osteoblasts, **46:**44
Osteoporosis, estrogen deficiency in,
  52:67, 100
Osteosarcoma, IGFBPs and, **47:**55–56,
  68
  biology, **47:**77–80
  genes, **47:**15, 17–19, 68
OTF-1, **49:**81
Ovarian carcinomas, Bcl-2 expression,
  53:119–120
Ovarian hormones, effects
  endometrial receptivity, **31:**225–227
  ovoendometrial relationships,
    31:222–236
  ovoimplantation, **31:**214–217
Ovarian steroid hormone receptors, *see
  also* Estrogen receptors; Progesterone
  receptors
  antagonists, **52:**109–120
  and agonists, **52:**110–117
  molecular chaperones and, **52:**167
  as transcription factors, **52:**107–109
Ovariectomy, effect on monkey
  communication, **34:**144–146

Ovary
andregen-binding protein and sex hormone-binding globulin expression, **49**:259
calcium homeostasis in birds and, **45**:206
development, **43**:149
estrogen synthesis in, **30**:245
follicular granulosa cells, cAMP-mediated positive growth control, **51**:88–89
11β-hydroxysteroid dehydrogenase, **47**:200
IGFBPs, **47**:56, 78
 expression *in vivo*, **47**:38–39
 genes, **47**:15, 19
 regulation *in vivo*, **47**:48, 52
IGF expression, **48**:28–29
in vivo patterns of Bcl-2 family gene expression, **53**:119–121
steroid hormone biosynthetic pathways, **51**:344
steroidogenesis in, **36**:461–590
steroid synthesis, **49**:144
stimulation studies, **43**:262, 265–270
zona pellucida and, **47**:116–123, 140
Overfeeding
effect on leptin levels, **54**:13–14
studies, **43**:28–45
 with obese subjects, **43**:65–79
Oviduct, estrogen-induced development, vitamin A and, **38**:16–30
Ovine thyroid cells, IGFBPs and, **47**:65, 67
Ovoimplantation
biology, **31**:203–214
hormonal control, **31**:201–256
hormone recognition and transcriptional events, **31**:236–242
hypothalamohypophyseal control, **31**:217–222
initiation, **31**:207–214
ovarian hormone effects, **31**:214–217
Ovomucoid, estrogen regulation, **36**:287–288
Ovulation
gonadal steroid antibody effect, **36**:188–191
zona pellucida and, **47**:116, 141
 development, **47**:123, 125, 127
 functions, **47**:131–131
22-Oxa-1,25-dihydroxyvitamin D_3, **49**:308

Oxidants, *see also* Antioxidants
free, ascorbic acid scavenging, **52**:10–12
immune-generated, **52**:40–41
18-Oxidase, **42**:350
Oxidases, pyrroloquinoline quinone and, **45**:246–247
Oxidation, *see also* Auto-oxidation; Lipid peroxidation
alcohol effect, **54**:40–42
biological, vitamin E role, **30**:59–61
biotin, **45**:339, 371
experimental obesity and, **45**:3, 75, 77
 dietary, **45**:61–62, 74–75
hypothalamic, **45**:15
folypolyglutamate synthesis and folate, **45**:265, 268–270, 272, 274
role, **45**:285, 296
LDL
 mechanisms, **52**:5–9
 questions for future research, **52**:26
 vitamin C supplementation and, **52**:21–22
 vitamin E and, **52**:14–27
products, vitamin B_{12}, **50**:32
pyrroloquinoline quinone
 cofactor research, **45**:227
 distribution, **45**:243, 246–247
 properties, **45**:235
Oxidation, 11β-hydroxysteroid dehydrogenase and, **47**:189
developmental biology, **47**:206–213
enzymology, **47**:225–226
expression, **47**:216–218
function, **47**:233, 235, 239–242, 246–247
lower vertebrates, **47**:215
properties, **47**:190–191, 194–195, 198, 201, 204–206
Oxidative modification hypothesis, atherosclerosis pathogenesis, **52**:26
Oxidative phosphorylation, vitamin E role, **30**:59–61
Oxidative stress
immune response, assessment
 invasive measures, **52**:38
 noninvasive measures, **52**:37–38
increased, antioxidant status, **52**:55–56
Oxidoreductase, pyrroloquinoline quinone and, **45**:224–226
Oxidoreduction, 11β-hydroxysteroid dehydrogenase and, **47**:208, 210, 215–216

Oxiranes, electrophilic attaching
  functions, **41**:223
6-Oxoestradiol, **41**:229–230
  estrogen receptor affinity labeling,
    41:217–218
17β-(1-Oxo-2-propynyl)androst-4-en-3-one,
  41:259
Oxoreductase, 11β-hydroxysteroid
  dehydrogenase and, **47**:191
Oxoreduction, 11β-hydroxysteroid
  dehydrogenase and, **47**:189–190, 199,
  209, 214
Oxygen, 11β-hydroxysteroid
  dehydrogenase and, **47**:188, 205, 207
Oxygenation, 11β-hydroxysteroid
  dehydrogenase and, **47**:192, 246
Oxygen binding, cytochrome P450,
  49:136
Oxygen singlet, micronutrients active
  against, **52**:36–37
Oxyntomodulin, partial sequence,
  39:261–262
Oxytocin, **41**:2–4, **51**:235–258, *see also*
  Nonapeptide receptors
  distribution, **41**:27–28
  effects on myometrial activity,
    31:283–287
  experimental obesity and, **45**:6
  fetal production, **31**:286–287
  gene expression and regulation
    gene promoters, putative regulatory
      elements, **51**:241–242
    transgenic animals, **51**:239–240
  gene family, **51**:249–251
  in milk, **50**:83
  mRNA
    axonally localized transcripts,
      51:244–246
    dendritic transcripts, **51**:244
  in pain perception, **41**:32
  precursor, **41**:20, 23
  role in parturition, **30**:266–268
  in smooth muscle contraction, **41**:99
  somatic recombination with vasopressin
    genes in hypothalamic neurons,
    51:247–249

P

p23, co-chaperone for hsp90, **54**:192
p35
  baculovirus, **53**:36

  cysteine protease inactivator,
    53:182–183
  gene, apoptosis and, **53**:7–9
  inactivation, viral proteins, **53**:180
  mediated modulation of transcription,
    53:160–162
  potential role in controlling Bax
    expression, **53**:120–121
  as transcriptional repressor of Bcl-2,
    53:122
p53 tumor suppressor protein
  biochemical properties
    structural domains, **53**:140–142
    target genes, **53**:142
  biological properties
    cell cycle control, **53**:143
    checkpoint control function,
      53:143–144
    mediated apoptosis and tumor
      suppression, **53**:144–145
  transactivation, **53**:142
p59
  associated with steroid hormone
    receptors, **54**:178–180
  in nonactivated glucocorticoid receptor,
    54:175
Paget's disease
  calcitonin as therapeutic agent,
    52:79–80
  and interleukin-6, **52**:83–84
Palatability, experimental obesity and,
  45:57–58, 60, 76
Palmitate, effect on CoA levels, **46**:200
Palmitoylation, G protein-coupled
  receptors, **46**:12–14
Pancreas
  ascorbic acid in, **42**:3, 49–51
  experimental obesity and
    dietary, **45**:59, 64, 71–72
    genetic, **45**:44, 48–52
    hypothalamic, **45**:16, 26, 28
  gastrin localization, **32**:67–68
  inositide metabolism, **33**:554
  secretion, and gastrointestinal
    hormones, **39**:311–313
Pancreatic hormones
  in milk, **50**:98–99
  secretion, substance P effect, **35**:263
Pancreatic polypeptide, in pain
  perception, **41**:32
Pantetheinase, in intestinal cells, **46**:175
Pantetheine, hydrolysis, **46**:174–175

Pantethine, inhibition of pantothenic acid uptake, **46**:179
Pantoic acid, pantothenic acid synthesis from, **46**:182–184
Pantothenase, metabolism of pantothenate to β-alanine and pantoic acid, **46**:201
Pantothenate kinase
  inhibition by CoA, **46**:188–189
  phosphorylation of pantothenic acid, **46**:185–192
  as rate-limiting step in CoA biosynthesis, **46**:190–191, 203
Pantothenate metabolism
  alcoholism effects, **46**:206–207
  to β-alanine and pantoic acid, **46**:201
  hormone-induced alterations, **46**:202–205
  medium chain acyl CoA dehydrogenase deficiency effects, **46**:208
  Reye's syndrome effects, **46**:208
  in tumor-bearing animals, **46**:207
  vitamin B_{12} deficiency effects, **46**:208
Pantothenic acid
  absorption, **46**:174–176
  as acyl carrier protein of fatty acid synthetase, **46**:210–214
  assays, **46**:167, 172–174
  bacterial production in mammalian intestine, **46**:175
  bioavailability in humans, **46**:167–169
  cellular transport, **46**:178–182
  conversion to CoA, ethanol effects, **46**:177
  deficiencies, **46**:170–172
  de novo biosynthesis in rumens, **46**:176
  dietary requirements, **46**:167–170
  dietary sources, **46**:167–170
  distribution, **46**:176
  history, **46**:166
  intake, **46**:169
  metabolites, urinary, **46**:178
  microbial metabolism, **46**:182–185
  nutritional status, **46**:169
  phosphorylation by pantothenate kinase, **46**:185–192
  precursors, **46**:182–184
  requirements for acetic acid bacteria, **46**:237
  tissue contents, hormonal control, **46**:176
  urinary excretion, **46**:169, 176–178
Parabiosis, experimental obesity and, **45**:18, 33, 35
Paracoccus denitrificans, methylamine oxidase respiratory chain, **46**:257
Paradoxical binding, IGFBPs and, **47**:85
Parasympathetic nervous system, experimental obesity and
  dietary, **45**:70
  genetic, **45**:35, 48–50
  hypothalamic, **45**:21–22
Parathormone, *see* Parathyroid hormone
Parathyroid cells, calcium homeostasis in birds and, **45**:174, 189
Parathyroid gland
  calcium homeostasis in birds and, **45**:175, 179, 185, 190, 192
  in calcium metabolism, **32**:141
Parathyroid hormone
  biosynthesis and processing, **43**:289–290
  calcium homeostasis in birds and, **45**:175, 179, 186, 188–189
  action, **45**:183–185
  controlling systems, **45**:196–197, 201
  gland, **45**:179
  reproduction, **45**:208
  secretion, **45**:180–183
  simulated oscillatory behavior, **45**:204, 206
  structure, **45**:180
  in calcium regulation, **32**:315
  chemistry, **43**:285–286
  cyclic nucleotide role in secretion
    agents modifying nucleotides and secretion, **38**:211–223
    development of dispersed parathyroid cell preparations, **38**:210–211
    early evidence for involvement, **38**:209
    limitations of intact organ preparations, **38**:209–210
    mechanisms mediating cAMP effect, **38**:226–228
    mechanisms regulating cellular nucleotides, **38**:223–226
    parathyroid anatomy and physiology, **38**:206–209
  cyclic nucleotides in extracellular fluid, **38**:244–245
  effects
    calcium metabolism in lactation, **37**:305–309
    cartilage, **33**:625–627

erythropoietin biosynthesis, **31**:142–143
isolated osteoclasts, **46**:69
function, **43**:283–285
IGFBPs and, **47**:68
intracellular degradation, **43**:293–295
mechanism of action in bone, **38**:239–240
  adenylate cyclase activity, **38**:241–242
  cAMP responses in skeletal tissue, **38**:242–243
  cell types involved, **38**:240–241
  cyclic nucleotide phosphodiesterase and protein kinases, **38**:242
mechanism of action in kidney
  activation of enzyme and transport processes in renal tubule, **38**:235–236
  adenylate cyclase, mechanism of coupling and activation, **38**:234
  cAMP accumulation and effects on protein kinase, **38**:234–235
  receptors, **38**:230–234
in milk, **50**:92
osteoblast activity and, **52**:65–66
osteoclast activity and, **52**:78
packaging and storage, **43**:291–293
physiological precursors, **43**:286–287, 290–291
secretion, **43**:296–297
stimulation of carbonic anhydrase activity, **46**:46
structure, **43**:286
Parathyroid hormone gene, **43**:288
Parathyroid hormone–PTHrP receptor, and PTHrP, expression in fetal tibia, **52**:187–190
Parathyroid hormone-related peptide
abnormal levels, disorders caused by, **52**:190–191
in bone cell proliferation, **52**:75–76
description, **52**:177–179
in milk, **50**:92
and PTH–PTHrP receptor, expression in fetal tibia, **52**:187–190
Parathyroid hormone-related peptide-negative mouse
phenotype
  histological findings in bone tissue, **52**:184–187
  homozygous, perinatal lethality, **52**:181

PTHrP and PTH–PTHrP receptor expression, **52**:187–190
  skeletal abnormalities, **52**:181–184
  strategy for generating, **52**:179–181
Paraventricular hypothalamic nucleus, NPY injection, **54**:51–52
Paraventricular nucleus
  dietary obesity and, **45**:65–68
  experimental obesity and, **45**:90
    afferent signals, **45**:76
    controller, **45**:78
    mechanism, **45**:82–86
  genetic obesity and, **45**:33, 46
  hypothalamic obesity and, **45**:5–6
    afferent signals, **45**:17, 19–20
    controller, **45**:7, 9–14, 16
    efferent control, **45**:20–22, 24, 26–27
Partial yolk sac cells, laminins and, **47**:162
Parturition
  estrogen role, **30**:320–321
  glucocorticoid role, **30**:260–262
  initiation, **30**:250–268
    in abnormal gestation, **30**:265–266
    uterine volume and, **30**:264–266
  oxytocin role, **30**:266–268
  progesterone levels, **30**:340
PC12 cells, SNARE proteins, **54**:214
PDGF, *see* Platelet-derived growth factor
Pellagra
  amino acid imbalance, **33**:505–528
  biochemical changes in, **33**:509–514
  copper metabolism in, **33**:522
  etiology, **33**:506–509
  leucine excess in, **33**:515–517
  leucine-isoleucine imbalance, **33**:523
  leucine role, **33**:509
  mental changes in, **33**:517–521
    biochemical basis, **33**:519–521
  nicotinic acid deficiency in, **33**:507–508
  skin in, **33**:521–522
Penicillin, inhibition of pantothenic acid secretion, **46**:177
Penicillium cyclopium, b-cyclopiazonate oxidocyclase in, **32**:18–19
Penis, development of, **43**:152–153
Pentagastrin, description and properties of, **32**:56
Pepsin, secretion, **39**:306–311
Peptidase, in neural tissue, **41**:25–26
Peptide histidine methionine, in milk, **50**:115

Peptide hormones
  in hypophysial portal blood, **40:**151–154
  purpose, **52:**143–144
  in steroidogenesis
    acute action, **52:**130–133, 144
    chronic action, **52:**134–143
    future research directions,
      52:144–145
    role in gene transcription, **52:**129–130
  TGF-β family, **48:**114–115
Peptide motifs, conserved, in
    RIP140–PPAR contact, **54:**149–150
Peptides
  biotin and, **45:**352, 355
  breast cancer and, **45:**144, 148–149
  calcium homeostasis in birds and,
    45:179–180, 183, 185
  carboxylation, vitamin K-dependent,
    35:81–89
  endothelin family, **48:**159–160
  experimental obesity and, **45:**2, 77, 83,
    89
    dietary, **45:**67–69
    genetic, **45:**40–47
    hypothalamic, **45:**19, 26
    hypothalamic controller, **45:**10,
      13–14, 16
  folypolyglutamate synthesis and,
    45:263, 265, 310
  invertebrate, **41:**3–4, 13, 15
  memory modulation by, **37:**153–241
  pyrroloquinoline quinone and, **45:**121,
    251
  sequence conservation, TGF-b type III
    receptors, **48:**121–123
Peptide sequences, calcitonin–CGRP,
  comparison, **46:**96
Perfusion, prostate, methods for,
  33:195–199
Perhydromonoene retinyl phosphate,
  structure, **35:**22
Perichromatin granules, prostate
  epithelial cells, RNA synthesis,
  33:27–29
Peripheral blood, corticotropin-releasing
  factor, **37:**123–125
  hypothalamic, **37:**138–141
Peripheral nerves, substance P in,
  35:234–236
Peripheral nervous system, cAMP-
  mediated positive growth control,
  51:90–91

Peritubular cells, hormonal stimulation,
  34:198–199
Permease theory, aldosterone and,
  38:88–94
Peroxidases
  defective, **39:**220–223
  different, relative properties of,
    39:189–191
  thyroid, **39:**176–178
Peroxisome proliferator-activated
    receptors
  activation, **54:**132–138
  activation domains, **54:**142–143
  gene expression, **54:**153–155
  signal transduction pathway,
    54:138–139
  subtypes, **54:**121–122, 126–132
Peroxisome proliferator response element
  localization, **54:**122
  PPAR–RXR synergy via, **54:**140–141
  in signal transduction pathway,
    54:138–139
Pertussis toxin
  ADP ribosylation of G protein,
    44:57–58, 66–67
  effects on osteoclast motility and spread
    area, **46:**130–131
  induction of prolonged elevation of
    cAMP levels, **51:**67–68
PFF, *see* Porcine follicular fluid

P

pH
  biotin, **45:**356
  breast cancer and, **45:**135, 145
  calcium homeostasis in birds and,
    45:190
  folypolyglutamate synthesis and,
    45:291, 302, 310–311, 319
  optimum, 11β-hydroxysteroid
    dehydrogenase and, **47:**201–203
  pyrroloquinoline quinone and, **45:**233,
    238
Phenotype
  breast cancer and, **45:**140, 143, 156–157
  experimental obesity and, **45:**30, 53
  folypolyglutamate synthesis and,
    45:264, 296, 300
  11β-hydroxysteroid dehydrogenase and,
    47:232

laminins and, **47**:166, 168, 171–172
zona pellucida and, **47**:117–118, 120, 146
Phenotypic markers, differentiated osteoblasts, **52**:65
Phenotypic sex, establishment of, **43**:150–154
Phentolamine, effect on relaxin-dependent uterine cAMP increase, **41**:104
Phenylalkylamine receptors
 affinity labeling, **44**:260
 divalent cation inhibition, kinetics, **44**:216–219
 photoaffinity labeling
  with arylazide [*N—methyl—*^{3}H]LU 49888, **44**:275–281
  with non-arylazides, **44**:263
 in skeletal muscle
  density, **44**:283
  reversible binding properties in purified preparations, **44**:289–290
Phenylalkylamines
 binding to Ca^{2+} channels, **44**:191
 effects on Ca^{2+} currents, skeletal muscle, **44**:244–245
 structures, **44**:194
o-Phenylenediamine, **42**:11
Phenylephrine, effect on phosphatidylinositol turnover, **41**:128
Phenylethanolamine *N*-methyltransferase, **42**:131–134
Phenylmethylsulfonyl fluoride, IGFBPs and, **47**:62
Pheochromocytoma, **41**:197
p48/Hip, in receptor heterocomplex assembly, **54**:191–192
Phloretin, binding to glucose transporter, **44**:110
p60/Hop, effect on heterocomplex assembly, **54**:191, 193
Phorbol esters, tumor growth inhibition, **51**:128
Phorbol myristate, **41**:141
Phorbol 12-myristate, laminins and, **47**:177–178
Phorbol myristate acetate
 Ca^{2+} channel regulation, **44**:188
 protein kinase C activation, **44**:186, 188
Phosphatases, **42**:227–229
 inactivation of Raf, preventive role of 14-3-3 protein, **52**:162–163

transcriptional transactivation mechanisms, **51**:17
Phosphate
 calcium homeostasis in birds and controlling systems, **45**:197, 199
 regulating hormones, **45**:179, 183–184, 187, 191
 folypolyglutamate synthesis and, **45**:265, 303, 307
 pyrroloquinoline quinone and, **45**:247–248
Phosphatidic acid
 in phosphatidylinositol turnover, **41**:117–160
 turnover, **41**:117
Phosphatidylinositol
 breakdown
  in blowfly salivary glands, **41**:118–119, 150–151
  effect of serotonin, **41**:147
  in hepatocytes, **41**:149
 chemical synthesis, **33**:532–533
 exchange between membranes, **33**:556–557
 history, **41**:120
 metabolism, **33**:545–546
 synthesis, inhibition, **41**:118
Phosphatidylinositol 4,5-bisphosphate
 in adrenal medulla, **41**:136
 degradation, **41**:132–135
Phosphatidylinositol 4-phosphate, **41**:70–71
 in adrenal medulla, **41**:136
Phosphatidylinositol turnover
 adrenal glomerulosa cells, **41**:137–138
 adrenal medulla, **41**:135–137
 blowfly salivary glands, **41**:144–150
 brain synaptosomes, **41**:122–125
 hepatocytes, **41**:129–135
 hormonal activation, **41**:117–160
 macrophages, **41**:122–125
 mast cells, **41**:122–125
 neutrophils, **41**:122–125
 plasma membrane activation and, **33**:560–566
 platelets, **41**:139–144
Phosphatidylserine, **41**:70–71
Phosphoenolpyruvate carboxykinase, glucocorticoid regulation, **36**:274
Phosphoenolpyruvate-pyruvate substrate cycle, in hormonal control of gluconeogenesis, **36**:403–430

Phosphofructokinase
  in hepatic gluconeogenesis, **36**:439–441
  properties, **36**:447
Phosphoinositidase, **48**:27
Phosphoinositide
  breakdown
    feature, **41**:151–152
    G_{pi}-protein role, **44**:65–67
  hydrolysis, GnRH receptor uncoupling, **50**:166–167
  turnover, **41**:117–160
Phospholipase A_2, activity, and 14-3-3 protein z isoform, **52**:158
Phospholipase C, **41**:18, 122, 149
  glucose transport and, **44**:129, 131
  and inositol *tris*-phosphate, calcium redistribution, **46**:132
Phospholipases, activation by endothelin, **48**:171–172, 180
Phospholipid, in insulin action, **41**:70–71
4'-Phosphopantetheine
  breakdown to pantetheine by phosphatase, **46**:200–201
  recycling in *E. coli*, **46**:204
  turnover rate in mammalian tissues, **46**:213–214
4'-Phosphopantetheine adenyltransferase
  catalysis of CoA synthesis, **46**:193
  metabolism of pantothenate-containing compounds, **46**:213
  in mitochondrial fraction of liver cells, **46**:194
4'-Phosphopantotheine
  CoA synthesis from, **46**:193
  synthesis from 4'-phosphopantothenate, **46**:192–193
4'-Phosphopantothenate, 4'-phosphopantotheine synthesis from, **46**:192–193
4'-Phosphopantothenoyl cysteine decarboxylase, action on 4'-phosphopantothenoyl cysteine, **46**:192–193
4'-Phosphopantothenoyl cysteine synthetase, **46**:192
Phosphoproteins
  IRS-I, **48**:12
  pp70, **48**:12
  steroid receptors as, **51**:291–292
Phosphorus
  calcium homeostasis in birds and, **45**:186, 194, 201
  metabolism, vitamin D regulation, **37**:3
Phosphorylated retinoids
  chemical synthesis, **35**:23–24
  structures, **35**:22
Phosphorylation, **51**:289–307, *see also* Autophosphorylation; Dephosphorylation
  androgen receptor, **49**:404–405
  breast cancer and, **45**:138, 145
  in control of enzyme activity, **41**:103
  folypolyglutamate synthesis and, **45**:303
  glucocorticoid receptor, **49**:84
    DNA-binding domain, **49**:58–59
  G protein-coupled receptors, **46**:14–15
  IGFBPs and, **47**:2, 28, 76, 81–82, 88
  laminins and, **47**:177
  MAP kinase, **51**:110–111
  protein, cAMP-mediated positive growth control, **51**:98–99
  pyrroloquinoline quinone and, **45**:226
  rhodopsin, **51**:205
  steroid hormone receptors, **51**:291–296
  TTF-1, TSHR biphasic regulation, **50**:349, 351
  tyrosine, reversible, in insulin signaling, **54**:68–69
  vitamin D receptor, **49**:290–292
Phosphotransacetylase, CoA assay with, **46**:186
Photoaffinity labeling
  Ca^{2+} channel-linked drug receptors
    with arylazides, **44**:258–259, 263–280
    with non-arylazides, **44**:260–263
  cyclic ADP-ribose, binding sites, **48**:243–244
Photoreceptors
  octopus, G protein detection, **44**:73
  retinal, transducin in disk membrane, **44**:54, 62
  p59/hsp56 component, nontransformed steroid hormone receptor, **54**:179–180, 184–186
Phyllomedusin, structure, **35**:222
Phylloquinone, **32**:513–542, **43**:131
  biliary and fecal metabolites, **32**:539–540
  catabolism, **32**:528–540
  excretion, **32**:528–530
  function, **32**:159–160
  intestinal absorption, **32**:514–522
    mechanism, **32**:518–521

metabolites, **32:**522–528
  biochemical pathway, **32:**533–535
  warfarin effects, **32:**525–528, 535–538
  oxide metabolite, **32:**528
  plasma clearance, **32:**522–528
  transport, **32:**521
  urinary metabolites, **32:**530–533
Phylloquinone 2,3-epoxide, formation of, **32:**528
Physalaemin, structure, **35:**222
Physical activity, *see* Exercise
Physical training, **43:**23–24, 61, 63–64
Phytase, vitamin D effects, **31:**66
Phytohemagglutinin
  biphasic response to, **41:**62–63
  in study of ligand-receptor interaction, **41:**57–59
Phytylplastoquinone, in tocopherol pathway, **34:**96–97
Phytyltoluquinones, in tocochromanol biosynthesis, **34:**91–96
Pig
  bracken rhizome poisoning, **33:**490–492
  FSH-releasing hormone from, **30:**100–101
  LH-RH from, **30:**102–104
    FSH-releasing hormone activity, **30:**102–103
    structure, **30:**108–110
  prolonged gestation, **30:**258
Pima Native Americans
  insulin-resistance, PTPase activity, **54:**86–87
  NIDDM study, **54:**4, 9–10
Pimozide, **43:**230–231
Pineal gland
  circadian rhythm generation, **51:**38–39
  gene transcription, **51:**37–39
PIP_2 signal system, TSH-activated, **50:**320–322
Pit-1
  expression, **50:**398–399
  structure and properties, **50:**397–400
Pituitary
  ascorbic acid in, **42:**3, 48–49
  enkephalin activity in, **36:**331–333
  growth hormone and prolactin gene expression, **50:**392–402
    alternative splicing of hGH-N, **50:**400–401

  growth hormone proximal promoter, **50:**396–400
  locus control region, **50:**395–396
  prolactin proximal promoter, **50:**401–402
  somatotropes, lactotropes, and somatolactotropes, **50:**392–395
  growth hormone cells, *see* Growth hormone pituitary cells
  11β-hydroxysteroid dehydrogenase and, **47:**199, 208, 242
  hypothalamic control, **30:**87–95
  IGFBPs and, **47:**2, 38, 47, 57
  inhibin effects, **37:**267–268
  lobes
    ablation, effects on memory, **37:**170–176
    incubated, inhibin assay by, **37:**255–256
  SNARE proteins, **54:**216–217
  transplant, effects on LH and FSH secretion, **30:**91–92
Pituitary anterior cells, FSH release
  activin from PFF and, **44:**24–25
  homoactivin A from PFF and, **44:**26–27, 29–30
  inhibin effects
    from BFF, **44:**15
    from PFF, **44:**4–5, 10, 13–14
Pituitary hormones
  effects on vitamin B_6 metabolism, **36:**85–92
  memory modulation by, **37:**153–241
  posterior, effect on myometrial activity, **31:**283–290
  transport to brain
    retrograde via pituitary stalk, **40:**159–162
    systemic circulation, **40:**158–159
Pituitary membrane receptors, uptake of LH-RH, **38:**310
Pituitary peptides, **41:**3–4
Placenta, *see also* Human placental lactogen
  enzymes in, conversion of androgens to estrogens by, **35:**113–114
  estriol metabolism in, **35:**121–122
  estrogen synthesis in, **30:**245–250
  expression of GH-related genes and prolactin, **50:**402–409
  hCS-A and hCS-B gene expression, **50:**403–406

Placenta (continued)
　hCS-L expression, **50:**406
　hGH-V, **50:**407–408
　octogeny and expression sites, **50:**402–403
　prolactin alternative promoter, **50:**408–409
　human
　　morphometric studies, **35:**173
　　structure, **35:**170–172
　11β-hydroxysteroid dehydrogenase and, **47:**199, 204–207, 209, 217
　IGFBPs and, **47:**40, 52, 75
　　genes, **47:**9–10, 17, 19, 21, 75
　IGF-II effects, **48:**23
　membranes, receptor for EGF urogastrone in, **37:**87–91
　plasma membrane, insulin sensitivity, **41:**56
　progesterone metabolism, **30:**239–240
　progesterone synthesis, **30:**236–239
　role in maintenance of pregnancy, **30:**233–236
　steroid hormone biosynthetic pathways, **51:**344–345
　steroid synthesis, **49:**144
　vitamin D receptor in, **49:**300
　versus other producers of steroids, **52:**131
　zona pellucida and, **47:**117–118
Placental element, associated genes, tissue-specific regulation, **50:**405–406
Placental peptide hormones, **35:**149–208
　biosynthesis, **35:**170–183
　　site, **35:**172–174
　　study methods, **35:**174–176
　secretion and metabolism, **35:**183–189
　structure, **35:**157–169
Placenta-specific transcriptional activator, cytochrome P450 steroid hydroxylase expression, **51:**354
Plants
　thiaminases, thiamine deficiency disease caused by, **33:**489–499
　vitamin B_6 derivatives, **48:**290
　vitamin E in, **34:**77–105
Plaques, atherosclerotic, **52:**2
Plasma
　biotin and, **45:**355–356, 359
　calcium homeostasis in birds and, **45:**174–175
　　controlling systems, **45:**194, 197, 201
　1,25-dihydroxycholecalciferol, **45:**187, 191–192, 194
　regulating hormones, **45:**179, 182–183, 185
　reproduction, **45:**207
　simulated oscillatory behavior, **45:**202, 204–205
　erythropoietin, **31:**111–112
　estrogens, **35:**117–119
　folypolyglutamate synthesis and, **45:**275, 292, 311
　IGFBPs and, **47:**2, 4, 90
　　expression *in vivo*, **47:**32–33, 35–36
　　genes, **47:**5, 14, 16, 20, 22–24
　　regulation *in vivo*, **47:**1, 43–44, 49–51
　platelet poor, IGFBPs and, **47:**80, 82–83
　RBP, **31:**27–34
　RBP-PA complex, **31:**25–27
　vitamin D metabolite binding proteins, **37:**28–39
Plasma membrane
　β_2-adrenergic receptor topography, **46:**12
　association with amino-terminal of carboxy tail, **46:**13
　glucose transport system, insulin effect, **44:**134–139
　　isoproterenol as specific inhibitor, **44:**139–140
　G protein attachment to, **44:**54–57
　LAR expression, **54:**77
　light vesicle fraction, **46:**22
　PTPase subcellular distribution alterations, **54:**85–86
　role in hepatic gluconeogenesis, **36:**390–392
　zona pellucida and, **47:**132–135
Plasma proteins, γ-carboxyglutamate in, **35:**78–79
Plasmin, IGFBPs and, **47:**80, 89
Plasminogen activator
　breast cancer and, **45:**152–153, 158
　calcitonin-stimulated, **46:**133
Plasticity, neurochemical, adrenal steroid receptor subtypes, role, **51:**387–388
Platelet-activating factor, **41:**143–144
　in phosphatidylinositol turnover, **41:**141–142
Platelet-derived growth factor, **41:**106, **52:**72–73, **53:**67–68
　breast cancer and, **45:**142–144, 149, 158

p53-dependent apoptosis, **53**:159
prolactin production and, **43**:236
Platelets
  IGFBPs and, **47**:89
  inositide metabolism in, **33**:552–553
  laminins and, **47**:174
  phosphatidylinositol turnover, **41**:139–144
PN 200-110
  photoaffinity labeling of 1,4-dihydropyridine receptors, **44**:262–263
  reversible binding to purified Ca^{2+} channels, **44**:288–291
PN 200-110 receptor, skeletal muscle, densities, **44**:239, 241, 282–283
  in muscular dysgenesis, mouse, **44**:238–239
Podosomes, osteoclast
  calcium effects, **46**:43
  location, **46**:42–43
Polyadenylation
  calcitonin–CGRP, **46**:91
  IGFBPs and, **47**:17
  zona pellucida and, **47**:127–128, 139
Polyamines, effect on prostatic polymerases, **33**:51–55
Polycythemia
  erythropoietin role, **31**:153–155
  secondary, **41**:197
  vera, **41**:197
Polyene macrolides, in therapy of benign prostatic hyperplasia, **33**:455–456
Polyethylene glycol dehydrogenase
  localization, **46**:233
  origins, **46**:231
  pyrroloquinoline quinone prosthetic group, **46**:231
  structure and properties, **46**:252
Polyisoprenols, function, **32**:163
Poly-L-lysine, inhibition of pantothenic acid uptake in choroid plexus, **46**:180
Polymerase chain reaction, IGFBPs and, **47**:17, 19, 61
Polymerase II, basal transcriptional complex, coupling to CREB transactivation, **51**:19–21
Polynucleotide polymerase, prostatic, reaction of, **33**:44–50
Polynucleotides
  interaction with dihydrotestosterone-receptor complexes, **33**:306–307
  polymerization, prostate proliferation and, **33**:39–60
Polypeptides
  7B2, in gonadotropes, **50**:272–273
  biotin and, **45**:342, 352, 363
  breast cancer and
    cell growth, **45**:139–140
    insulin-like growth factor-β, **45**:151–152
  experimental obesity and, **45**:14, 50, 52
  folypolyglutamate synthesis and, **45**:299
  steroid receptor
    intermediate receptor form, **54**:172–174
    structure, **54**:167–168
Polyphosphoinositides
  breakdown, **41**:150
  functions, **33**:547–549
Polysomes, intestinal
  isolation, **32**:282–283
  in vitro protein synthesis, **31**:49–50, 53–55
Polyspermy, zona pellucida and, **47**:135–136
Polyunsaturated fatty acids
  auto-oxidation, **52**:7
  variations in LDL content, **52**:5
Polyvinyl alcohol, degradation, type I pyrroloquinoline quinone effect, **46**:235
Polyvinyl alcohol dehydrogenase
  localization, **46**:233
  origins, **46**:231
  pyrroloquinoline quinone prosthetic group, **46**:231
  structure and properties, **46**:252
Ponasterone, **41**:252–253
Porcine follicular fluid
  activin isolation and purification, **44**:23–26
  FSH release inhibition *in vitro*, **44**:4–5, 13
  homoactivin A isolation and purification, **44**:26–27, 29–30
  inhibin isolation and purification, **44**:5–10
Porphyria, vitamin E therapy, **34**:69–70
Porphyrins, comparison with corrins, **50**:25–26
Portal vessels, individual, dopamine concentration in blood of, **40**:155–158

Postmaturity, progesterone levels in, **30**:341
Postmaturity syndrome, estrogen role, **30**:321
Postmitochondrial supernatant, peptide carboxylation in, **35**:83–85
Postnatal development, 11β-hydroxysteroid dehydrogenase and, **47**:210–213
Post-translation, LAR, **54**:75–76
Post-translational modifications
  G protein-coupled receptors
    disulfide bond formation, **46**:14
    glycosylation, **46**:8–12
    palmitoylation, **46**:12–14
    phosphorylation, **46**:14–15
  retinoid receptors, **51**:419–420
Potassium
  experimental obesity and, **45**:42, 75
  11β-hydroxysteroid dehydrogenase and, **47**:219, 223, 240
  secretion, separability from Na^+ retention, **50**:471–473
Potassium channels, G proteins and, **44**:71–72
Potassium ion, skeletal muscle contraction induction, **44**:231–232
Potato extract, pyrroloquinoline quinone in, **46**:234
PPARa
  AF-2 cofactor, RIP140 as, **54**:144–145
  amino acid sequence, **54**:128
  evolution, **54**:132
  gene expression, fatty acid role, **54**:153–154
  synergy with RXR via PPRE, **54**:140–141
  tissue distribution, **54**:130
PPARb
  amino acid sequence, **54**:128–129
  evolution, **54**:132
  gene expression regulation, **54**:154
  tissue distribution, **54**:130
PPARg
  amino acid sequence, **54**:129–130
  evolution, **54**:132
  regulation of adipocyte expression, **54**:154–155
  tissue distribution, **54**:130
PPAR-interacting proteins, **54**:145–147
PPAR/RXR heterodimer, **54**:150–152

PPARs, *see* Peroxisome proliferator-activated receptors
$pp90^{rsk}$, steroid hormone receptor phosphorylation, **51**:295
Prawn, vitamin B_6 requirements for growth, **48**:286–287
pRB/E2F connection, p53-dependent apoptosis, **53**:154–156
Prealbumin, **41**:261
  complex with RBP, **31**:4–5, 23–27
  separation of RBP from, **31**:5–6
  and RBP, **32**:168–169
  strucuture and amino acid sequence, **32**:169–171
Pregnancy, *see also* Gestation
  breast cancer and, **45**:128–129
  cannabinoid effects, **36**:220–223, 236
  control by preimplantation hormones, **34**:215–242
  and diabetes, *see* Diabetic pregnancy
  early, timing of events, **31**:203–207
  ectopic, hormones in, **30**:289
  effects on pantothenic acid nutritional status, **46**:169–170
  energy balance and, **43**:7, 53
  estrogens in, **35**:109–147
  gonadal steroid antibody effect, **36**:191–193
  11β-hydroxysteroid dehydrogenase and, **47**:247
  IGFBPs and, **47**:46, 50–52
  maintenance, **30**:228–250
    estrogen role, **30**:244–250
    hormone antibody effect, **31**:193
    progesterone role, **30**:228–244
  multiple
    estrogen levels, **30**:311–312
    HCG and, **30**:290
    progesterone levels in, **30**:337
  parturition initiation and, **30**:250–268
  pathological, hormonal changes in, **30**:281–361
  prolactin secretion in, **30**:170–171
  prolonged, **30**:255–260
    estrogen levels in, **30**:321–322
    HCG in, **30**:292
    in humans, **30**:258–260
  protease, IGFBPs and, **47**:52–53
  pyrroloquinoline quinone and, **45**:247
  uterine volume in, **30**:262–266
  vitamin B_6 metabolism in, **36**:76–78

Pregnancy-associated proteins
  inactive, **35**:70–75
  precursors, **35**:73–75
  properties, **35**:194
Pregnanediol
  excretion, in pregnancy, **30**:324–325
  day-to-day variation, **30**:326
  in hydatidiform mole pregnancies, **30**:334
Pregnanetriol
  excretion, in pregnancy, **30**:324–325
  in hydatidiform mole pregnancies, **30**:334
Pregnanolone, excretion, in pregnancy, **30**:324–325
Pregnenolone synthesis, **41**:137, 139, **42**:329–337
Preimplantation embryo
  cAMP in, **34**:226–227
  steroidogenesis in, **34**:224–226
  tropic hormones in, **34**:224–226
Preimplantation embryo steroids
  in control of early pregnancy, **34**:215–242
  effects
    blastocyst implantation, **34**:230–233
    morula, **34**:228–229
    function, **34**:228–240
Preimplantation endocrine system, **30**:224
Prematurity
  estrogen in, **30**:319–320
  HCG and, **30**:292
  progesterone and, **30**:340
  vitamin E deficiency in, **34**:47–52
Preproendothelin, **48**:162–163
  genes, **48**:164–165
Preprorelaxin
  amino acid sequences, **41**:86–87
  forms, mRNA sequences, **41**:84–85
  processing, **41**:86–87
Preputial gland, estrogen-binding protein in, **36**:27–28
Prereplicative phase, cell cycle, **51**:65
Pre-vitamin D
  biological activity, **37**:10–11
  conversion to vitamin D, **37**:7–9
  formation, **37**:6–7
Primary structures
  amylin, **46**:107–108
  calcitonin, **46**:104–105
  CGRP, **46**:105–107

Primate
  chemical communication, **34**:137–186
  vitamin B_6 requirements for growth, **48**:280–281
Probasin, **49**:411
Probenecid, inhibition of pantothenic acid uptake, **46**:179–180
Procalcitonin, organization, **46**:88
Procarbazine, in prostatic cancer therapy, **33**:161–164, 169–170
Procollagenase, production by osteoblasts, **46**:53
Progestagens, in prostatic tumor therapy, **33**:389–390
Progesterone
  in abdominal pregnancy, **30**:336
  in abortion, **30**:330–334
  in anencephalic pregnancy, **30**:336
  binding protein, **30**:243–244
  blood levels, **30**:241–243
  breast cancer and, **45**:128, 130–131
    cell growth, **45**:138, 141
    protein, **45**:153–155
    regulation, **45**:157–158
  in choriocarcinoma, **30**:335–336
  in diabetic pregnancy, **30**:328
  effects
    LH and FSH regulation, **30**:116–117
    monkey communication, **34**:144–146
    myometrial activity, **31**:274–280
    prolactin production and, **43**:232–233
    prostate organ culture, **33**:15
    vaginal fatty acids, **34**:167–169
  and estrogen, ratio, **30**:253–255
  excretion, in pregnancy, **30**:325–326
  in fetal weight disturbances, **30**:338–339
  in hydatidiform mole pregnancy, **30**:334–335
  11β-hydroxysteroid dehydrogenase and, **47**:205
  in hypertension, **30**:337–338
  IGFBPs and, **47**:56, 62, 65
  inhibition of chemical communication, **34**:151–152
  in intrauterine death, **30**:339–340
  mechanism of action, **52**:101–109
  metabolism, in placenta and uterus, **30**:239–241

Progesterone (*continued*)
in milk
factors influencing concentration, **50**:96–97
oral contraceptives and, **50**:97–98
myometrium, **30**:241
nonreproductive-related activities, **52**:100
ovarian stimulation and, **43**:266–267, 273–276
in parturition, **30**:340
in pathological pregnancy, **30**:328–344
photoaffinity labeling, **41**:223
in prematurity and postmaturity, **30**:340–341
in progesterone block theory, **30**:329–330
late pregnancy and, **30**:330
proteins regulated by, **36**:262, 269–271
radioimmunoassay, **31**:178
and resting metabolic rate, **43**:6
in Rh isoimmunization, **30**:338
role in maintenance of pregnancy, **30**:228–244
synthesis in placenta, **30**:236–239, 328–329
Progesterone receptors, **33**:670–678
antagonism of function, **52**:112–117
chicken
ligand-independent activation, **51**:302–303
phosphorylation sites, **51**:298
in chick oviduct, **33**:670–672
cross-linked, **54**:174–175
description, **52**:101–103
human, activation, **51**:303
initiation of signal transduction pathway, **52**:106
molecular weight, **41**:240
physicochemical properties, **33**:673–674
structure, **41**:236–241
transcriptional regulation by, **52**:103–106
uterine, **33**:672–673, 676–677
variations, **33**:674–676
Progestin
breast cancer and, **45**:145
synthetic
ORG 2058, **41**:236, 240
R 1881, **41**:263
R5020, **41**:235–239, 241–242, 252, 263–264
RU 38,486, **41**:236

in therapy of benign prostatic hyperplasia, **33**:451
Progestin receptor, affinity labeling, **41**:230, 235–241
Progestogens, in abortion therapy, **30**:332–333
Programmed cell death, *see* Apoptosis
Proinsulin, breast cancer and, **45**:146
Prokaryotes
pyrroloquinoline quinone and, **45**:229, 243, 248
ubiquinone biosynthesis in
generation of 4-hydroxybenzoate, **40**:8–9
pathway from 4-hydroxybenzoate, **40**:9–15
Prolactin, **41**:4, 19, *see also* Growth hormone–prolactin gene system
absorption, **50**:81
alternative promoter, **50**:408–409
breast cancer and, **45**:128, 130, 132
cell growth, **45**:144, 149
protein, **45**:133
calcium homeostasis in birds and, **45**:188
as carcinogenic agent, **34**:126
cellular hyperplasia, in mammotropic tumors, **34**:116–120
characterization, **36**:500–525
effects on erythropoietin biosynthesis, **31**:142–143
estrogen induction, **36**:268–269
evolutionary divergence, **50**:387–389
expression, **50**:409–411
food intake and, **43**:10
gonadal receptors, **36**:467–469
Harderian gland tumors and, **34**:130
histology, **34**:110–111
in mammary tumor development, **34**:120–130
mediator, **41**:58–59
in milk, **50**:78–82
bromocriptine effects, **50**:81
effect of calving induction, **50**:80
level changes during lactation, **50**:80
mode of action on lymphocytes, **50**:410–411
properties, **43**:197
proximal promoter, **50**:401–402
radioligand-receptor assays, **36**:479–480
regulation of gonadotropin receptors, **36**:560–562

RNA structure, **43:**199–200
role in carcinogenesis, **34:**107–136
sources, **34:**111–114
stimulation of Leydig cells, **34:**195–197
thyroid stimulating hormone and,
  36:85–89
Prolactin binding proteins, **50:**429–430
Prolactin gene
chromatin structure, **43:**198–199
cluster in rodents and cattle, **50:**391
structure, **43:**198, **50:**387–388
transcription
  estrogen effect, **43:**204–232
  mechanisms, **43:**221–230
Prolactin-inhibiting factors, in
  hypothalamus, **30:**177–179
Prolactin production
androgen and, **43:**232
cannabinoid effect, **36:**211–214
cyclic AMP and, **43:**237–238
dopamine and, **43:**234, 238–239
epidermal growth factor, **43:**235–236
estrogen and, **43:**204–232
glucocorticoids and, **43:**233
PDGF and, **43:**236
progesterone and, **43:**232–233
self-regulation, **43:**237
thyroid hormones and, **43:**236
thyrotropin-releasing hormone and,
  43:234–235, 240
vasoactive intestinal peptide and,
  43:237
vitamin D_3 and, **43:**233–234
Prolactin receptors, **50:**79, 417–435
cytoplasmic domain, **50:**430–432
extracellular domain, **50:**421–429
genes, **50:**418–419
isoforms, **50:**434–435
Prolactin release-inhibiting factor, LH-RH
  and, **30:**112
Prolactin-releasing factor, in
  hypothalamus, **30:**179–182
Prolactin secretion
biogenic amine effects, **30:**182–187
brain stimulation effects, **30:**204–211
in different physiological states,
  30:167–174
diurnal rhythm in, **30:**173–174
ergot derivative effects, **30:**195–204
in estrous and menstrual cycle,
  30:168–169
hormone and drug effects, **30:**195–204

hypothalamic control, **30:**165–221
prolactin-inhibiting factor in,
  30:177–179
prolactin-releasing factor in,
  30:179–182
inhibitory feedback by prolactin,
  30:187–195
in lactation, **30:**171–172
in male animals, **30:**173
mammary tumors and, **30:**202–203
metabolic clearance rate and half-life
  factors in, **30:**211–213
in old rats, **30:**172–173
in pseudopregnancy and pregnancy,
  30:170–171, 189–190
regulation, **34:**114–116
in sexually immature animals, **30:**167
stress effects, **30:**174
Proline endopeptidase, **41:**26
Proline residues, in transmembrane
  spanning domain IV, **46:**3, 8
Prolyl hydroxylase, pyrroloquinoline
  quinone inhibition of, **46:**262
Promoters
alternative, prolactin, **50:**408–409
BAX gene, DNA sequence analysis,
  53:120
chicken ovalbumin upstream,
  transcription factor, **51:**358,
  417–418
collagenase, **49:**353
IGFBPs, **47:**9, 11–12, 14, 16
oxytocin and vasopressin genes,
  51:240–242
proximal
  growth hormone, **50:**395–400
  prolactin, **50:**401–402
TATA-less, **49:**405–406, 417
TSHR, **50:**330–333, 351
  minimal, **50:**335–336, 345–347,
    353–354, 360–363
tumor, cAMP as, **51:**135–136
Proopiomelanocortin, **41:**32
post-translational processing,
  41:25–26
precursor, **41:**20–22
products, **41:**18
1,2-Propanediol, conversion, **50:**48
Propanediol dehydratase, **50:**47
Proparathormone, **43:**285–287, 290–291
Prophase block, cAMP-dependent, meiosis
  in oocytes, **51:**81

Propionyl-CoA carboxylase, biotin and, **45**:339–342
  deficiency, **45**:351–352, 369
  nonprosthetic group functions, **45**:344
Propranolol, effect on relaxin-dependent uterine cAMP increase, **41**:104
Prosimians, chemical communication in, **34**:138–139
Prostaglandins, **41**:129
  effects
    cartilage, **33**:630–631
    erythropoietin biogenesis, **31**:135
    myometrial activity, **31**:290–294
      in pregnancy, **31**:291–293
    osteoblasts and bone formation, **52**:73
    osteoclasts and bone resorption, **52**:79–80
    uterine cAMP levels, **41**:105
  immunosuppressive, dietary fatty acid intake and synthesis, **52**:40
  PGJ$_2$, PPARg-binding, **54**:136–137
  secretion levels in vitamin-E deficient rats, **52**:51–52
  in smooth muscle contraction, **41**:99
  stimulation of osteoclast formation, **46**:56
  synthesis, cannabinoid effects, **36**:224
  temperature regulation, **41**:38
Prostate, *see also* Benign prostatic hyperplasia
  androgen
    mechanism of action, **49**:473–476
    normal response to, **49**:453–463
      F phase, **49**:459–460
      growth control, **49**:455–456
      programmed cell death, **49**:456–460
  androgen binding and metabolism in, **33**:247–264
    in humans, **33**:261–262
    in neoplastic state, **33**:258–261
  androgen receptors in, **33**:297–317, 682–683
  hormonal control, **33**:319–345
  cell cycle, **49**:463–473
    androgen-dependent transit cells, **49**:467–471
    epithelial stem cell number, androgen effect, **49**:471–473
    stem cell model, **49**:463–467
  cell proliferation in
    hormonal effects, **33**:61–102
      factors affecting, **33**:77–93
      polynucleotide polymerizations, **33**:39–60
  DNA repair, **49**:460, 462
  functional unit, **49**:453–454
  growth, genetic aspects, **33**:93–97
  hormone-cytostatic complex effect, **33**:137–154
  hypertrophy, androgen metabolism in, **33**:417–438
  intraepithelial neoplasia, **53**:123
  in vivo patterns of Bcl-2 family gene expression, **53**:121–125
  normal physiology, **49**:444–453
    androgen role, **49**:447–451
    DHT role, **49**:452–453
    gross structure and histological appearance, **49**:445
  organ culture, **33**:5–8
    androgen effects, **33**:1–38
    constant-flow, **33**:8–11
    hormone-cytostatic complex effects, **33**:139–142
  perfused, androgen metabolism in, **33**:193–207
  protein synthesis in, **33**:297–317
  testosterone production, **33**:209–221
  testosterone receptors, **33**:265–281
  in various species, morphology and hormonal regulation of, **33**:104–106
Prostate cancer, **49**:433–493
  androgen ablation therapy, **49**:486
  androgen role, **49**:396–398, 476–486
    epidemiological studies, **49**:477
    experimental induction, **49**:478–483
    promoting ability, **49**:483–486
  asymptomatic histological, **49**:435–436
  carcinogenesis, multistep nature, **49**:437–441
  clinical and epidemiological observations, **49**:433–437
  metastatic, response to androgens, **49**:486–492
    androgen-dependent cells, **49**:487
    nonproliferating cells, programmed death, **49**:489–492
    proliferating cells, programmed death, **49**:488–489
  oncogene overexpression, **49**:438–439
  phenotypic and genotypic changes, **49**:442–443
  predicting biological potential, **49**:434–435

progression, genetic instability and, **49**:442–444
prostatic fluid components and, **49**:485
rise in incidence rates, **49**:433–434
screening programs, **49**:434
tumor suppressor genes, **49**:439
Prostatein, **49**:410–411
Prostate-specific antigen, **49**:446
mRNA, **49**:411–412
Prostate tumors
in animals, **33**:103
chemotherapeutic test systems, **33**:155–188
diagnosis, **33**:378–379
estrogenic treatment, **33**:351–376, 386–388
experimental induction, **33**:117–120
hormone effects, **33**:115–117, 400–401
laboratory studies, **33**:382–383
metastatic, **33**:381–382, 401–410
nonsurgical treatment, **33**:377–397
prognosis, **33**:379–380
radiology, **33**:383–384
reactivated, therapy, **33**:399–415
staging, **33**:380–381, 384–386
tissue culture, **33**:120–123
transplantation, **33**:123–131
Prostatic steroid binding protein, **49**:410–411
Prosthetic groups, enzymes carrying pyrroloquinoline quinone as, **46**:231
Protamine sulfate precipitation, of steroid hormone receptors, **33**:323–326
Protease
11β-hydroxysteroid dehydrogenase and, **47**:225–227, 231–232, 247–248
laminins and, **47**:162, 164, 174–175, 177
pregnancy, IGFBPs and, **47**:52–53
zona pellucida and, **47**:116, 121, 146
development, **47**:123, 126–129
functions, **47**:129, 131–132, 134, 136
gene expression, **47**:136, 138–141, 145
Protease inhibitors, **41**:23
Proteinases, osteoclast-drived, **46**:52–54
Protein C, **49**:235
promotion of fibrinolysis, **43**:135
Protein-calorie malnutrition, vitamin E deficiency in, **34**:60
Protein kinase, *see also* Cyclic AMP system

activation, cAMP-mediated positive growth control, **51**:95–98
in bone, **38**:242
cAMP accumulation and, **38**:234–235
cAMP-dependent, *see* Protein kinase A
cAMP-independent, insulin sensitivity, **41**:64–68
hsp90-associated, geldanamycin effect, **54**:188–189
in Leydig cells, properties of, **36**:551–557
nuclear localization, **42**:213–223
Raf, interaction with 14-3-3 proteins, **52**:161–165
role in gonadotropin activity, **36**:539–546
Protein kinase A
activation by relaxin, **41**:104–105
Ca^{2+} channel subunit phosphorylation, **44**:293–295
calcitonin-stimulated, **46**:133
down-regulation of b-adrenergic receptors and, **46**:25–28
effects on glucocorticoid receptor, **49**:76
insulin sensitivity, **41**:64–68
phosphorylation by, **51**:4–5, 12–13
phosphorylation of
β-adrenergic receptors, **46**:15, 18–21
steroid hormone receptor, **51**:295
signaling cascade, **51**:107–108
in smooth muscle contraction, **41**:100–102
in steroidogenesis
in cAMP-dependent regulation, **52**:130, 132
phosphorylation of transcription factors, **52**:139–140
proof of essential role, **52**:137
unresolved questions, **52**:144
Protein kinase C, **41**:70, 119–120, 140, 144, 152
activation
by diacylglycerol analogs and tumor promoters, **44**:186, 188
and diacylglycerols, **50**:169–172
activators, GnRH receptor regulation, **50**:159
binding to 14-3-3 proteins, **52**:152
Ca^{2+} channel regulation
in neurons, **44**:188
in skeletal muscle, subunit, phosphorylation and, **44**:294–295
in smooth muscle cells, **44**:189

Protein kinase C (continued)
  expression, gonadotrope maturation
    and, 50:243
  glucose transporter phosphorylation,
    44:141
  GnRH receptor coupling enhancement,
    50:175
  laminins and, 47:178–179
  mediation of
    GnRH actions on receptor synthesis,
      50:159–160
    gonadotrope responsiveness,
      50:172–177
    thyrotropin releasing hormone action,
      48:72
  phosphorylation of
    β_2-adrenergic receptors, 46:15, 18–21
    14-3-3 protein, controversy,
      52:154–155
  regulation by 14-3-3 proteins,
    52:158–161
  secretory process stimulation,
    44:187–188
  signaling cascade, 51:107–108
  steroid hormone receptor
    phosphorylation, 51:295
  treatment of agonist-occupied GnRH
    receptor, 50:161–162
  zona pellucida and, 47:134
Protein phosphorylation
  cAMP-mediated positive growth control,
    51:98–99
  exocytosis and, 42:160–163
  insulin and, 39:157–160
Protein–protein interactions
  glucocorticoid receptors, 49:65, 79
  steroid hormone receptors, regulation
    by phosphorylation, 51:297
Protein S, 49:235–236, 238
Proteins
  accessory, cytochrome P450 binding,
    49:136–137
  adapter, CREB transactivation,
    coupling to basal polymerase II
    transcriptional complex, 51:19–21
  biotin, 45:338, 372, see also Biotin-
    binding proteins
    deficiency, 45:353, 369
    enzymes, 45:341
    nonprosthetic group functions,
      45:342–345, 349–350
    breast cancer and, 45:130, 154, 156–158
    cell growth, 45:136, 138–139
    insulin-like growth factors, 45:147,
      149–150
    52 kDa, 45:144–146, 154, 156
    PDGF, 45:142–143
    synthesis, 45:132–134
    transforming growth factor-α, 45:141
    transforming growth factor-β, 45:151
  bZIP, 51:6–8
    criterion for establishing families,
      51:9–10
    cross-family heterodimers, 51:10–12
    differential DNA binding, 51:9–10
  calcium homeostasis in birds and,
    45:174
    regulating hormones, 45:182, 187,
      189–191
    reproduction, 45:207
  cell membrane, 30:48–49
  cellular, retinoid binding, 40:122–123
  CRE-binding, cytochrome P450 steroid
    hydroxylase expression, 51:355–356
  dietary, low-protein diet, 43:15
  experimental obesity and, 45:2, 75
    dietary, 45:54, 64, 71, 75
    genetic, 45:30, 32–34, 38, 47–48
    hypothalamic, 45:21
  folypolyglutamate synthesis and,
    45:315–317, 322
    distribution, 45:315–317
    folate, 45:266, 268, 270–271, 274
    folate transport, 45:292–293
    folypolyglutamate synthetase,
      45:299–301, 306, 308
    intracellular folate-binding proteins,
      45:291–292
    in vivo effects, 45:297–298
    multifunctional complexes,
      45:288–291
    role, 45:277, 282–283, 287–288
  glycosylation, vitamin A and, 38:32–35
  heat shock, see Heat shock proteins
  induction by aldosterone
    citrate synthase, 38:77–79
    flavin metabolism, 38:84–88
    Na$^+$, K$^+$-ATPase, 38:79–84
  intracellular
    role in retinoid action in tumor
      tissue, 40:125–130
    traffic patterns, 43:288–289
  karyophilic, nuclear localization signal
    sequences, 51:317–320

A kinase-anchoring, **51**:4
Ku70, as TSHR gene transcriptional activator, **50**:357–358
metabolism, insulin and, **39**:160–161
myelin, cAMP proliferation stimulation, **51**:120–121
osteoblast-produced types, **52**:64
Pbx1, cytochrome P450 steroid hydroxylase expression, **51**:358–359
pyrroloquinoline quinone and biosynthesis, **45**:251
  cofactor research, **45**:233, 237–239
  distribution, **45**:245, 247–248
  properties, **45**:231–234, 237
vitamin B_{12} binding, **50**:40–43
14-3-3 proteins
  as molecular bridges, **52**:168
  overview, **52**:149–150
  protein kinases and
    Bcr and Bcr-Abl, **52**:165–166
    protein kinase C, **52**:158–161
    Raf, **52**:161–165
  regulation of cellular processes by
    ADP ribosylation, **52**:155–156
    catecholamine biosynthesis, **52**:153–154
    cell cycle, **52**:156–158
    exocytosis, **52**:154–155
  sequence and structure, **52**:150–153
  unresolved definitive role, **52**:169
Protein synthesis
  aldosterone and, **38**:65–68
  androgen-dependent, in prostate, **33**:297–317
  dihydroxycholecalciferol effects, **32**:341–342
  inhibitors, **31**:47–48
  intestinal, **31**:50–66
  on isolated intestinal polysomes, **31**:49–50
  vitamin A and, **38**:30–32
  vitamin D role, **31**:43–103
Protein-tyrosine kinase
  in capacitative Ca^{2+} entry, **54**:108–109
  pathways, **51**:61
Protein-tyrosine kinase receptors
  dimerization, TGF-β receptor activation, **48**:140–142
  growth factor-dependent activation, **48**:143–144
  truncated, overexpression, **48**:144

Protein tyrosine phosphatase
  alterations in insulin-resistant states, **54**:81–88
  dephosphorylation of receptor kinase, **54**:70
  and insulin resistance, **54**:88–89
  in regulation of insulin signaling, **54**:68–81
  superfamily of enzymes, **54**:71–72
Proteoglycans
  IGFBPs and, **47**:22, 72, 87
  laminins and, **47**:162, 164
Proteolysis
  biotin and, **45**:355–356
  breast cancer and
    cell growth, **45**:136, 146–147, 151
    protein, **45**:152–154
  folypolyglutamate synthesis and, **45**:289, 301, 309
  IGFBPs and
    biology, **47**:72, 76, 86, 89–90
    expression *in vivo*, **47**:31, 34, 36
    regulation *in vitro*, **47**:70
    regulation *in vivo*, **47**:51, 53
  pyrroloquinoline quinone and, **45**:229, 232, 241
  zona pellucida and, **47**:135
Prothrombin
  abnormal, in serum, **32**:469–472
  biosynthesis, **32**:496–503
  characterization, **32**:492–493
  isoprothrombins and, **32**:487–492
    various species, **32**:490–492
  vitamin K oxide and, **32**:506–507
Prothrombin precursor, **32**:463–481
  abnormal prothrombins and, **32**:469–472
  evidence for
    direct, **32**:472–474
    indirect, **32**:464–469
  purification, **32**:475–476
Protocollagen, proline of, **30**:13–15
Protons, role in osteoclastic bone resorption, **46**:48–52
Proton transport systems, role in osteoclastic bone resorption, **46**:48–52
Protooncogenes
  breast cancer and, **45**:138, 141–143
  nuclear, expression, cAMP-mediated positive growth control, **51**:99–104
Provitamin A, **43**:113

Prreeclosion behavior, in moths, hormonal release, 35:293–297
P450$_{scc}$ enzyme, in steroidogenesis, 52:133, 144
Pseudohypoparathyroidism, 43:121, 123
  cyclic nucleotides in extracellular fluid and, 38:245–247
Pseudomonas
  aliphatic amine dehydrogenase, 46:252
  P. aeruginosa, alcohol dehydrogenase
    natural electron acceptor, 46:259
    purification, 46:250
  P. chororaphis B23, nitrile hydratase, 46:234
  P. fluorescens, ubiquinone electron donor for glucose dehydrogenase, 46:253
  P. P2, degradation of pantothenic acid, 46:184
  P. putida, alcohol dehydrogenase
    natural electron acceptor, 46:259
    purification, 46:250
  P. testosteroni, quinohemoprotein alcohol dehydrogenase
    electron acceptor for, 46:259
    purification, 46:250
Pseudomonas aeruginosa toxin, enzymatic activity, role of 14-3-3 proteins, 52:155–156
Pseudoparathyroidism, G$_s$-α abnormality, 44:86
Pseudopregnancy, prolactin secretion in, 30:170–171
Pterin
  folypolyglutamate synthesis and, 45:290, 306, 308, 310
  pyrroloquinoline quinone and, 45:228
Pteroylmonoglutamates,
  folypolyglutamaate synthesis and, 45:263–264
  distribution, 45:314, 316, 318
  folypolyglutamate synthetase, 45:304–305, 307, 309
  γ-glutamylhydrolases, 45:311
  mammalian cells, 45:275
  role, 45:281, 293–294, 296
Pteroylpolyglutamates, 45:264, 275, 305–306, 308
  analytical methods, 40:66–67
    chromatographic, 40:72–86
    microbiological assays, 40:67–70
    radioassays, 40:125–130

biological synthesis, 40:65–66
history, 40:46–49
reduction and one-carbon substitution of, 40:61–65
structure and nomenclature, 40:50–51
substituents, distribution in animal tissues and microorganisms, 40:86–94
Pteroylpolyglutamate synthesis
  fully oxidized, unsubstituted compounds
    solid phase, 40:54–57
    in solution, 40:57–61
  teropterin, 40:51–54
  in vitamin B$_{12}$ deficiency, 34:18–20
PTH, see Parathyroid hormone
PTHrP, see Parathyroid hormone-related peptide
PTPase, see Protein tyrosine phosphatase
PTP1B
  expression in liver, 54:73–74
  role in insulin action pathway, 54:78–79
Puberty
  gonadal steroid antibodies and, 36:187–188
  precocious, thyrotropin receptor mutations causing, 50:305–306
Purine, folypolyglutamate synthesis and
  distribution, 45:313, 319–320
  folate, 45:266, 270–271
  in vivo effects, 45:294, 296–297
  multifunctional complexes, 45:291
  role, 45:281, 284–287
Purine biosynthesis, folic acid in, 34:11–12
Purkinje cells, IGF, 48:31
Puromycin, 43:225, 227–228
PVN, see Paraventricular hypothalamic nucleus
Pyloric sphincter, gastrointestinal hormones and, 39:311
Pyridoxal phosphate, enzymes dependent on
  corticosteroid and ACTH effects, 36:80
  estrogen effects, 36:57–63
  thyroid hormone effects, 36:82–83
Pyridoxal 5'-phosphate, vitamin B$_6$ cofactor, 48:259–260
4-Pyridoxic acid, urinary excretion, 48:261–262
Pyridoxine, pantothenic acid deficiency effects, 46:171

Pyridoxine β-glucoside, **48:**290
Pyrimidine biosynthesis, folic acid in, **34:**12
Pyrophosphatase, degradation of dephospho-CoA, **46:**199–200
Pyrroloquinoline quinone, **45:**256–257
  binding
    apoglucose dehydrogenase, **46:**248
    serum albumin, **46:**234–235
  biological role
    PQQ addition, **45:**252–255
    quinoproteins, **45:**255–256
  biosynthesis
    bacteria, **45:**248–250
    mutants, **45:**250
    precursors, **45:**250–252
  cofactor research, **45:**223–224
    discovery, **45:**227–230
    distribution, **45:**224–226
    novel cofactors, **45:**226–227
  in connective tissue formation, **46:**261–262
  in crystalline lens, **46:**262
  discovery, **46:**232
  distribution
    and occurrence, **46:**233–235
    in organisms, **45:**242–245
    quinoproteins, **45:**245–248
  growth stimulating, **46:**235–238, 241–242
  in naturally occurring substances, **46:**234
  in neurological disorders, **46:**263
  as nutrient for developing embryos, **46:**263
  production of, **46:**242–244
  properties
    analysis, **45:**236–242
    chemical reactivity, **45:**234–236
    naturally occurring forms, **45:**230–233
    spectroscopic data, **45:**234
  as radical scavenger, **46:**262–263
  structure, **46:**230
  type I effect, **46:**235
  type II effect, **46:**235–236
Pyrroloquinoline quinone–amino acid adducts
  effect on glucose dehydrogenase activity, **46:**238–239
  measurement of growth stimulation by, **46:**241–242

Pyrroloquinoline quinone–serine adducts
  isolation, **46:**239–240
  measurement of growth stimulation by, **46:**241–242
  spectral properties, **46:**240–241
Pyruvate, adipocyte incubation, **44:**134
Pyruvate carboxylase
  biotin and, **45:**340–342
    deficiency, **45:**352, 369–371
    nonprosthetic group functions, **45:**344
  effects of acetyl and other CoA esters, **46:**209
  in hormonal control of gluconeogenesis, **36:**392–395
Pyruvate dehydrogenase
  activation by insulin, **41:**53–55
  activity, effect of lectins, **41:**59
  biphasic response to insulin, **41:**62–63
  in hormonal control of gluconeogenesis, **36:**395–398
  insulin sensitivity, **41:**64–68
Pyruvate kinase, properties, **36:**447
Pyruvate transport, in hormonal control of gluconeogenesis, **36:**395–398

Q

QAYL-IGF-I, binding proteins and, **47:**79, 84
Quail, vitamin B_6 requirements for growth, **48:**283
Quiescence effect, **46:**128–129
Quinine, experimental obesity and, **45:**16–17
Quinohemoprotein alcohol dehydrogenase
  natural electron acceptor, **46:**259–260
  purification, **46:**250
Quinohemoprotein–cytochrome c alcohol dehydrogenase, **46:**251
Quinoprotein dehydrogenase
  alternative function in oxidation, **46:**232
  coupling to respiratory chain, **46:**253, 261
    alcohol dehydrogenase, **46:**259–260
    glucose dehydrogenase, **46:**253–254
    methanol dehydrogenase, **46:**256–257
    methylamine dehydrogenase, **46:**257–259
  structure and enzymatic properties, **46:**244–245
    alcohol dehydrogenase, **46:**249–250

Quinoprotein dehydrogenase (*continued*)
  aldehyde dehydrogenase, **46**:252
  aliphatic amine dehydrogenase,
    46:252
  aromatic alcohol dehydrogenase,
    46:252
  glucose dehydrogenase, **46**:246–248
  methanol dehydrogenase, **46**:248–249
  methylamine dehydrogenase,
    46:248–249
  polyethylene glycol dehydrogenase,
    46:252
  polyvinyl alcohol dehydrogenase,
    46:252
Quinoproteins
  enzymes identified as, **46**:231
  occurrence and distribution, **46**:233–235
  pyrroloquinoline quinone and
    biological role, **45**:252–256
    biosynthesis, **45**:249–251
    cofactor research, **45**:227–230
    distribution, **45**:242–248
    properties, **45**:231–233, 236–237, 240–241

R

R 2956, effect on prostate organ culture, **33**:1–38
R 4414, effect on prostate organ culture, **33**:1–38
Rabbit
  LH-RH effects, **30**:136–137
  vitamin B_6 requirements for growth, **48**:272
Radiation
  Ca^{2+} channel inactivation, **44**:248, 250–251
  induced apoptosis, **53**:3
  oncogene effect, **53**:14–16
Radical scavengers, pyrroloquinoline quinone, **46**:262–263
Radioimmunoassay
  ACTH, **37**:118–121
  aldosterone, **31**:178
  calcitonin, **46**:112–113
  CGRP, **46**:115
  cortisol, **37**:118–121
  endorphin and enkephalin distribution, **36**:306–313
  estrogens, **31**:178
  gastrin, **32**:69–77
  inhibin, **37**:256–257
  pantothenic acid, **46**:172–173
  progesterone, **31**:178
  substance P, **35**:228–230
  testosterone, **31**:178
Radioreceptor assays, for CGRP, **46**:115
Radiotherapy, prostatic cancer, **33**:391–392
Raf, interaction with 14-3-3 proteins, **52**:161–165
Rapamycin, effect on hormone receptor function, **54**:184
Ras–MAPK pathway, **51**:14–16
Rat
  experimental model of diabetes, **42**:256–266
  gestational endocrinology, **30**:269–270
  vitamin B_6 requirements for growth, **48**:266–269
  vitamin D binding proteins in, **32**:409–411
Rat interstitial cell-testosterone assay, **36**:482–484
  characteristics, **36**:487–491
Rb gene, **53**:8
RBP, *see* Retinol-binding protein
Reagents, bifunctional, in cross-linking studies, **54**:172
Receptor
  dynamics and function, **41**:227–229
  inactivation assays, **41**:216–217
  properties and structure, **41**:226–227
  proteolysis, **41**:227
Receptor-mediated theory, peroxisome proliferator activity, **54**:126
Receptor signaling
  detailed mapping, **48**:97–98
  pathway-selective modulation, **48**:94–96
Recommended dietary allowances, pantothenic acid, **46**:168
Reconstitution, receptor heterocomplex, **54**:192–193
5α-Reductase, **43**:146, **49**:386–388
  activity in marsupials, **43**:176
  deficiency, **43**:161–165, **49**:395
  inhibitors, **49**:448–449
  prostatic, estramustine phosphate effects, **33**:144
  in test system for chemotherapeutic agents, **33**:157–166
R effect, **46**:128–129

Regeneration
  glucocorticoid-binding activity, **54**:187–188
  α-tocopherol, ascorbic acid role, **52**:12
Reifenstein syndrome, **43**:166–168
Relaxin, **41**:13, 79–115
  amino acid sequences, **41**:88–92
  assay, **41**:96
  A and B chains, amino acid sequence comparison, **41**:90–91
  B chain, insolubility, **41**:95
  cDNA cloning, **41**:80–81
  connecting peptide fragments, synthesis, **41**:97
  covalent structure, **41**:82, 86–94
  C-peptide, **41**:86–88, 108
  effects on uterine cAMP, **41**:103–106
  evolution, **41**:93–94
  functions, **41**:79, 82
  genes, **41**:80–86
    DNA sequences, **41**:80–85
    human, **41**:81–82
  heterogeneity, **41**:85
  history, **41**:79–80
  homology, **41**:81–82
  IGFBPs and, **47**:56, 63
  iodination, **41**:106
  mechanism of action, **41**:97–106
  monoclonal antibodies, **41**:108
  mRNA
    localization, **41**:85–86
    processing, **41**:85
    sequences, **41**:85
  physiology
    in human female, **41**:107–108
    in human male, **41**:108
  porcine, chemical synthesis, **41**:94–96
  processing, **41**:88–93
  radioimmunoassay, **41**:107–108
  receptor binding, **41**:92–93
  receptors, **41**:106–107
  regulation of uterine contraction, **41**:97
  source, **41**:81
  species differences, **41**:88–94
  synthesis
    artificial prohormone approach, **41**:94–95
    by genetically engineered microorganisms, **41**:95
    human, **41**:96–97
    synthetic, **41**:94–97

  targets, **41**:79
  therapeutic potential, **41**:107–109
Releaser effects, in insects, analysis, **35**:292–298
Renin–angiotensin system, in gonadotrope subsets, **50**:267–268
Replication, breast cancer and, **45**:130, 134, 136–137
Reporter genes, zona pellucida and, **47**:145
Reproduction
  cannabinoid effects, **36**:203–258
  FSH and LH role, **30**:86–87
  neuroendocrine control of gonadotropin secretion, **38**:325–326
  sexual behavior, **38**:326–333
  vitamin A deficiency and, **38**:4–7
Reproductive cycle, hormone antibodies in, **31**:187–192, 194–195
Reproductive system
  IGFBPs and, **47**:56–57, 63–64, 67
  IGF in, **48**:27–31
  vitamin D effect, **49**:300–301
Reserpine, effect on relaxin-dependent uterine cAMP increase, **41**:104
Respiratory chain
  alcohol dehydrogenase coupling, **46**:259–260
  glucose dehydrogenase coupling, **46**:253–254
  methanol dehydrogenase coupling, **46**:256–257
  methylamine dehydrogenase coupling, **46**:257–259
  quinoprotein dehydrogenase coupling, **46**:253
Respiratory tract, glycoprotein synthesis and vitamin A in, **35**:6–7
Responsiveness
  gonadotrope, protein kinase C role, **50**:172–177
  hormone, drug effects, **54**:185–186
Resting metabolic rate
  exercise and, **43**:23–24
  fat-free mass and, **43**:4–5, 7, 49–50, 59, 65–66
Resting quotient, **43**:14
Reticulocyte lysate system, steroid hormone binding in, **54**:189–191
Retina
  diseases, RBP in, **31**:30–31
  ganglion cells, IGF, **48**:31

11-*cis*-Retinal, cellular binding protein, **36:**25–26
Retinoic acid, **35:**43–46
   cellular binding protein, **36:**13–17
   in glycoprotein biosynthesis, **35:**45
   IGFBPs and, **47:**64, 67–68
   isomers, therapeutic use in humans, **51:**404
   in mannolipid biosynthesis, **35:**45
   phosphorylated derivatives, **35:**45–46
   status of, **38:**47–48
   structure, **36:**15
   teratogenesis, **51:**404
   tumor cell growth inhibition, **49:**364–365
   urinary metabolism, **32:**240–244
Retinoic acid-binding protein, cellular
   cancer and, **36:**21–25
   characteristics, **36:**14–17
   detection and estimation, **36:**13–14
   distribution, **36:**14
   nucleus and, **36:**17–19
   perinatal development, **36:**19–20
Retinoic acid receptors, **49:**328
   alternative dimerization partners, **49:**348–349
   in cancer and chemoprevention, **49:**362–363
   coreceptor, **49:**344–346
   dimerization, **49:**340
   DNA binding domain, **49:**334–335
   dominant negative mutants, **49:**343–344
   hetero- and homodimers, **49:**344–345
      retinoid X receptor-independent pathways, **49:**351
   ligands selective for, **49:**357–360
   mutations defining possible silencing domain, **49:**344
   ninth repeat, **49:**340
   reporter gene activation, **49:**27
   subtype and isoform function, **49:**346–348
   in therapy, **49:**363–366
Retinoic acid response elements, **49:**354–355
Retinoid antagonists, **49:**361–362
Retinoid-binding proteins, **51:**422–427
   AP-1 inhibition and, **51:**440–441
   cellular, **51:**424–425
   cytoplasmic, **51:**405

   expression patterns and genetic analysis, **51:**427–436
   anomalies in single and double null mutants, **51:**430–431
   RARa, **51:**433
   RARb, **51:**429–430
   RARg, **51:**430, 432–433
   RARs, **51:**429–433
   RXRs, **51:**433–435
   genes, transgenic studies, **51:**426–427
Retinoid receptor response elements, **49:**349–350, 354–356
Retinoid receptors, **49:**327–367
   A/B domain, **49:**335–336, **51:**407–408
   acidic activation domains, **49:**338
   acute promyelocytic leukemia, **49:**366–367
   AF-1, **49:**336–337
   AF-2, **49:**337–339
   background, **51:**405–407
   classification, **49:**330–331
   conserved amino acids, **49:**340
   DEF domains, **51:**411–413
   dimerization, **51:**412
      activity and, **51:**415–417
   DNA binding domain, **49:**333–335
      or C binding domain, **51:**408–411
   evolutionary trees, **49:**330, 332
   factors affecting activity
      dimerization, **51:**415–417
      DNA binding site, configuration and sequence, **51:**420–422
      inhibitors of function, **51:**417–418
      ligand availability, **51:**413–415
      mediation of transactivation, **51:**418–419
      post-translational modifications, **51:**419–420
   function, **51:**408–409
   functional domains, **51:**405–406
   general features, **49:**329
   heterodimers, **51:**409–410
   interactions
      AP-1, **49:**352–353
      chicken ovalbumin upstream promoter, **49:**351–352
   ligand binding domain, **49:**335–339
      zipperlike structure, **49:**339–341
   monomers, dimerization, **49:**339–341
   nuclear localization sequence, **51:**411
   protein–protein contacts, **51:**409

signaling, hsp90 role, **54:**183
superfamily, **49:**328–333
T- and A-box comparison, **49:**334–335
transactivation, **51:**412
transcriptional activation domains, **49:**335–339
Retinoids, **51:**403–442, *see also* Vitamin A
  action in tumor tissue, role of intracellular binding proteins in, **40:**125–130
  administration to
    experimental animals, carcinogens and, **40:**112–117
    human cancer patients, **40:**117
  cell adhesion molecules and, **51:**440
  cellular protein binding, **40:**122–123
  effect on differentiation and proliferation of tumor tissue, **40:**124–125
  future directions, **51:**441–442
  Hox gene regulation, **51:**437–439
  as morphogen, **51:**439–440
  phosphorylated
    chemical synthesis, **35:**23–24
    structures, **35:**22
  selective, **49:**356–361
  transforming growth factor b family regulation, **51:**439
  tumor resistance, Bcl-2 family proteins as determinants, **53:**113–114
Retinoid X receptor-responsive elements, **49:**355–356
Retinoid X receptors, **49:**6, 293–294, 328, **51:**405
  in cancer and chemoprevention, **49:**362–363
  dimerization, **49:**340
    propensity for, **51:**416–417
  DNA binding domain, **49:**12, 333–334
  dominant negative mutants, **49:**343
  expression patterns and genetic analysis of function, **51:**433–435
  hetero- and homodimers, **49:**27, 345
    independent pathways through, **49:**351
    response mediation by, **49:**349–351
    separating, **49:**341–343
  heterodimers, **51:**434–435
  homodimers, **51:**416
  ligands selective for, **49:**360–361
  ninth repeat, **49:**340
  in therapy, **49:**363–366

Retinol
  cellular binding protein, **36:**5–13, **38:**42–44
  cellular lipoglycoprotein binding of, **36:**26–27
  cellular uptake of, **36:**3–5
  deficiency, RBP in, **31:**31–33
  delivery of, **38:**44–46
  in galactosyl phosphate biosynthesis, **35:**46–52
  in glycoprotein synthesis, **32:**202–210
  in kidney, **32:**224–225
  metabolism, **32:**181–214
  mode of action, similarity to that of steroid hormones, **38:**46–47
  processing, cellular uptake and, **32:**193–201
  radiolabeled, vitamin A metabolism studies using, **32:**251–275
  toxicity, **43:**117
  transport in blood, **38:**40–42
  urinary metabolites, **32:**240–244
Retinol-binding protein, **31:**1–42, **38:**42–44
  amino acid composition, **31:**14–15
  apo-derivative, **31:**22–23
  assay, **31:**34–39
  biochemistry, **31:**22–34
  cellular
    cancer and, **36:**21–25
    characteristics, **36:**8–12
    detection and estimation, **36:**6
    distribution, **36:**7–8
    in eye, **36:**11
    human protein compared to, **36:**12–13
    low molecular weight type, **36:**28
    nucleus and, **36:**17–19
    perinatal development, **36:**19–20
    7 S and 8 S types, **36:**28
  chemical properties of, **31:**7–17
  chemical studies on, **32:**171–173
  circular dichroism of, **31:**21–22
  complex with prealbumin, **31:**4–5, 23–27
    separation of RBP from, **31:**5–6
  congener formation by, **31:**8–12
  dark adaptation and, **32:**183–185
  electrophoretic mobility of, **31:**12–14
  experimental-animal studies on, **32:**175–178
  extraction of, **31:**34–35

Retinol-binding protein (*continued*)
  fluorescence by, **31**:19–21
  fluorometric assay of, **31**:35–36
  heterogeneity of, **31**:7–12
  immunoassay, **31**:36–37
  interaction with small intestine cells, **32**:194–199
  isoelectric point of, **31**:17
  isolation, **31**:3–7
  in kidney, **32**:224–232
    in subcellular fractions, **32**:230–231
  in liver, **32**:216–224
    in subcellular fractions, **32**:220–223
  metabolism, **32**:167–214
    regulation, **31**:33–34
  molecular weight, **31**:13–14
  physical properties, **31**:17–22
  physiological action, **32**:173–175
  in plasma, **31**:25–34
  prealbumin and, **32**:168–169
  species differences in, **31**:37–39
  spectrophotometric studies, **31**:17–22
  terminal residues, **31**:15–17
  in tissues, **32**:215–235
    by immunofluorescence, **32**:216–218, 225–230
  turnover, **31**:34, **32**:185–193
    kidney, **32**:190–193
    metabolic state, **32**:186–190
  UV absorption, **31**:17–19
13-*cis*-Retinoyl phosphate
  biological activity, **35**:34
  biosynthesis, **35**:27–31, 33–38
  stability, **35**:30–33
Retinyl phosphate, structure, **35**:22
Retinylphosphate galactose, as intermeditate in galactosyl transfer, **32**:206–210
Retinylphosphate monosaccharides, in small intestine cells, **32**:199–201
Retraction effect, **46**:128–129
Reverse transcriptase–polymerase chain reaction, GnRH receptor, mRNA, **50**:157
Reverse transformation, cAMP-dependent, **51**:125
Rhesus monkey
  chemical communication, **34**:141–155
  female, olfactory perception of endocrine status, **34**:148–151
  hormonal factors and female attractiveness, **34**:144–148
  sex-attractant acid changes, **34**:173–177
  vaginal secretions, behavioral effects, **34**:153–155
Rheumatoid arthritis
  free radicals and antioxidant intake in, **52**:42–44
  vitamin E and possible pain reduction, **52**:56
Rh isoimmunization
  estrogen in, **30**:313–314
  HCG levels, **30**:291
  human placental lactogen in, **30**:296–297
  progesterone in, **30**:338
Rhodopsin, *see also* Bacteriorhodopsin
  activated, **51**:194
  arrestin specificity, **51**:224–225
  binding to retinal arrestin, **51**:219–223
  oligosaccharides, NMR, **46**:12
  phosphorylation, **51**:205
    by β-adrenergic receptor kinase, **46**:15
Rhodopsin kinase
  C-terminal domain, **51**:202–203
  intramolecular autophosphorylation, **51**:207
Rhodospirillum rubrum, succinate dehydrogenase, **32**:13
Ribonucleoproteins, interaction with dihydrotestosterone-receptor complexes, **33**:307–308
Ribonucleotide reductase, **50**:50
  cobalamin requirement by, **34**:6
  vitamin B_{12} and, **34**:8
Ribosomal protein S6, phosphorylation, **41**:57
Ribosomes
  breast cancer and, **45**:148
  zona pellucida and, **47**:127–129
Rickets, **49**:281
  genetic basis, **49**:286
  hypophosphatemic, **43**:105, 121–122
  mutations in VDR DNA-binding domain, **49**:35, 37
  vitamin D role, **32**:139–140
RIP140
  contact with PPAR by conserved peptide motifs, **54**:149–150
  ligand-independent interaction with PPAR, **54**:147–148
  as PPARa AF-2 cofactor, **54**:144–145

and SRC-1/TIF2, PPAR coactivators, **54**:150–152
ternary complex with PPAR/RXR heterodimer, **54**:150
RNA
biotin, **45**:343, 350, 356
breast cancer and, **45**:148–149
IGFBPs, **47**:23, 43, 89
expression *in vitro*, **47**:55, 59
expression *in vivo*, **47**:32, 36–40
IGF-I receptor, **53**:81–82
messenger, *see* Messenger RNA
metabolism, vitamin D effects, **32**:279–282
transcripts, alternative processing, **49**:249–252
zona pellucida and, **47**:121, 126–128, 138, 140–141
RNA polymerase
biotin, **45**:350
vitamin D activity and, **32**:281–282
RNA polymerase II, in initiation complex, **54**:125–126
RNA radioautography, prostate explants, **33**:29
RNase, breast cancer and, **45**:143, 149–150
RNA synthesis
aldosterone, **38**:65–68
dihydroxycholecalciferol effects, **32**:341–342
estrophilin effects, **32**:107–117
in intestinal nuclei, **37**:52–53
in prostate explants, **33**:18–29
vitamin A, **38**:30–32
RPB, *see* Retinol-binding protein
RPTP-ε, role in insulin action pathway, **54**:80
RU486
antiprogestin, **52**:112
progesterone receptor sensitive to, **49**:32
RU 38,486, synthetic progestin, **41**:236
Ruffled border membrane
carbonic anhydrase localization, **46**:45–46, 52
H$^+$,K$^+$-ATPase localization, **46**:49, 52
Rumen juice
growth-stimulating substance in, **46**:236
pyrroloquinoline quinone in, **46**:234
Ruminants, glucocorticoids and parturition in, **30**:260–261

RXR
and PPAR
DNA-bound heterodimer, **54**:150
synergistic action, **54**:140–141
as PPAR heterodimerization partner, **54**:145–147
Ryanodine, Ca^{2+} stores sensitive to, **48**:224–225
Ryanodine receptors
cardiac sarcoplasmic reticulum vesicles, **48**:236
in skeletal muscles, **44**:222–224
types, **48**:228–229

S

Saccharomyces cerevisiae, synthesizing activity, **46**:195
Saka cells, **52**:80
Sake, pyrroloquinoline quinone in, **46**:234
Salivary glands
blowfly, phosphatidylinositol turnover, **41**:144–151
secretion, gastrointestinal hormones and, **39**:303–304
Salmon, vitamin B$_6$ requirements for growth, **48**:284–285
Saralasin, in blood pressure regulation, **41**:39
Sarcoma 180, CoA levels in, **46**:207
Sarcoplasmic/endoplasmic reticulum, Ca^{2+}-ATPase pumps, **54**:99
Sarcoplasmic reticulum
cardiac, cADP-ribose-dependent Ca^{2+} release, **48**:235–236
skeletal muscle
Ca^{2+}-release channels, **44**:221–224
Ca^{2+} shuttle to and from T-tubules, **44**:242–243
terminal cisternae, **44**:222–227
Sarcosine, folypolyglutamate synthesis and, **45**:272–273, 288, 291
Sarcosine dehydrogenase
8α-histidyl-FAD in, **32**:14–15
covalently bound flavin in, **32**:3
Satiety
affecting caloric balance, **54**:37–38
for alcohol, **54**:45
Satiety signals, experimental obesity and
dietary, **45**:58–64, 67
genetic, **45**:32–37
hypothalamic, **45**:17–20

Scanning electron microscopy,
  unmineralized organic material on
  bone surface, **46:**67
Schizophrenia, brain peptides in,
  41:34–35
Screening
  anti-idiotypic immunological, calcitonin
    receptor, **46:**144
  ligand, PPARs, **54:**133
  low stringency, orphan receptors, **46:**2
  neonatal, for 21-hydroxylase deficiency,
    49:164
Screening programs, prostate cancer,
  49:434
Scurvy
  genetic basis, **36:**33–52
  hydroxyproline excretion in, **30:**26–28
  inhibition of collagen protein synthesis
    in, **30:**36–36
  missing enzyme in, **36:**34–38
SDS–PAGE
  activin from PFF, **44:**26–27
  G-γ subunits, **44:**82–83
  G protein subunits, **44:**52–53
  G_s-α subunit, **44:**79
  homoactivin A from PFF, **44:**30–31
  inhibins from PFF, **44:**10–12
  transducin-β subunit, **44:**81–82
Sea urchin eggs
  as Ca^{2+} release model system,
    48:221–224
  cGNP effects on Ca^{2+} release,
    48:219–220
  cyclic ADP-ribose-sensitive Ca^{2+} stores,
    48:225–227
  fertilization, cyclic ADP-ribose role,
    48:244–245
  membrane G protein, **44:**74
  microsomes, cyclic ADP-ribose receptor
    binding, **48:**237–239
Sebaceous glands, androgen action,
  49:386–388
1′,3′-Secoadenosylcobalamin, **50:**48
2′,3′-Secoadenosylcobalamin dialdehyde,
  50:48
Second messengers
  androgen receptor expression
    regulation, **49:**408–409
  inert photolabile precursors, **46:**145
Second messenger systems, **42:**198–200
  compartmentation, **42:**200–239
  evidence for, **42:**203–229
  for GnRH, **50:**165–166, 197, 199
  potential for, **42:**200–203
  proposed mechanisms, **42:**229–239
  site-specific antisera and, **42:**240–242
Secretin, **41:**4, 15
  amino acid sequences, **39:**246–248
Secretogranins, distribution, **50:**261
Secretory endometrium, IGFBPs and,
  47:36
Secretory protein-I, **43:**283
  distribution, **43:**302
  function, **43:**302–303
  properties, **43:**298–300
  similarity to chromogranin A, **43:**301
Selenium
  antioxidant activity, **52:**36
  dietary requirement, **32:**439–441
  enzyme function, **32:**430–432
  glutathione peroxidase and, **32:**437–439
  vitamin A and, **32:**429–461
Seminal plasma, IGFBPs and, **47:**35–36
Seminiferous fluid, androgen-binding
  protein in, **33:**289–291
Sensory nervous system, CGRP
  distribution, **46:**140–141
Septal area, cerebral, behavioral
  functions, **37:**222–223
Sequences
  11β-hydroxysteroid dehydrogenase,
    47:227, 231–232
  IGFBPs, **47:**42, 70, 72, 81
    expression *in vitro*, **47:**57, 59–60
    expression *in vivo*, **47:**33–34
    genes, **47:**5, 8–13, 15–21
  laminins, **47:**163–164, 174–176
  zona pellucida and
    functions, **47:**130, 132
    gene expression, **47:**137–139, 141,
      143, 145
Sequestration, β-adrenergic receptors,
  46:22–23
Serine
  biotin and, **45:**343
  conversion to glycine, folic acid in,
    34:12–13
  folypolyglutamate synthesis and
    folate, **45:**265–266, 271, 273–274
  role, **45:**295
Serotonergic receptors
  conserved amino acids, **46:**3
  proline residue in transmembrane
    spanning domain II, **46:**3, 8

Serotonin, **41:**2, 31
  biosynthesis, regulation by 14-3-3
    protein, **52:**153–154
  distribution, **41:**27–29
  effects
    erythropoiretin biogenesis,
      31:134–135
    myometrial activity, **31:**282–283
    NPY-induced appetite, **54:**57
    phosphatidylinositol turnover, **41:**128,
      144–149
  experimental obesity and, **45:**78
    dietary, **45:**67–69
    hypothalamic, **45:**11–12, 16
  in phosphatidylinositol breakdown,
    41:118
  suppression by chronic stress,
    51:377–380
Sertoli cells
  androgen-binding protein as function
    marker, **49:**220–225
  hormonal stimulation by, **34:**199–206
  IGFBPs and, **47:**67
  IGF expression, **48:**30
  inhibin secretion, **44:**37
  laminins, **47:**179
Serum
  anabolic factors in
    insulin-like activity, **40:**178
    multiplication stimulating activity,
      40:177–178
    sulfation fctor activity, **40:**178–179
  calcium levels, during lactation,
    37:305–321
  estriol in, assays, **35:**130–132
  glycoprotein synthesis and vitamin A
    in, **35:**12–13
Serum albumin, pyrroloquinoline quinone
  binding, **46:**234–235
Set points, **43:**25–26
Sex
  determination, zona pellucida and,
    47:115, 122–123
  fetal
    estrogen levels, **30:**311
    HCG levels, **30:**290
Sex-attractant acids, source, **34:**171–172
Sex hormone-binding globulin,
  49:197–262
  amino acid sequences, **49:**199, 209–211
  binding site distribution, **49:**231
  Cys residues, **49:**213
  DHT-binding, **49:**238
  expression
    during development, **49:**259–261
    ovary, brain, and other tissues,
      49:256–259
  free hormone hypothesis, **49:**225–226
  genes
    coding region, **49:**246–247
    homology, **49:**244–245
    partial restriction map and
      organization, **49:**241, 243
    structure and transcription,
      49:240–249
    tissue-specific expression, **49:**246
    transcription start site, **49:**241, 244
  homologous domains, **49:**235–236
  hormonal regulation, **49:**254–256
  hydrophilicity plot, **49:**213, 215, 247,
    250
  immunoreactive, **49:**256–258
  interaction with steroids, **49:**227–228
  internalization by target cells, **49:**227,
    229
  membrane receptors, **49:**229–233
  molecular weight, **49:**207
  nomenclature, **49:**200
  novel functions, **49:**233–240
  N-terminus, **49:**247–248
  physiological role, **49:**225–227
  precursors, **49:**210
  RNA transcripts, alternative
    processing, **49:**249–252
  sex steroids, selective delivery,
    49:226–227
  shuttle mechanism, **49:**227–228
  species distribution, **49:**201–202
  structure
    cDNA cloning, **49:**208–211
    functional domains, **49:**214–219
    glycosylation and chemical
      properties, **49:**211–214
    polymorphisms, **49:**219–220
    purification and subunit structure,
      49:203–208
  quantitative measurement, **49:**202
Sex hormones, thermogenesis and,
  43:19–20
Sex-limited protein, **49:**412–413
Sex steroid-binding protein, *see* Sex
  hormone-binding globulin
Sexual activity, gonadal steroid antibody
  effects, **36:**186–187

Sexual behavior
  differentiation of brain and, **38**:338–341
  neuroendocrine control, **38**:326–333
Sexual development, **43**:145–185
  anatomical aspects, **43**:148–155
  in brain, **43**:171–174
  chromosomal sex, establishment of, **43**:147–148
  estrogen, role in, **43**:176–178
  gonadal sex, establishment of, **43**:148–150
  in marsupials, **43**:174–176
  phenotypic sex, establishment of, **43**:1510–154
Sexual differentiation
  gonadal steroid antibody effects, **36**:184–186
  male, **51**:350–351
Sexual dimorphism, and leptin levels, **54**:8
SF-1, *see* Steroidogenic factor-1
SH blockers, insulin-sensitive glucose transport and, **44**:130–132, 136
Sheep
  gestational endocrinology, **30**:270
  LH-RH effects, **30**:137
  prolonged gestation, **30**:257–258
  thiamine deficiency, **33**:492–499
  vitamin B_6 requirements for growth, **48**:279–280
Shell gland, hen, calcium-binding protein, **32**:311–312
SHP-2
  expression in liver, **54**:73–74
  role in insulin action pathway, **54**:79–80
Sialagogic peptide, substance P as, **35**:215
Signal coupling, TSHR, via G proteins, **50**:303–311
Signaling
  capacitative Ca^{2+}, **54**:113–114
  cross-talk between PPAR/RXR and other nuclear receptors, **54**:141
  insulin, reversible tyrosine phosphorylation in, **54**:68–69
  receptor
    detailed mapping, **48**:97–98
    pathway-selective modulation, **48**:94–96
Signal peptide, calcitonin–CGRP genes
  characterization, **46**:94
  hydropathy plots, **46**:99
Signal recognition particle, **43**:289

Signal sequence, **43**:289
Signal transduction
  laminins and, **47**:162, 177, 179
  PPAR, **54**:138–139
  through steroid hormone receptors, **54**:183
  transmembrane, **48**:180
  zona pellucida and, **47**:121, 134
Signal transduction pathways
  activation by steroids, **51**:303–305
  cAMP-dependent, **51**:2–5
  estrogen receptor-mediated, initiation, **52**:106–107
  gene transcription regulation, **51**:3–4
  IGF-I receptor, **53**:68–70
  modulators, steroid hormone receptors activity regulation, **51**:301–303
  progesterone receptor-mediated, initiation, **52**:106
  14-3-3 proteins and, **52**:166–169
Silk moth, calling behavior in, hormonal release, **35**:297–298
Single carboxylase deficiency, biotin and, **45**:351–352
Singlet oxygen, micronutrients active against, **52**:36–37
Site-specific mutagenesis, N-linked glycosylation in b_2-adrenergic receptors, **46**:12
SITS, effect on osteoclastic bone resorption, **46**:51–52
Skeletal muscle
  excitation–contraction coupling
    Ca^{2+} channel drug effects, frog, mammal, **44**:227–237, 244–246
    Ca^{2+} currents
      during development, **44**:237–238
      muscular dysgenesis and, mouse, **44**:238–239
    Ca^{2+}-release channels and, **44**:221–224
    Ca^{2+} shuttle between T-tubules and sarcoplasmic reticulum, **44**:242–243
    chemical hypothesis, **44**:225–227
    electrical hypothesis, **44**:224
    mechanical hypothesis, **44**:224–225
    T-tubules and, **44**:221–227
  membrane-associated PTPases localized to, **54**:85
  PTPase activity in type II diabetes, **54**:87–88

PTPase expression, **54:**73–74
soleus, insulin studies, **44:**113–114, 127–128, 130–131
thermogenesis in, **43:**20–22
Skeletal muscle, Ca^{2+} channel purification
  polypeptide pattern, **44:**288–289
  reversible binding characteristics, **44:**289–292
  specific drug receptors
    densities, **44:**282–283
    procedures, **44:**285–288
    solubilization, **44:**281, 284–285
Skeletal muscle, 1,4-dihydropyridine receptors
  density
    in muscular dysgenesis, mouse, **44:**238–239
    normal, frog, rodent, **44:**240–241, 282–283
    during development, chicken, **44:**246–247
    cAMP system and, **44:**247–248
    photoaffinity labeling, **44:**263, 265–267
Skeleton
  abnormalities, in PTHrP-negative mice, **52:**181–184
  calcium content, during lactation, **37:**335–337
  protein synthesis and vitamin D in, **31:**69–72
Skin
  7-dehydrocholesterol in, **37:**4–5
  glycoprotein synthesis and vitamin A in, **35:**13–15
  lesions, biotin and, **45:**364–367
  lipids in, UV radiation effects, **37:**6
  microvasculature, CGRP effects, **46:**135–136
  in pellagra, **33:**521–522
  sterol absorption by, **37:**19–20
  UV light penetration, **37:**17–19
  vitamin D in, **37:**11–14
    absorption, **37:**19
    synthesis, **37:**9–10
Sleep peptides, **41:**4
Slow-reacting substance of anaphylaxis, structure, **39:**6–14
Small cell lung carcinoma cells, IGFBPs and, **47:**61
Smoking
  cigarette, antioxidants and, **52:**53–56

obesity and, **43:**46–47, 64
Smooth muscle
  actin and myosin, structure, **41:**98
  contraction, **41:**98–99
    hormonal regulation, **41:**99–103
  myosin light chains, **41:**98
  substance P effects, **35:**260–262
  vascular, 11β-hydroxysteroid dehydrogenase and, **47:**240–241
Smooth muscle cells, vascular, IGFBPs and, **47:**65, 67, 80, 82–83, 85
SNAP-25
  in acinar tissue, **54:**217
  heterooligomeric complex formation, **54:**209–210
  interactions with synaptotagmin, **54:**211–212
SNARE proteins
  adrenal chromaffin and PC12 cells, **54:**214
  exocrine cells, **54:**217–219
  homologous to yeast proteins, **54:**209
  interactions with synaptotagmin, **54:**211–212
  pancreatic endocrine cells, **54:**215–216
  pituitary, **54:**216–217
Sodium
  biotin and, **45:**360
  calcium homeostasis in birds and, **45:**183–184, 206
  dependency, pantothenic acid transport, **46:**177–179
  experimental obesity and, **45:**75
  11β-hydroxysteroid dehydrogenase and, **47:**219, 224, 236, 240
Sodium azide, inhibition of pantothenic acid transport, **46:**185
Sodium dodecyl sulfate–polyacrylamide gel electrophoresis, *see* SDS–PAGE
Sodium flouride, G protein activator, **50:**168
Sodium ion pumping, thermogenesis and, **43:**18, 64
Sodium retention
  licorice ingestion, **50:**462–464
    amplification by, **50:**469–470
    11β-hydroxysteroid dehydrogenase, **50:**467
    interactions between glucocorticoids and mineralocorticoids, **50:**466
    mammalian kidney and toad bladder, **50:**465–466

Sodium retention (*continued*)
  separability from K⁺ secretion,
    50:471–473
Solanum malacoxylon, factor from,
  comparison with
  dihydroxycholecalciferol, **32**:300–303
Somatic cells
  11β-hydroxysteroid dehydrogenase and,
    47:231
  zona pellucida and, **47**:119–120,
    122–123
Somatolactin gene, structure, **50**:387–388
Somatolactotropes, GH and prolactin
  secretion, **50**:392–395
Somatomedin receptors, **40**:178–191
Somatomedins
  assay techniques, **40**:194
  bioassay, **40**:195
  biological effects
    in vitro, **40**:185–187
    in vivo, **40**:187–189
  chemical characterization
    human, **40**:180–182
    nonprimate, **40**:182–184
  circulating forms, **40**:191–194
  content of circulation
    in blood, **40**:199–209
    cerebrospinal fluid, **40**:209–210
    exocrine fluid, **40**:210
  effects on cartilage, **33**:587–597
  proposed integrated biological role,
    40:217–218
  protein binding assay, **40**:196
  radioimmunoassay, **40**:196–199
  radioreceptor assay, **40**:195–196
  regulation of, **40**:212–216
  source of, **40**:210–212
Somatostatin, **41**:4, 17, **48**:73
  concentrations, alterations in CNS
    disease, **41**:40
  distribution, **41**:27–28
  food intake and, **43**:10
  in milk, **50**:82
  negative regulatory control, **50**:394
  in pain perception, **41**:32
  pertussis toxin sensitivity, **48**:74–75
  precursor, **41**:20–22
Somatostatin-28, amino acid sequence,
  39:255–256
Somatostatin receptors, **48**:66
Somatotropes
  binding GnRH, **50**:249–254

cAMP-mediated positive growth control,
  51:87
expression of LH and FSHb subunit
  mRNAs, **50**:249–251
GH secretion, **50**:392–395
as maturing gonadotropes, **50**:254–255
as regulatory cell for gonadotropes,
  50:255–256
Somatotropin, chorionic, **41**:19
Somnolence, abnormal, **43**:59–60
Soy sauce, pyrroloquinoline quinone in,
  46:234
Species differences
  in osteoclast formation, **46**:58–59
  RBP, **31**:37–39
Species specificity, 11β-hydroxysteroid
  dehydrogenase and, **47**:205
Sperm
  in vitro fertilization and, **43**:256, 259
  zona pellucida and, **47**:132–136, 146
  acrosome reaction, **47**:133–134
Spermatogenesis
  cannabinoid effects, **36**:214
  hormonal regulation, **34**:187–214
  inhibin effects, **37**:280–282
Sphincter
  esophageal
    gastrin effect, **32**:60–61
    pressure, gastrointestinal hormones
      and, **39**:304–306
  pyloric, gastrointestinal hormones and,
    39:311
Sphincter of Oddi, and putative pancreatic
  duct sphincter, gastrointestinal
  hormones and, **39**:313–314
Spinal bulbar muscular atrophy, X-linked,
  49:395–396
Spinal cord
  CGRP distribution, **46**:140
  enkephalin activity, **36**:321–327
  substance P in, **35**:234–236
Spirolactone, 11β-hydroxysteroid
  dehydrogenase and, **47**:219–220,
  223–224
Spironolactone, in therapy of benign
  prostatic hyperplasia, **33**:451
Spleen
  11β-hydroxysteroid dehydrogenase and,
    47:200, 202, 213
  stromal cells, **46**:59–60
Squirrel, vitamin B_6 requirements for
  growth, **48**:271–272

SUBJECT INDEX

SRC-1, complex with nuclear receptors, **54:**152
src homology 2, insulin receptor substrate proteins, **54:**69–70
SRC-1/TIF2, and RIP140, PPAR coactivators, **54:**150–152
Starvation, *see also* Fasting
  effects on CoA levels, **46:**189–190
  thermogenesis and, **43:**48–50, 74–79
ST3 cells, differentiation, **46:**60
Stein-Leventhal syndrome, myometrial changes in, **31:**263–264
Stem cell model, prostate organization, **49:**463–467
Steroid antagonists, mechanism of action, **33:**231–233
Steroid-binding macroproteins, prostatic, estramustine phosphate effects, **33:**146–148
Steroid hormone biosynthesis, **51:**340–347
  adrenal cortex, **51:**341–343
  brain, **51:**345
  ovary, **51:**344
  pathways, **51:**340–346
  placenta, **51:**344–345
  regulation, **51:**346–347
  testis, **51:**343–344
  uterus, **51:**345–346
Steroid hormone receptors, **33:**223–245, 649–731
  androgen, **33:**678–686
  associated heat shock proteins, **54:**177–186
    in vitro, **54:**189–193
  complexes, purification, **33:**235–237
  complexity and physiopharmacology, **33:**712–716
  ecdysone, **33:**699–700
  equilibrium subcellular distribution, **51:**326, 329
  estrogen, **33:**656–669
  fate of, **33:**705–706
  geldanamycin effect, **54:**186–189
  glucocorticosteroids, **33:**687–695
  heat shock protein interactions, **51:**330–331
  historical aspects, **33:**653–656
  hormone action and, **33:**701–706
  hormone binding, **51:**296
  interactions, **33:**709–712
  mineralocorticosteroids, **33:**695–699
  nonactivated, structure, **54:**170–177
  nuclear acceptor and, **33:**704–705
  nucleocytoplasmic shuttling, **51:**323–333
    controversies, **51:**327–329
    glucocorticoid receptor subcellular localization, **51:**324
    historical perspective, **51:**323–324
    new model, **51:**329–332
    transient heterokaryons, **51:**324–326
  ovarian, *see* Ovarian steroid hormone receptors
  phosphorylation
    identification as phosphoproteins, **51:**291–292
    in vivo phosphorylation site identification, **51:**292–293
    kinases and, **51:**293–296
  progesterone, **33:**670–678
  regulation by phosphorylation
    in vitro studies, **51:**296–297
    mutational analysis, **51:**298–301
  regulation of activity by modulators of signal transduction pathways, **51:**301–303
  signal transduction pathway activation, **51:**303–305
  states, **54:**169–170
  structure and function, **51:**290–291
  subcellular localization, **51:**316–323
    historical perspective, **51:**316–317
    nuclear import, **51:**317–323
    nuclear localization signal sequences, **51:**317–320
  subcellular trafficking pathway, **51:**315–316
  thyroid hormone, **33:**700
  transformation and activation, **33:**701–703
  vitamin D, **33:**700
Steroid hormones, **51:**289–307, *see also specific steroid hormones*
  action, **51:**289–290
    model, **51:**305–307
  biosynthesis
    and cytochrome *P*-450, **42:**315–359
    LH effects, **36:**557–559
    in testis and ovary, **36:**461–592
  delivery and mode of action, **38:**35–40
    similar to vitamin A, **38:**46–47
  entry and release, **33:**230–231
  functions, **49:**131
  gene regulation by, **36:**259–295

Steroid hormones (*continued*)
  androgen, **36:**262, 271–272
  estrogen, **36:**260–269, 287–288
  glucocorticoids, **36:**263, 273–278
  progesterone, **36:**262, 269–271
  gene structure and activity, **36:**283
  gonadal, formation and metabolism in males, **43:**146–147
  human cancer and, **33:**706–709
  mechanism of action, **33:**224–227
  metabolism, **33:**233–235
  obesity and, **43:**19–20, 55–56
  protein induction by, **36:**260
  receptor role, **36:**281–283
  tissues producing, **52:**129–131
  transport in blood, **38:**35
  up-regulation of b_2-adrenergic receptors, **46:**28–29
Steroid hydroxylases
  bovine, cAMP response sequences, **52:**138–139
  14-3-3 protein interaction with, **52:**153–154
Steroid metabolism, **50:**459–478
  5α- and 5β-ring A reduction, **50:**474–475
  apparent mineralocorticoid excess syndrome, **50:**461–462
  endogenous inhibitors of 11β-OHSD and 5β-reductase, **50:**475–476
  enzyme inhibition by licorice, **50:**473–474
  11β-hydroxysteroid dehydrogenase, **50:**460–461
  licorice ingestion and Na$^+$ retention, **50:**462–464
  separability of Na$^+$ retention and K$^+$ secretion responses, **50:**471–473
  steroid metabolite inhibitors of 11β-OHSD and 5β reductase, **50:**477–478
  studies with stable isotopes, **39:**108–111
Steroid-metabolizing enzymes
  cytochrome P450, **49:**132–137
  DNA complex, **49:**13–19
  short-chain dehydrogenases, **49:**137–141
Steroid/nuclear receptors, **49:**1–39, *see also* Estrogen receptors; Glucocorticoid receptors
  binding to inverted repeats, **49:**24–26
  cellular function control, **49:**3
  DNA-binding domain, **49:**2, 4–6
  DNA target recognition and discrimination, **49:**19–29
  ERdbd/ERE and GRdbd/GRE complexes, **49:**13–19
  half-site spacing recognition, **49:**23–26
  hydrophobic core, **49:**9–11
  inverted and directly repeating target recognition, **49:**33
  in vivo recognition of nonconsensus response elements, **49:**29
  mutation effects, **49:**35
  nuclear receptor recognition of half-site spacing, **49:**26–28
  primary and secondary structure, **49:**2, 4–5
  salt bridge, **49:**11
  sequence reading, **49:**19–23
  structural conservation of motif, **49:**8–13
  zinc role, **49:**8–9
  DNA complexes, base contacts, **49:**21
  functional domains, **49:**2–3
  homology with glucocorticoid receptor, **49:**67–68
  hormone response elements, **49:**6–7
  interactions with other proteins, **49:**34–35
  ligand-binding domain, dimerization through, **49:**29–34
    dimerization interface, **49:**33
    discriminatory interfaces, **49:**32
    residues of conserved region, **49:**32–33
    subdomains, **49:**30–32
  mutations and disease, **49:**35–39
  reporter gene activation, **49:**33
  synergism, **49:**77–78
Steroidogenesis, **42:**329–337
  in endoplasmic reticulum, **42:**357–359
  in inner mitochondrial membrane, **42:**355–357
  and peptide hormones
    acute action, **52:**130–133
    chronic action, **52:**134–143
  protein organization in membrane, **42:**357–358
Steroidogenic acute regulatory protein, **52:**133, 144
Steroidogenic enzymes, **42:**337–355, **49:**145–177
  aromatase, **49:**169–170

cholesterol desmolase, **49**:145–147
11β-hydroxylase, **49**:152, 164–169
21-hydroxylase, **49**:150–151, 157–164
17α-hydroxylase/17,20-lyase,
   49:147–150, 154
3β-hydroxysteroid dehydrogenase,
   49:150, 154–157
11β-hydroxysteroid dehydrogenase,
   49:172–175
17β-hydroxysteroid dehydrogenase,
   49:170–172
5α-reductase, **49**:152–153, 176–177
transcriptional regulation
  cAMP-dependent, **52**:136–142
    and developmental and tissue-
      specific, coupling, **52**:142–143
  cAMP-independent, **52**:136
  developmental and tissue-specific,
   52:134–135
Steroidogenic factor-1
  in cAMP-dependent transcription of
   bovine steroidogenic enzyme genes,
   52:140–141
  in developmental expression of
   steroidogenic enzymes, **52**:134–135,
   142–143
  role in cytochrome P450 steroid
   hydroxylase expression,
   51:348–353, 356–357, 360
Steroid receptors, affinity labeling, **41**:222
Steroid 5β-reductase
  endogenous inhibitors, **50**:475–476
  steroid metabolite inhibitors,
   50:477–478
Steroids, *see also* Oral contraceptives
  binding
    glucocorticoid receptor, **49**:64, 67–69
     point mutation effect, **49**:91–95
    short-chain dehydrogenases, **49**:140
  binding domain, **49**:399–401, 416–417
    mutations, **49**:391
  biosynthetic pathways, **49**:141–145
    adrenal, **49**:141–143
    metabolism in target tissues, **49**:145
    ovary, **49**:144
    placenta, **49**:144
    testis, **49**:143–144
  breast cancer and, **45**:133–134, 136
  calcium homeostasis in birds and,
   45:179, 189
  effects
    GnRH receptivity, **50**:241

prolactin secretion, **30**:204–211
secretion of LH and FSH,
   30:112–120, 142–146
  negative feedback, **30**:114–118
  positive feedback, **30**:113–114
experimental obesity and, **45**:27, 63, 65,
   81, 83
extraction with
  solids, **39**:36–41
  solvents, **39**:33–36
11β-hydroxysteroid dehydrogenase and,
   47:188–189, 214–215, 217, 248
  clinical studies, **47**:220, 225
  developmental biology, **47**:206–210
  enzymology, **47**:225, 229, 231
  function, **47**:233, 235, 240–242,
   246–247
  properties, **47**:191–192, 194–200,
   203–204
hypothalamic and pituitary receptors
   for, **30**:118–119
hypothalamic metabolism and, **30**:119
identification by
  gas chromatography-mass
   spectrometry, **39**:65–82
  liquid chromatography-mass
   spectrometry, **39**:82–83
  mass spectrometry by direct inlet
   systems, **39**:59–65
labeled, deposition in prostate,
   33:172–178
metabolic clearance rate, **33**:210–212
metabolic profiles, **39**:96–108
purification and isolation procedures,
   39:41–42
  into groups, **39**:48–59
  into individual components, **39**:42–48
quantitation by
  gas chromatography-mass
   spectrometry, **39**:87–94
  gas chromatography-resolution mass
   spectrometry, **39**:94–96
  gas–liquid chromatography, **39**:86–87
  high-resolution mass spectrometry,
   39:87
  HPLC, **39**:84–85
zona pellucida and, **47**:117
Sterols
  cutaneous absorption, **37**:19–20
  vitamin D-like, biological activity,
   32:314–315
Stimulus-secretion coupling, **42**:160–163

Stoichiometry, hormone receptor subunits, **54**:171–172
Stomach
  emptying and motility, **39**:306–311
  gastrin degradation in, **32**:82
Store-operated channels, in capacitative Ca^{2+} influx, **54**:110–113
Streptavidin, biotin and, **45**:353–354, 356
Streptomyces, IGFBPs and, **47**:45
Streptozotocin, in prostatic cancer therapy, **33**:161–164, 169–170
Stress, *see also* Oxidative stress
  changes in hippocampus induced by, antidepressant effect, **51**:377–380
  chronic, CA3c pyramidal neuronal atrophy, **51**:377
  effects
    cognitive performance, **51**:391–393
    long-term potentiation, **51**:383–387
    prolactin secretion, **30**:174
  hippocampal neuronal atrophy, **51**:374–377
  interpretation by brain, **51**:371–372
  sensitization to, ACTH secretion and, **37**:131–132
  thermogenesis and, **43**:45–46
Stress hormones, CRF modulation, **54**:59–60
Stroma, breast cancer and, **45**:131, 139, 144, 148, 150, 158
Stromal cells
  induction of osteoclasts in hemopoietic cells, **46**:56
  osteoclast-inducing, in bone marrow, **46**:59–60
  prostate role, **49**:474
  ST2 cells, differentiation, **46**:60
Strontium, dietary, effect on calcium-binding protein, **31**:61–62
Structural plasticity, adrenal steroids receptor subtypes, role, **51**:387–388
Subcellular localization, 11β-hydroxysteroid dehydrogenase and, **47**:199
Substance P, **35**:209–281; **41**:2, 4, 17
  amino acid sequence, **35**:217–218, **39**:256–258
  assays, **35**:222–240
    bioassay, **35**:223–227
    immunoassay, **35**:227–231
  axon reflex and, **35**:253–254
  behavioral effects, **35**:257
  biological definitions, **35**:211–214
  biological potency, **35**:220–221
  calcium-dependent processes and, **35**:272–273
  cardiovascular effects, **35**:224–225, 260–261
  at central end of sensory neurons, **35**:247–253
  chemical properties, **35**:218–220
  chemical synthesis, **35**:218
  concentrations, alterations in CNS disease, **41**:40
  distribution, **41**:27–29
    in body, **35**:231–240
  effects on
    endocrine secretion, **35**:263–264
    exocrine secretion, **35**:262–263
    nervous system, **35**:225
    phosphatidylinositol turnover, **41**:128
    smooth muscle, **35**:260–262
  in enterochromaffin cells and blood, **35**:231–232
  glutamate compared to, **35**:251–253
  immunochemistry, **35**:230–231
  inactivation, **35**:259–260
  inhibitors, **35**:259
  isolation, **35**:214–217
  kinins compared to, **35**:21
  mechanism of action, **35**:259
  as more than one substance, **35**:221–222
  as motoneuron-depolarizing peptide, **35**:246–247
  in nervous system, **35**:232–240
    possible roles, **35**:241–259
  neuroactive compounds and, **35**:240
  in pain perception, **41**:32
  physiological significance, **35**:267–270
  as sensory transmitter substance, **35**:244–247
  sialagogic activity, **35**:214
  structure–function relationships, **35**:264–270
  tachykinins and, **35**:221–222
Substance P endopeptidase, **41**:26
Substitution mutants, β_2-adrenergic receptor, coupling to G proteins, **46**:16
Substrate specificity, 11β-hydroxysteroid dehydrogenase and, **47**:191–195
Succinate dehydrogenase, 8α-histidyl-FAD in, **32**:4–13
Succinic dehydrogenase complex, **32**:2

Sucrose
  dietary obesity and
    afferent systems, **45:**63
    central integration, **45:**68
    characterization, **45:**53, 55–56
    controlled system, **45:**73–75
    efferent control, **45:**69, 72
    experimental obesity and, **45:**86
Sugar substitutes, *see* Sweeteners
Sulfatase, placental deficiency, depressed estriol production in, **35:**135
Sulfation factor activity, in serum, **40:**178–179
Sulfhydryl reagents, inhibition of pantothenic acid transport, **46:**185
Sulfonamide inhibitors, of carbonic anhydrase, **46:**45–47
Sulfonyl halides, **41:**260–261
Superoxide radicals
  ascorbic acid scavenging, **52:**10–12
  in LDL oxidation, **52:**7–8
SV50 large T antigen, p53-dependent apoptosis, **53:**146–147
Sweeteners, **43:**60
Swine, vitamin B_6 requirements for growth, **48:**275–277
Sympathetic nervous system, experimental obesity and, **45:**2, 9, 20, 90
  controlled system, **45:**81
  controller, **45:**79
  dietary obesity, **45:**58, 66, 70, 72
  genetic obesity and, **45:**50–51
  hypothalamic obesity and, **45:**9, 11, 19, 21, 24
  mechanism, **45:**81–82, 86–89
Sympathoadrenal pathway, thermogenesis and, **43:**18
Synaptic vesicles
  and dense core vesicles, secretory mechanisms, **54:**212–214
  differing from dense core vesicles, **54:**207–208
  exocytosis, **54:**219–221
Synaptosomal-associated protein of 25 kDa, *see* SNAP-25
Synaptotagmin
  in neurotransmitter secretion, **54:**210–211
  role
    calcium-regulated secretion, **54:**219–221
    exocytosis, **54:**208–209

Synexin, properties, **42:**156–158
Synexin-related proteins, **42:**158–160
Syntaxin
  isoform 1A, overexpression, **54:**215–216
  study in pancreatic acinar cells, **54:**218–219

T

Tachykinins, substance P and, **35:**221–222
TAF-1, **49:**55–56
TAF-2, **49:**72–74
Tamarin, glucocorticoid receptor, **49:**93–94
Tamoxifen
  antiestrogen action, **51:**277–279
  breast cancer
    cell growth, **45:**135–138, 145, 150
    protein, **45:**154
Tamoxifen aziridine, **41:**223, 230–234
  efficiency and selectivity determination, **41:**218–220
  estrogen receptor affinity labeling, **41:**216–217
Tanner stage, leptin levels varying with, **54:**10
Target cells
  aldosterone, **38:**98–104
  1,25-dihydroxyvitamin D_3, **49:**297–301
  extracts, hormone receptors, **54:**170–175
  GnRH, estradiol-induced changes, **50:**225
  intact, hormone receptors and heat shock proteins, **54:**176–177
  sex hormone-binding globulin, internalization by, **49:**227, 229
  steroid hormone receptors, geldanamycin effect, **54:**186–189
Tartrate-resistant acid phosphatase, marker for osteoclasts, **46:**57
TATA box-binding protein, TFIID, **54:**126
T cells
  biotin and, **45:**368–369
  IGFBPs and, **47:**61
  mitogenic activation, inhibition by cAMP, **51:**78–80
  vitamin D receptor in, **49:**302
Telencephalon, enkephalin activity, **36:**319–320
Teleology, consequences of alcohol ingestion, **54:**39–43

Temperature
  Ca^{2+} channel-drug interaction and, **44**:203, 205
  insulin-sensitive glucose transport and, **44**:128
Temperature sensitivity, store-regulated Ca^{2+} entry, **54**:109
Teratogenicity, biotin deficiency, **45**:371–372
Ternary complex, IGFBPs and, **47**:21–22, 24
Teropterin, synthesis, **40**:51–54
Tertiary structure, calcitonin, **46**:108–109
Testis
  androgen binding and transport by, **33**:283–295
  androgen-binding protein localization, **49**:221–222
  ascorbic acid in, **42**:3
  cannabinoid effects, **36**:210–211
  CoA concentrations, **46**:195
  descent, **43**:153–154
  development, **43**:149, 151–154
  function, biotin deficiency effect, **45**:348–349
  gene transcription, **51**:33–37
  gonadal steroid antibody effects, **36**:174–181
    accessory organs, **36**:183–184
    feedback control, **36**:181–183
    morphology, **36**:177–181
  hormones and hormone target cells in, **34**:189
  11β-hydroxysteroid dehydrogenase and, **47**:203, 227, 230, 246
  IGFBPs and, **47**:56
  IGF expression, **48**:30–31
  inhibin from, **37**:287–290
  rete, fluid, inhibin extraction from, **37**:247–249
  steroid hormone biosynthetic pathways, **51**:343–344
  steroidogenesis in, **36**:461–590
  steroid synthesis, **49**:143–144
  zona pellucida and, **47**:115, 117–118, 122–123
Testosterone, **42**:332
  action, **43**:157–158, 160–171
  active metabolites, **33**:266–267
  antibodies, **31**:182
  antisera, **31**:183–184
  binding constants, **33**:327–331
  binding to androgen receptor, **43**:168–169
  conversion to DHT, **49**:448–449, 452
  in development of male phenotype, **52**:142–143
  effects
    LH and FSH regulation, **30**:117
    prolactin production, **43**:232
    prostate organ culture, **33**:1–38
    vaginal fatty acids, **34**:169–171
  entering cell, **49**:384
  fetal levels, **49**:447
  formation and metabolism of, **43**:146–147
  gonadal steroid antibody effects, **36**:176–177
  11β-hydroxysteroid dehydrogenase and, **47**:203, 206, 246–247
  IGFBPs and, **47**:62
  levels in prostate cancer patients, **49**:477–478
  metabolism, in benign prostatic hypertrophy, **33**:426–428
  origin, **33**:215–216
  post-castration levels, **49**:458
  prostatic metabolism, **33**:137
  prostatic production, **33**:209–221
  radioimmunoassay, **31**:178
  receptor induction by, **33**:339–342
  receptors, in prostate, **33**:265–281
    as possible active mediators, **33**:275–277
  regulation of androgen-binding protein, **49**:252–254
  serum levels and prostatic DHT content, **49**:467–468
  and sexual differentiation in marsupials, **43**:174–176
  synthesis, **49**:143–144
    gene defects in, **43**:158
    regulation in fetal testis, **43**:158–160
r^6-Testosterone, **41**:263–264
Testosterone-binding levels, in women, **49**:198
Testosterone-3-BSA, antibodies, **31**:183
Testosterone-estradiol binding globulin, testosterone binding to, **33**:214–215
Testosterone/estradiol-binding globulin, *see* Sex hormone-binding globulin
Testosterone-repressed prostatic message-2, **49**:458

Tests, for prostatic cancer therapeutic agents, **33:**155–188
3α,5α-Tetrahydroaldosterone, **50:**474–475
Tetrahydrocortisol, 11b-hydroxysteroid dehydrogenase and, **47:**211–212, 221, 223, 225
Tetratricopeptide repeat proteins, **54:**185–186
TGF, *see* Transforming growth factor
Thalamus
  enkephalin activity, **36:**320
  posterior, behavioral functions, **37:**222
Thalassemia major, **41:**165
  β form, vitamin E therapy, **34:**69
Thapsigargin, **49:**491–492
  effect on Ca^{2+} influx, **54:**104–106, 109
  triggered Ca^{2+} entry, **54:**99
Therapy, *see also* Chemotherapy
  androgen ablation, **49:**486
  cancer, loss of replicative potential, **53:**3
  endocrine, breast cancer and, **45:**129–130, 156
  estrogen replacement, role in cardiovascular disease risk reduction, **52:**100
  implications from apoptosis, **53:**17–18
  MMI, **50:**366
  Paget's disease, calcitonin role, **52:**79–80
  with retinoic acid isomers, use in humans, **51:**404
  retinoid receptors in, **49:**363–366
  thionamide, **50:**365
Thermic effect
  of exercise, **43:**3–4
  of food, **43:**4
Thermogenesis, *see also* Energy balance
  components of, **43:**3–4
  diet-induced, **43:**3–4
    exercise and, **43:**23–24
    experimental obesity and, **45:**82, 90
    dietary, **45:**58–59, 63–64, 70–73
    genetic, **45:**30–31, 33–34, 36
  facultative, **43:**4, 20–27
    cold response, **43:**27–28
    evaluation in obese subjects, **43:**65–79
    excess calories intake studies, **43:**28–45, 65–79
  rate and efficiency, control of, **43:**17–20
Thermogenic effect, alcohol, **54:**34–36

Thiaminase disease, of microbial origin, **33:**487–489
Thiaminase I
  assay, **33:**470–473
  properties, **33:**469–470
  pyrimidine analogs formed, **33:**471
Thiaminase II, properties, **33:**473–474
Thiaminases, **33:**467–504
  effect on animals, **33:**467–504
  physiological significance, **33:**500–501
  in plants, thiamine deficiency disease caused by, **33:**489–499
Thiamine
  biotin and, **45:**359
  inactivating systems for, **33:**469–474
  interaction with *o*-dihydroxyphenols, **33:**481–486
  requirements for acetic acid bacteria, **46:**237
  thermostable factors that react with, **33:**474–477
Thiamine dehydrogenase, 8α-histidyl-FAD in, **32:**15–18
Thiazolidinedione derivatives, PPAR activators, **54:**135–136
Thiobacillus versutus, methylamine oxidase respiratory chain, **46:**257
Thionamide therapy, **50:**365
Thiotepa, in prostatic cancer therapy, **33:**161–164, 169–170
Thrombin, effects
  phosphatidylinositol turnover, **41:**142–143
  phospholipid turnover, **41:**139–142
Thrombosis, cause, **52:**4–5
Thromboxane, **41:**129
Thymidine, breast cancer and, **45:**145
Thymidine kinase, breast cancer and, **45:**136–137
Thymidylate, folypolyglutamate synthesis and
  folate, **45:**266, 269–270
  in vivo effects, **45:**294–298
  multifunctional complexes, **45:**291
  role, **45:**280–281, 283–284
Thymidylate synthase, **50:**51, 53
Thymocytes, cAMP-mediated positive growth control, **51:**91
Thymus, *in vivo* patterns of Bcl-2 family gene expression, **53:**126–128
Thyrocalcitonin, effects on calcitonin, **33:**625–627

Thyrocytes
  cAMP-mediated positive growth control, **51**:85–87
  suppression of differentiation expression, **51**:120
Thyroglobulin, **41**:173, **50**:288
  gene transcription, **50**:357–358
  role in iodination and coupling reaction, **39**:179–192
Thyroid
  activity, correlation with TSaab levels, **38**:154–156
  breast cancer and, **45**:133
  calcium homeostasis in birds and, **45**:179
  diseases, RBP in, **31**:29
  experimental obesity and, **45**:35–36, 52–53, 64
  FRTL-5 cells
    development, **50**:320–321
    TSH or forskolin treatment, **50**:322–324, 351–352
    TSHR effect, **50**:349–350
  functional role, **50**:288
  11β-hydroxysteroid dehydrogenase and, **47**:205–206
  IGFBPs and, **47**:58, 66–67, 71, 77
  inositide metabolism, **33**:550–551
  in vivo patterns of Bcl-2 family gene expression, **53**:125–126
  multihormonal regulation, **50**:318–324
Thyroid autoantigen, for TSaab, lack of allotypic variation, **38**:164–165
Thyroid hormone
  antibodies against, **42**:293
  binding sites, photoaffinity labeling, **41**:224
  breast cancer and, **45**:132
  effects
    cartilage, **33**:605–610
    CoA synthesis, **46**:205
    erythropoietin biosynthesis, **31**:141
    pyridoxal phosphate-dependent enzymes, **36**:82–83
    11β-hydroxysteroid dehydrogenase and, **47**:206
  in milk, **50**:86–91
    calcitonin, **50**:90–91
    changes during lactation, **50**:90
    osteocalcin, **50**:91
    prolactin production and, **43**:236

sex hormone-binding globulin regulation, **49**:254–256
thermogenesis and, **43**:4, 18, 37–43, 48–49
Thyroid hormone formation, **50**:288–289
  coupling reaction
    dissociation between iodination and coupling, **39**:214–216
    kinetics, **39**:210–213
    mechanism of, **39**:191–193
    role of thyroglobulin, **39**:193–206
  enzymatic system
    H_2O_2 generating system, **39**:178–179
    thyroid peroxidase, **39**:176–178
  iodination reaction
    general aspects, **39**:179–182
    oxidized iodine species and, **39**:182–186
    relative properties of different peroxidases, **39**:189–191
    two-substrate site model, **39**:186–189
  MHC class I gene expression regulation and, **50**:365
  regulatory effects of iodide
    on bityrosine formation, **39**:214
    on coupling reaction, **39**:213–214
    mechanism of action of antithyroid drugs and, **39**:214–217
Thyroid hormone receptors
  affinity labeling, **41**:247–251
  structure and function, **41**:247–251
Thyroiditis
  animal models, **42**:278–281
  classification, **42**:277–278
  in humans, **42**:281–284
Thyroid peroxidase, **50**:288
Thyroid receptors, phosphorylation sites, **51**:299–300
Thyroid-stimulating autoantibody, **38**:120–121, 123
  as cause of hyperthyroidism and Graves' disease, **38**:150–151
  correlation between TSaab and thyroid gland activity, **38**:154–156
  incidence of TSaab, **38**:151–154
  iodine-induced thyrotoxicosis, **38**:160–161
  mechanism of restoration of euthyroidism, **38**:161–162

neonatal thyrotoxicosis, **38**:159
stimulating activity of LATS
  protector, **38**:156–159
Graves' disease cause, search for,
  38:121–122
long-acting thyroid stimulator
  abnormal thyroid-stimulating
    hormone in Graves' disease,
    38:124–127
  attempts to determine blood TSH
    levels in Graves' disease,
    38:123–124
  biological properties, **38**:128–134
  chemical properties, **38**:135–139
  McKenzie mouse bioassay,
    38:127–128
  measurements, **38**:173–176
    bioassay of LATS, **38**:176–177
    bioassay of LATS protector,
      38:177–178
    in vitro assay, **38**:178–179
    units of TSaab and TSH receptor,
      38:179
  paratope fine variation, **38**:185–186
    definition of functional components of
      immunoglobulin molecules,
      38:179–180
    evidence of clonal variation in TSaab
      specificity, **38**:180–181
    exophthalmos and pretibial
      myxedema, **38**:181–185
  site and mode of action
    kinetics of reaction of TSaab and
      TSH receptor, **38**:169–173
    lack of allotypic variation in thyroid
      autoantigen, **38**:164–165
    LATS superiority to TSH, **38**:162–163
    TSaab activation of adenylate
      cyclase, **38**:163–164
    TSaab binding to TSH receptor,
      38:165–169
  toxic adenoma, **38**:122–123
Thyroid-stimulating hormone, *see*
  Thyrotropin
Thyroid transcription factor-1
  binding element, **50**:345, 347
  cAMP autoregulation role, **50**:354
  interactions with TSHR promoter,
    50:351
  phosphorylation, TSHR biphasic
    regulation, **50**:349, 351

single strand DNA binding, **50**:359–360
  sites, **50**:344–355
  role, **50**:349
  thyroid differentiation and, **50**:345
  thyroid-specific gene expression and,
    50:347–348
  TSHR regulation, **50**:333
Thyroid transcription factor-1 element, in
  minimal TSHR promoter, **50**:353–354
Thyrotoxicosis
  iodine-induced, **38**:160–161
  neonatal, **38**:159
  untreated, TSH level in, **38**:145–147
Thyrotropin, **41**:4; **43**:18; **50**:288
  addition to FRTL-5 thyroid cells,
    50:322–324
  blood levels
    adaptation to iodine deficiency and
      its consequences, **38**:139–140
    diagnostic measurements, **38**:147
    euthyroid level, **38**:141–145
    information from measurements of
      high TSH levels, **38**:140–141
    in untreated thyrotoxicosis,
      38:145–147
  breast cancer and, **45**:130
  cAMP-mediated positive growth control,
    51:85–87
  gene expression, negative regulation,
    50:363–364
  human chorionic, secretion and
    properties, **35**:189–190, 194
  increased, cAMP and inositol phosphate
    levels, **50**:300
  interaction sites, extracellular domain,
    50:293–302
  LATS superiority to, **38**:162–163
  in milk, **50**:85–86
  prolactin and, **36**:85–89
  regulation, **50**:310
  salt-sensitive binding, **50**:311–312
Thyrotropin receptor, **50**:287–368
  Ala 623 mutation, **50**:304
  amino acid sequence, **50**:290–292
  autoregulatory model, **50**:361–362
  biphasic regulation by TTF-1
    phosphorylation, **50**:349, 351
  cAMP autoregulation, **50**:325–327
  coupling extracellular and
    transmembrane domains,
    50:302–303

Thyrotropin receptor (*continued*)
  C terminal
    mutants, **50:**305
    residues on, **50:**295
  as dynamic structure, **50:**313–315
  expression
    enhancement by cAMP-response element, **50:**334–338
    single strand DNA binding TTF-1, **50:**359–360
    tissue-specific, **50:**317–318
  gene
    expression regulation by Ca^{2+} signaling agents, **50:**328–330
    Ku70 as transcriptional activator, **50:**357–358
  G protein-coupled conformation, **50:**311–312
  immunodominant region, **50:**299–300
  insulin response element, **50:**355–359
  interaction sites, extracellular domain, **50:**293–302
  interaction with single-strand binding protein, **50:**343–344
  Mc1+2 chimera, **50:**300–301
  minimal promoter, **50:**331–333
    cAMP-response element site, **50:**335–336
    positive enhancer element, **50:**345–347
    regulation of growth and function, **50:**360–363
    TTF-1 element, **50:**353–354
  muscarinic receptor models, **50:**310
  mutations causing precocious puberty, **50:**305–306
  N-linked oligosaccharides role in expression, **50:**316–317
  N terminus regions, **50:**296–297
  promoter
    housekeeping gene characteristics, **50:**330–331
    TTF-1 interactions with, **50:**351
  protease-sensitive site, **50:**297
  putative three-dimensional model, **50:**293–295
  regulation
    gene expression by IGF-I, **50:**327–328
    MHC class I gene expression and, **50:**363–364
    in retro-orbital tissue, **50:**318
  role in disease states, **50:**288
  second cytoplasmic loop, **50:**308–309
  signal coupling via G proteins, **50:**303–311
  structure, **50:**290–293
    in situ, **50:**315–316
  TSaab binding to, **38:**165–169
    kinetics of, **38:**169–173
  TTF-1 site, **50:**344–355
Thyrotropin-releasing hormone, **41:**4
  actions
    second phase, **48:**71–73
    time course, **48:**68–69
  in blood pressure regulation, **41:**39
  concentrations, aterations in CNS disease, **41:**40
  distribution, **41:**27–28
  in feeding behavior, **41:**37
  first phase of action, **48:**70–71
  in milk, **50:**84–85
  in pain perception, **41:**32
  precursor, **41:**22–23
  prolactin production and, **43:**234–235, 240
  in psychiatric disease, **41:**34
  in temperature regulation, **41:**38
Thyrotropin-releasing hormone receptor, **48:**66, 68
Thyroxine, **41:**247–251, 265–266
  photoaffinity attaching functions, **41:**225
L-Thyroxine, prolactin production and, **43:**236
Thyroxine-binding globulin, in human colostrum and milk, **50:**90
Thyroxine-binding prealbumin, **41:**255, 264–266
Thyroxine-binding protein, **41:**266
Tianeptine, effect on stress-induced atrophy, **51:**378–379
TIF-1 proteins, in nuclear receptor signaling, **54:**144
Tissue culture
  11β-hydroxysteroid dehydrogenase and, **47:**205
  prostatic tumor, **33:**120–123
  zona pellucida and, **47:**120
Tissue distribution
  11β-hydroxysteroid dehydrogenase, **47:**189–191, 230–231
  endothelin receptors, **48:**172–173
  IGFBPs, **47:**88–89

neurohypophysial hormone receptors, **51:**255–257
PPAR subtypes, **54:**130–132
Tissue plasminogen activator production by human bone cells *in vitro*, **46:**65
zona pellucida and, **47:**127–129
Tissue plasminogen factor, osteoclast, **46:**63
Tissues
androgen-binding protein expression, **49:**256–259
avian, calcium homeostasis, *see* Calcium homeostasis in birds
blood-forming, erythropoietin inactivation in, **31:**147–149
edema, CGRP-related, **46:**137
exposure to alcohol, **54:**38–39
insulin-sensitive, PTPase expression, **54:**72–73
mineralizing, developmental appearance of bone Gla protein, **42:**89–93
neoplastic, breast cancer, **45:**138, 140
1,25-(OH)$_2$ D and, **40:**245–247
producing steroid hormones, **52:**129–131
skeletal, cyclic AMP responses in, **38:**242–243
target
steroid metabolic pathways, **49:**145
vitamin D, **49:**297–301
Tissue specificity
11β-hydroxysteroid dehydrogenase and, **47:**189, 201, 233
zona pellucida and, **47:**15, 145–146
TMMP-P, structure, **35:**22
Toad, vitamin D binding proteins in, **32:**414–416
Tocochromanols
biosynthesis, **34:**85–87
intracellular sites, **34:**101–103
tocopherol pathway, **34:**87–100
tocotrienol pathway, **34:**100–101
chemistry, **34:**79–82
α-Tocopherol, *see also* Vitamin E
average LDL particle content, **52:**5, 14
concentration *versus* antioxidant protection of LDL, **52:**15–17
prooxidant *versus* antioxidant activity, **52:**17–21, 26
regeneration, ascorbic acid role, **52:**12

scavenging of lipid peroxyl radicals, **52:**14–15
ubiquinone–ubichromenol interrelationships and, **40:**29–30
Tocopherols
as antioxidants, **34:**83–84
biosynthesis, **34:**97–100
chemistry, **34:**78–79
function, **34:**83–85
in initiation of flowering, **34:**85
intracellular location, **34:**82–83
in membrane stability, **34:**84–85
in tocochromanol biosynthesis, **34:**87–100
Tocotrienols, chemistry, **34:**78–79
Torpedo californica, Ca^{2+} channel, w-conotoxin GVIA-sensitive, expression in *Xenopus* oocytes, **44:**198
Toxemia of pregnancy, *see* Hypertension, of pregnancy
Toxins, *see also* Neurotoxins; *specific toxins*
adenylate cyclase, cAMP elevation, **51:**69
Transactivation
properties of PPARs, **54:**139–152
retinoid receptor-mediated, **51:**418–419
retinoid receptors, **51:**412
Transactivation domain, **49:**402–403
Transactivation function, ovarian steroid receptors
description, **52:**108
estrogen, **52:**103
Transcobalamin II
deficiency, **50:**43
vitamin B$_{12}$ binding, **50:**42
Transcortin, **41:**241, *see also* Corticosteroid binding globulin
Transcription, *see also* Steroidogenic enzymes, transcriptional regulation
breast cancer and, **45:**158
cell growth, **45:**137, 141–143, 149
protein, **45:**132–134
gene, *see* Gene transcription
11β-hydroxysteroid dehydrogenase and, **47:**231–232
IGFBPs and, **47:**63, 89
expression *in vivo*, **47:**39–40
genes, **47:**10–11, 13–14, 16
regulation *in vivo*, **47:**42, 44–46
nuclear hormone receptor role, **54:**124–126

Transcription (continued)
  ovarian steroid receptors and
    description, **52**:107–109
    overview, **52**:101
    regulation by, **52**:103–106
  peptide hormone regulation
    amplification, **52**:129–130
    pathway from anterior pituitary to all tissues, **52**:130
  p53-mediated modulation, **53**:160–162
  zona pellucida and, **47**:116, 121, 123, 131
    gene expression, **47**:136, 138–141, 144–145
Transcriptional activation, estrogen receptors, **51**:275–276
Transcription factors
  cAMP-responsive, **51**:6–8
  chicken ovalbumin upstream promoter
    cytochrome P450 steroid hydroxylase expression, **51**:358
    retinoid receptor function inhibition, **51**:417–418
  formation dimers, **51**:44
  Sp1, cytochrome P450 steroid hydroxylase expression, **51**:359
  steroid hormone receptors as, **52**:107–109
  in steroidogenesis, phosphorylation by PKA, **52**:139–140
  zona pellucida and, **47**:145
Transducin
  α subunit, phosphorylated, **44**:88
  ADP ribosylation by bacterial toxins, **44**:57–58, 63
  β subunit, **44**:81–82
  cGMP phosphodiesterase activation, **44**:62, 85
  γ subunit, **44**:83
  in retinal photoreceptor cells
    disk membrane-associated, **44**:54, 62
    properties and function, **44**:62–63
Transfection, IGFBPs and, **47**:11–12, 14, 16, 62
Transferrin, biotin and, **45**:346
Transfer RNA, biotin and, **45**:363
Transformation
  IGF-I receptor, **53**:69–71
  reverse, cAMP-dependent, **51**:125
Transforming growth factor-α, **52**:82
  breast cancer and, **45**:158
  cell growth, **45**:140–142, 149–150
  regulation, **45**:157

Transforming growth factor-β
  breast cancer and, **45**:132, 158
  cell growth, **45**:138, 149–152
  regulation, **45**:157
  definition, **48**:111
  family, **48**:113–114
  regulation by retinoids, **51**:439
  FSH-releasing activity, **44**:33
  IGFBPs and, **47**:66–67, 89–90
  importance, **48**:111–112
  as inhibitor of osteoclastic bone resorption, **52**:84–85
  in osteoblast proliferation, **52**:69–70
  primary structure, similarity with β subunit of inhibin, **44**:19–20, 33–34
  production, estrogen stimulation, **52**:67–68
  signaling, gene responses, **48**:145
  structure, **48**:115–116
    functional relationship, **48**:116–117
  superfamily, **48**:114–115
Transforming growth factor-β binding proteins, cell surface, identification, **48**:117–119
Transforming growth factor-β receptors
  activation mechanism, **48**:140–143
  pathways and signaling thresholds, **48**:143–146
  signaling, **48**:131–132
    complex, genetic evidence for, **48**:132–134
    endoglin role, **48**:150–151
    functional type I receptor, identification, **48**:137–140
    other mechanisms, **48**:146–147
    threshold, **48**:143–146
    via heteromeric receptor complex, **48**:134–136
  structural features, **48**:119–131
    endoglin, **48**:124–125
    type I, **48**:129–131
    type II, **48**:125–128
    type III, **48**:120–123
      TGF-β presentation to type II receptor, **48**:147–150
    type V, **48**:128–129
  structure and function, **48**:142–143
Translation, androgen regulation, **49**:407
Translocation
  adenine nucleotide, CoA long-chain acyl ester effects, **46**:209
  breast cancer and, **45**:133

nuclear, glucocorticoid receptor, **49**:64–65, 71
Transmembrane linker proteins, mediation by OFA, **46**:43
Transmembrane segments
conserved amino acid residues, **46**:2–3
function of, **46**:2
III, conserved residues in, **46**:3
IV, proline residue in, **46**:3, 8
proline-induced structural twists in, **46**:3, 8
Transplantation, prostatic tumors, **33**:123–131
Transporters, in growth hormone pituitary cells, **48**:68
Transverse tubule, skeletal muscle
Ca^{2+} shuttle to and from sarcoplasmic reticulum, **44**:242–243
1,4-dihydropyridine receptors
density, **44**:239–241
photolabeling with azidopine, **44**:263, 265–274
structure and function, **44**:221–227
Tranylcypromine, effect on relaxin-dependent uterine cAMP increase, **41**:104
Triamcinolone acetonide, **41**:241–242
Triamterene, 11β-hydroxysteroid dehydrogenase and, **47**:219, 223–224
Tricarboxylate transport, effects of CoA long-chain acyl esters, **46**:209
Triglycerides
elevated levels, from oral contraceptives, **36**:75
experimental obesity and, **45**:75
dietary obesity, **45**:55, 60, 62, 75
mechanism, **45**:83, 88
Triiodothyronine, **41**:247–251, 265
experimental obesity and, **45**:64
L-Triiodothyronine, prolactin production and, **43**:236
Triphosphoinositides, metabolism, **33**:546–549
Trophic effects, of gastrointestinal hormones and, **39**:319–326
Tropomyosins, repression, **51**:124
Trout, vitamin B_6 requirements for growth, **48**:284–285
TRPC1A gene, effect on capacitative Ca^{2+} entry, **54**:112
TRP channels, in capacitative Ca^{2+} influx, **54**:111–113

D-Trp^{32} substitution, NPY analog, **54**:54
Trypsin
glucose transport and, **44**:129, 136
pyrroloquinoline quinone and, **45**:232
Tryptophan, urinary excretion, in pellagra, **33**:509–511
Tryptophan hydroxylase, **52**:153–154
Tryptophan metabolism
abnormal, in oral contraceptive users, **36**:72–75
estrogen effect, **36**:54–57
thyroid hormone effect, **36**:83–84
vitamin B_6 effect, **36**:80–81
Tryptophan oxygenase, glucocorticoid regulation of, **36**:273–274
TSaab, *see* Thyroid-stimulating autoantibody
TSHR, *see* Thyrotropin receptor
T-tubule, *see* Transverse tubule
Tubal disease, **43**:254–255
α-Tubulin, zona pellucida and, **47**:127, 129, 141
Tumoral calcinosis, **43**:123–124
Tumor cells
calcitonin receptors, **46**:118
liver, CoA levels in, **46**:207
lysis
assessment, **52**:39
β-carotene intake in elderly and, **52**:48
protection from apoptosis by IGF-I receptor, **53**:77–81
TGF-α production, **52**:82
Tumor hypoglycemia, IGFBPs and, **47**:73–76
Tumorigenesis, EGF–urogastrone role, **37**:100–103
Tumor necrosis factor-α
in bone cell proliferation, **52**:74
effect on PPARg expression, **54**:155
stimulation of osteoclastic bone resorption, **52**:82–83
Tumor necrosis factor-β, **52**:82–83
Tumors
biotin and, **45**:364
breast cancer, **45**:128–130, 158
cell growth, **45**:134–136, 138–139
insulin-like growth factors, **45**:149–150
52 kDa protein, **45**:146
PDGF, **45**:143–144
protein, **45**:153–154

Tumors (continued)
  regulation, **45**:156–157
  transforming growth factor-α, **45**:141–142
  transforming growth factor-β, **45**:150
  cAMP as promoter, **51**:135–136
  C_3H mammary, CoA levels, **46**:207
  estrogen immunization effects, **31**:195
  folypolyglutamate synthesis and, **45**:320
  in hypoglycemia, **48**:37–38
  IGFBPs and, **47**:3, 29, 38, 47, 73
  genes, **47**:9, 22–23
  laminins and, **47**:161–162, 164, 171–173
  loss of G1-specific regulators of proliferation, **53**:5
  prostate, see Prostate tumors
  resistance, Bcl-2 family proteins as determinants, **53**:112–115
  zona pellucida and, **47**:120
Tumor suppressor genes, **49**:439
  heterozygous loss, **49**:440
  mechanism, **49**:440–441
  p53, **49**:463, **53**:144–145
Tumor tissue, see also Cancer; Malignancy
  differentiation and proliferation, retinoid effects, **40**:124–125
  role of intracellular biding proteins in retinoid action, **40**:125–130
Tunicamycin
  11β-hydroxysteroid dehydrogenase and, **47**:230
  zona pellucida and, **47**:132
Turbot, vitamin B_6 requirements for growth, **48**:286
Turkey, vitamin B_6 requirements for growth, **48**:283
Twin studies, energy balance, **43**:5, 26, 52
Tyrosinase, inhibition by pyrroloquinoline quinone, **46**:262
Tyrosine
  11β-hydroxysteroid dehydrogenase and, **47**:229
  IGFBPs and, **47**:27–28
  phosphorylation, reversible, in insulin signaling, **54**:68–69, 88–89
Tyrosine aminotransferase
  estrogen induction, **36**:61–62
  glucocorticoid regulation of, **36**:273
Tyrosine hydroxylase, **42**:119–121, **52**:153–154

Tyrosine kinase
  breast cancer and, **45**:142–143, 147, 151
  IGFBPs and, **47**:2
  zona pellucida and, **47**:121, 133–134

U

Ubichromenol, ubiquinone–α-tocopherol interrelationships, **40**:29–30
Ubiquinones
  assembly from precursor molecules
    benzoquinone ring, **40**:6–7
    isoprenyl side chain, **40**:5–6
    ring substituents, **40**:7–8
  biosynthetic pathway in prokaryotes and eukaryotes
    generation of 4-hydroxybenzoate, **40**:8–9
    pathway from 4-hydroxybenzoate, **40**:9–15
  distribution, **40**:4
  as electron acceptor for glucose dehydrogenase, **46**:253–254
  enzyme characterzation
    S-adenosylmethionine:5-demethylubiquinone-9-O-methyltransferase, **40**:17
    S-adenosylmethionine:3,4-dihydroxy-5-polyprenylbenzoate O-methyltransferase, **40**:16–17
    4-hydroxybenzoate:polyprenyltransferase, **40**:15–16
    4-hydroxy-5-polyprenylbenzoate hydroxylase, **40**:16
  function, **32**:160
  pyrroloquinoline quinone and, **45**:224
  regulation of biosynthesis
    animal studies, **40**:17–21
    cultured cells, **40**:24–27
    overview, **40**:27–29
    yeast cells, **40**:21–24
  ubichromenol-α-tocopherol interrelationships, **40**:29–30
Ubiquitin–proteasome pathway, mutational defect, **54**:188
Ultimobranchial gland, calcium homeostasis in birds and, **45**:175, 179
Ultraviolet light
  effect on 7-dehydrocholesterol in skin, **37**:6
  induced immunosuppression, **52**:48–51

penetration into skin, **37**:17–19
role in management of vitamin D deficiency, **37**:26–27
in vitamin D biosynthesis, **37**:6–11
Umbilical cord, ligation, effects on progesterone levels, **30**:336
Unsaturated carbonyl compounds, photoactivated attaching functions, **41**:223–224
α,β-Unsaturated carbonyl compounds, electrophilic attaching functions, **41**:223
Uperolein, structure, **35**:222
Urine
  calcium excretion during lactation, **37**:331–334
  erythropoietin in, **31**:112–113
  estriol in, clinical aspects, **35**:129–130
  estrogens in, **35**:119–120
  IGFBPs and, **47**:36
  pantothenic acid excretion, **46**:169, 176–17
  proteins, γ-carboxyglutamate in, **35**:80–81
Uroporphyrinogen III, **50**:25
Uteroglobin, progesterone regulation, **36**:269–271
Uterotropic placental hormone, secretion, **35**:192
Uterus
  contractility
    estrogen and, **30**:252–253
    in pregnancy, **30**:263–264
  development, **43**:154–155
  estrogen receptors in, **33**:662–668
  IGF expression, **48**:29–30
  luminal epithelium, autolysis, **34**:231–232
  nuclei, estrophilin effects, **32**:110–117
  shell gland of laying hen, calcium metabolism and, **31**:72–73
  steroid hormone biosynthetic pathways, **51**:345–346
  volume, in pregnancy, **30**:262–266

V

Vaccine titers
  immune function indicated by, **52**:39
  vitamin E intake by elderly and, **52**:52
Vacuolar proton pumps, role in osteoclastic bone resorption, **46**:50–51

Vagina
  development, **43**:154–155
  epithelium, use in hormone immunoassay, **31**:181–183
  secretions, rhesus monkeys, behavioral effects, **34**:153–161
Vagus
  dietary obesity and, **45**:64–65, 70
  experimental obesity and, **45**:76–77, 82, 84, 89
  genetic obesity and, **45**:48–50
  hypothalamic obesity and
    afferent systems, **45**:18–19
    controlled system, **45**:28
    controller, **45**:10
    efferent control, **45**:21–22, 25–26
VAMP-2
  exocrine cells, **54**:217–219
  pancreatic endocrine cells, **54**:215
  pituitary, **54**:216–217
Vanadate, insulin-sensitive glucose transport and, **44**:129, 136
Variable hinge domain, nuclear receptor, **54**:124
Vascular bed, 11β-hydroxysteroid dehydrogenase and, **47**:240–242
Vascular disease, vitamin E therapy, **34**:67–68
Vascular smooth muscle cells, growth inhibition by cAMP, **51**:78
Vasculature
  hypothalamic-hypophysial, **40**:146–149
  systemic, CGRP effects, **46**:136–138
Vasoactive agents, effects on erythropoietin synthesis, **31**:134–135
Vasoactive intestinal peptide
  in milk, **50**:115
  prolactin production and, **43**:237
Vasoactive intestinal polypeptide, **41**:2, 4, 15
  and acetylcholine, interaction, **41**:29
  concentrations, alterations in CNS disease, **41**:40
  distribution, **41**:27–28
  in pain perception, **41**:32
Vasoconstrictors, production, stimulation by oxidized LDL, **52**:4
Vasodilation, CGRP-induced, **46**:137–138
Vasopressin, **41**:2–4, 13, **51**:235–258, *see also* Nonapeptide receptors
  arginine, **41**:23
  distribution, **41**:27–29

Vasopressin (continued)
  effects
    cognitively impaired subjects, 37:217–219
    erythropoietin biogenesis, 31:134
    memory
      mechanism and sites of action, 37:220–222
      in normal humans, 37:215
    myometrial activity, 31:287–290
    endorphins and, 37:207
    fetal production, 31:289–290
    gene expression and regulation
      gene promoters, putative regulatory elements, 51:240–241
      transgenic animals, 51:237–239
    gene family, vertebrate, 51:249–251
    in memory, learning, and adaptive behavior, 41:32–34
    mRNA, in dendrites and axons
      axonally localized transcripts, 51:244–246
      dendritic transcripts, 51:244
      extrasomal domains of neurons, 51:242–243
    in phosphatidylinositol turnover, 41:119, 127–134
    precursor, 41:20, 23
    somatic recombination with oxytocin genes in hypothalamic neurons, 51:247–249
  in temperature regulation, 41:38
Vasopressin-like peptides
  in amnesia prevention, 37:197–199
  in amnesia reversal, 37:202
  effect on memory, 37:163
    after hypophysectomy, 37:170
    after pituitary lobe ablation, 37:175–176
    in normal animals, 37:185–190, 194–196
Ventromedial hypothalamus
  dietary obesity and, 45:59, 66, 69, 71
  experimental obesity and, 45:90
    afferent signals, 45:77
    controller, 45:78–79
    mechanism, 45:82
  genetic obesity and, 45:38
  hypothalamic obesity and, 45:5–6
    afferent systems, 45:16–20
    controlled system, 45:28–29
    controller, 45:7, 9, 11–16
    efferent control, 45:20–27
Ventromedial nucleus, experimental obesity and
  dietary, 45:65–66, 68
  genetic, 45:38
  hypothalamic, 45:7, 9, 11, 13, 22, 24
Verapamil
  binding to Ca^{2+} channel, divalent cations and, 44:216
  effect on K^+-induced contracture, frog skeletal muscle, 44:228, 231
Vesicle-associated membrane protein/synaptobrevin, 54:208–210, 212
Vesicles
  breast cancer and, 45:145
  calcium homeostasis in birds and, 45:174, 190, 200
Vesicular transport, role in Ca^{2+} capacitative coupling, 54:109
Vigilance
  ACTH-10 effects, 37:217
  peptide effects, 37:213–215
Vimentin, cAMP-dependent phosphorylation, 51:126
Vincristine, in prostatic cancer therapy, 33:161–164, 169–170
Vinegar
  fermentation, roles of alcohol and aldehyde dehydrogenases, 46:250
  pyrroloquinoline quinone in, 46:234
Viral proteins
  BHRF1, 53:178–179
  E1B 19kD, 53:179–180
  p53 inactivation, 53:180
Virilization, female embryo, 43:170–171
Vision, vitamin A deficiency and, 38:2–3
Vitamin
  as active-molecule precursor, 32:156–158
  concept of, 32:155–166
  deficiency, 43:104, 106
  definition, 32:158–164, 43:105
  dependency, inherited disorders, 43:116–117
  fat-soluble, international symposium, 32:129–545
  requirements
    in deficiency disorders, 43:104, 106
    in dependency disorders, 43:106–108

SUBJECT INDEX

toxicity, **43:**111–112
utilization, genetic defects in, **43:**103–136
Vitamin A, *see also* Retinoids; Retinol
binding proteins, **36:**1–32
biotin and, **45:**364
body pool, by isotope dilution method, **32:**244–247
cancer and, history, **40:**106–108
chemistry, **43:**112–113
dietary requirements, **43:**115
differentiation in normal tissue and, **40:**117–119
excess intake, **32:**135–136
functions, **32:**159, **43:**114–115
in glycosyl transfer reactions, **35:**1–57
in liver, **32:**254
in medicine, **32:**132–137
metabolism, **32:**237–249, 251–275
  possible alterations related to malignancy, **40:**130–131
  radiolabel studies, **32:**238–240
physiology, **43:**113–114
requirement in specific biological events
  estrogen-induced development of chick oviduct, **38:**16–30
  regeneration of rat liver, **38:**9, 12–16
requirements for humans, **32:**133–134, 251–275
  early studies, **32:**254–256
reserves in humans, **32:**252–254
therapeutic uses, **32:**136–137
toxicity, **43:**117
transport, **32:**167–180
urinary metabolites, **32:**240–244
Vitamin A-active compounds, fate *in vivo*, **40:**119–121
Vitamin A deficiency, **32:**134–135, **43:**116
and excess, effects on cells, **35:**2–4
experimental cancer in animals and, **40:**111
human cancer and, **40:**108–110
Vitamin A deficiency effects
epithelial cells, **38:**7–11
glycosylation of proteins, **38:**32–35
growth, **38:**3–4
reproduction, **38:**4–7
RNA and protein synthesis, **38:**30–32
vision, **38:**2–3

Vitamin B_6
forms, **48:**259–260, 289–290
hormone interaction with, **36:**53–99
  ACTH, **36:**80–81
  contraceptive steroids, **36:**54–80
  corticosteroids, **36:**80–81
  estrogens, **36:**54–80
  growth hormone, **36:**89–91
  pituitary hormones, **36:**85–92
  thyroid stimulating hormone, **36:**85–89
low intake diet, **48:**262–263
measurement in biological samples, **48:**262
metabolism, **48:**259–265
  corticosteroid and ACTH effects, **36:**80–81
  liver role, **48:**263–264
  in mammary tissue, **48:**264
  in pregnancy, **36:**76–78
  protein binding role, **48:**263
  urinary excretion, **48:**261–262
pyrroloquinoline quinone and, **45:**246, 254, 256
Vitamin B_6 deficiency
bird, **48:**281–283
carnivore, **48:**272–275
horse, **48:**277–278
interspecies variation, **48:**287–289
primate, **48:**280–281
rodent, **48:**266–272
ruminant, **48:**278–280
swine, **48:**275, 277
Vitamin B_6 requirements
assessment, **48:**261
for growth, **48:**266–288
  aquatic species, **48:**283–287
  birds, **48:**281–283
  carnivores, **48:**272–275
  exotic animals, **48:**287–288
  horses, **48:**277–278
  minimal and optimal, **48:**264
  during pregnancy, **48:**289
  primates, **48:**280–281
  rabbits, **48:**272
  rodents, **48:**266–272
  ruminants, **48:**279–280
  swine, **48:**275–277
Vitamin B_{12}, **50:**1–59
absolute configuration, **50:**22–23
amide groups, hydrolysis, **50:**31

Vitamin B$_{12}$ (continued)
  axial ligands, **50**:30
  biosynthesis, **50**:36–40
    in bacteria, **50**:36, 39
    steps, **50**:38–39
    tetrapyrrole cofactors, **50**:37
    uroporphyrinogen III, **50**:37, 39
  in cell poiesis, **34**:1–30
  chemical formula, **50**:8–14
  chemical synthesis, **50**:36
  cobalamin, metabolism, **50**:54
  cob(II)alamin dimer structure, **50**:35–36
  as coenzyme, **50**:2
  connection with folate, **50**:5–6
  corrin ring, **50**:11–12
    groups projecting axially from, **50**:23–24
  crystalline, X-ray diffraction, **50**:9–10
  crystallized from water, **50**:7
  degradation products, **50**:9
  distance matrix analysis, **50**:55
  enzymic functions, **34**:4–13
  ethanolamine ammonia-lyase, **50**:49–50
  factor analysis, **50**:55
  folate interrelationships with, **34**:14
  folypolyglutamate synthesis and distribution, **45**:318–320
    folate, **45**:268
    role, **45**:280, 282, 294
  inherited disorder of metabolism, **50**:43
  internalization, **50**:40–44
  metabolism, **34**:3–4
  methionine synthase, **50**:51–53
  methylcobalamin, **50**:53–54
  methylmalonyl–CoA mutase, **50**:45–47
  nucleotide loop confirmation, **50**:24, 26
  numbering system, **50**:15, 18
  oxidation products, **50**:32
  proteins binding, **50**:40–42
  ribonucleotide reductase, **50**:50
  role in pernicious anemia, **50**:3–5
  utilizing enzymes, **50**:44–46
Vitamin B$_{12}$ coenzymes
  modes of action, **50**:54–59
  molecular structures, **50**:12, 14–36
    cobalt valence state, **50**:33, 35–36
    corrin ring folding and Co–C cleavage, **50**:26–31
    5′-deoxyadenosylcobalamin and methylcobalamin, **50**:14–20
    description, **50**:15–17, 20–26
    formula modifications, **50**:31–34

Vitamin B$_{12}$ deficiency
  effects
    CoA metabolism, **46**:207–208
    formiminoglutamic acid, **34**:17–18
    megaloblastosis in, **34**:20–22
    methionine in, **34**:22–24
    pteroylglutamate synthesis in, **34**:18–20
  serum folate
    clearance in, **34**:16–17
    levels in, **34**:15–16
Vitamin C, *see* Ascorbic acid
Vitamin D, **37**:1–67, **49**:281–309
  actinomycin effects, **32**:279–280
  active form, localization, **31**:49
  in adenylate cyclase system, **32**:316–318
  binding proteins, **32**:407–428, **37**:28–43
    assay, **32**:422–426
    enzyme inhibitor and, **37**:38–39
    metabolite specificity, **37**:37–38
    in plasma, **37**:28–39
    species distribution, **37**:36–37
  bioassay, calcium-binding protein and, **32**:303–304
  biochemical transformations, **31**:45–47
  biosynthesis
    by irradiation, **37**:6–11
    pathway, **37**:8
    physical and environmental factors, **37**:14–19
    in skin, **37**:9–10
    UV light role, **37**:6–11
  biotin and, **45**:364
  in bone formation, **37**:59–60
  calcium homeostasis in birds and
    controlling systems, **45**:198–200
    regulating hormones, **45**:179, 182–183, 186–194
  in calcium transport, **31**:45
  cell differentiation and, **49**:304–307
  chemistry, **43**:118
  control of expression, **49**:294–296
  cutaneous absorption, **37**:19–21
  deficiency, **32**:139–141, **49**:302–304
    UV in management, **37**:26–27
  deficiency disorders, **43**:119–120
  dependency, inherited disorders, **43**:120–125
  dietary requirements, **43**:119–120
  dihydroxycholecalciferol interaction with, **32**:355–363

effects
  calcium-binding protein synthesis, **32**:283–285, 299–324
  calcium metabolism in lactation, **37**:316–320
  RNA metabolism, **32**:279–282
evolution into steroid hormone, **32**:330–333
excess intake, **32**:142
function, **43**:119
in growth, replication, and cell metabolism, **31**:74–75
history, **49**:281–282
hormonally active form of, **32**:333–336
immune system, **49**:301–304
intestinal responses, **32**:336–342, **37**:46–58
in medicine, **32**:137–143
metabolism, **49**:282
  and function, **37**:1–67
  pathway, **37**:2
metabolites, **32**:386–391
  binding proteins for, **37**:28–43
  chemical synthesis, **32**:390–391
in milk, **37**:335–337
molecular action, in intestine, **32**:277–298
nuclear accessory factor, **49**:292–294
physiology, **43**:118–119
phytase and, **31**:66
pre-vitamin D conversion to, **37**:7–9
in protein synthesis, **31**:43–103
requirements for human, **32**:138–139
RNA labeling and DNA template activity in, **31**:48–49
in skin, **37**:11–14
status of, assessment, **32**:425–426
as steroid hormone, **32**:330–333
storage in body, **37**:21–26
  sites, **37**:21–23
  UV effects, **37**:23–26
target tissues, **49**:297–301
therapeutic uses, **32**:142–143
toxicity, **43**:125
Vitamin D$_3$, prolactin production and, **43**:233–234
5,6-*trans*-Vitamin D, structure and activity, **32**:392–396
Vitamin dependency disorder, **43**:105–108
  mechanisms producing, **43**:108–111
  for vitamin A, **43**:116–117

Vitamin D receptors, **49**:284–297
  DNA-binding domain, mutations, **49**:35–36
  rickets and, **49**:35, 37
  localized in osteoblasts and osteoprogenitor, **49**:299
  molecular biology of function, **49**:290–297
  monomer binding, **49**:27–28
  occurrence, **33**:700
  P-box, **49**:22
  phosphorylation, **49**:290–292
    sites, **51**:300–301
  purification and characterization, **49**:284–287
  recombinant, **49**:292
  regulation, **49**:287–290
  in T cells, **49**:302
Vitamin D$_3$ receptors
  conserved residues, **49**:35, 38
  DNA-binding, **49**:22
  half-site spacing recognition, **49**:27
Vitamin D response element, **49**:292–296
Vitamin E, **34**:31–105, *see also* a-Tocopherol
  absorption, **34**:40–43
  as antioxidant, **30**:54–57
  biological activity, **34**:35
  in biological oxidation and oxidative phosphorylation, **30**:59–61
  blood antioxidant, **52**:36–37
  blood coagulation and, **34**:68
  cellular function, **34**:44–46
  chemistry, **43**:125
  cigarette smoking and, **52**:55
  clinical aspects, **34**:46–70
  dependency, inherited disorders, **43**:128–130
  dietary intake, **34**:33–35
  in enzyme-dependent lipid peroxidation, **30**:57–59
  excess intake, **32**:145–146
  and fish oil intake, lymphocyte blastogenic response, **52**:40
  function, **32**:161–162, **43**:126
    relative to cellular membranes, **30**:54–64
  immune response in elderly and intake, **52**:51–53
  for ischemic heart disease, **34**:65–67
  mechanisms of action, **32**:429–461
  in medicine, **32**:143–147

Vitamin E (continued)
  megatherapy with, **34**:64–65
  as membrane stabilizer with redox capacities, **30**:61–64
  metabolism, **34**:40–46
  nutritional aspects, **34**:33–40
  nutritional status for, evaluation, **34**:36–38
  physiology, **43**:125–126
  in plants, **34**:77–105
  requirements, **43**:127
    for humans, **32**:143–147
  supplementation
    in atherosclerosis, **52**:22–27
    in rheumatoid arthritis, **52**:44, 56
  therapeutic uses, **32**:146–147
  toxicity, **43**:130–11
  transport and deposition, **34**:43–44
  unsaturated fatty acids and, **34**:38–40
Vitamin E deficiency, **32**:143–145
  disorders, **43**:127–128
  effects on cellular membranes, **30**:45–82
  premature aging of cells in, **52**:45
  states of, **34**:46–70
    in A-betalipoproteinemia, **34**:59–60
    in cystic fibrosis, **34**:48–52
    in malabsorption states, **34**:52–59
    in premature infants, **34**:47–52
    in protein-calorie malnutrition, **34**:60–61
  therapy of, **34**:63–64
Vitamin K, **32**:159–160
  amino acid dependent on, **42**:65, 75
  in γ-carboxyglutamate biosynthesis, **35**:59–108
  chemistry, **43**:131
  deficiencies, **32**:148–149
  deficiency syndromes, **43**:134
  dependency, inherited disorders, **43**:134–136
  dietary requirements, **43**:133–134
  function, **32**:159–160, **43**:133
  human requirements for, **32**:148
  hydroquinone carbonates of, **35**:98
  in medicine, **32**:147–150
  mode of action, **32**:483–511
  molecular action, **35**:94–100
  physiology, **43**:131–132
  prothrombin precursor and, **32**:463–481
  sources, **32**:521–522
  therapeutic uses, **32**:149–150
  toxicity, **43**:136
  warfarin antagonism with, **32**:503–507
Vitamin K_1, see Phylloquinone
Vitamin K–K-epoxide cycle, **35**:91–93
Vitamin K oxide, effect on prothrombin synthesis, **32**:506–507
Vitellogenin
  calcium homeostasis in birds and, **45**:207–208
  estrogen induction, **36**:265–268
Vitreous fluid, IGFBPs and, **47**:36
Vole, vitamin B_6 requirements for growth, **48**:272

W

Warfarin
  anticoagulant activity, **35**:89–90
  effects on bone, **42**:93–102
  phylloquinone metabolism and, **32**:525–528, 535–538
  proteins binding, **35**:93–94
  ribosome-binding proteins, **32**:504–506
  vitamin K antagonism with, **32**:503–507
Water, cytochrome P450 binding, **49**:136
Waves, Ca^{2+}, initiation, **54**:106
Weight changes
  effects on leptin levels, **54**:11–12
  ingested alcohol effects, **54**:34–35
Weightlessness, effect on energy balance, **43**:9
Weight loss
  leptin-induced, **54**:2–3
  and PTPase activity, **54**:86–87
Wheat germ agglutinin, **41**:59
Williams syndrome, **43**:123–124
Wills' factor, **50**:5
Wine, pyrroloquinolinequinone in, **46**:234
Wolffian duct, differentiation, **43**:151
  testosterone effects, **49**:386
Woudl repair, IGFBPs and, **47**:3, 91
WY-14,643
  activation of PPARs, **54**:133
  ligand for PPARa, **54**:137

X

Xanthocorrinoids, **50**:32
Xenopus
  estrogen-regulatory element, **45**:134

oocytes
  Ca^{2+} channels, induction by
    mammalian mRNA, **44**:307
    Torpedo poly(A)⁺ RNA, **44**:198
  steroid-binding protein, affinity
    labeling, **41**:2552
  zona pellucida and, **47**:126, 128
X-ray diffraction
  crystalline vitamin B_{12}, **50**:9–10
  hexacarboxylic acid derivative,
    50:10–12

Y

YDJ1
  interaction with hormone-binding
    domain, **54**:183–184
  as member of hsp40 family, **54**:192
Yeast
  calcium homeostasis in birds and,
    45:186
  folypolyglutamate synthesis and,
    45:275
  G proteins
    ras gene products, **44**:69, 73
    YPT gene product, **44**:69
  inositide metabolism in, **33**:557–558
  14-3-3 protein role in
    cell cycle, **52**:156–157
    Raf protein kinase activation, **52**:162
  pyrroloquinoline quinone and, **45**:244
Yeast cells, regulation of ubiquinone
  biosynthesis in, **40**:21–24
Yeast extract
  acetic acid bacteria, growth-stimulating
    substance, **46**:236–237

growth-stimulating substance in,
  46:236
microbial growth response, **46**:237–238
pyrroloquinoline quinone in, **46**:234
Yellowtail, vitamin B_6 requirements for
  growth, **48**:286
Ynones, **41**:259–260

Z

Zinc
  prostatic levels, **49**:446
  role in DNA-binding domain, **49**:8–9
ZK98299, *see* Onapristone
Zona pellucida, **47**:115–116, 146–147
  development, **47**:123–124
    follicles, **47**:124–125
    meiotic maturation, **47**:125–126
    protein synthesis, **47**:128–129
    RNA, **47**:127–128
  fetal ovary, **47**:116–118
    cell lineage allocation, **47**:118–119
    migration of germ cells, **47**:119–121
    sex determination, **47**:122–123
  functions, **47**:129–136
  gene expression, **47**:136, 141, 143–146
  structure, **47**:136–140
  transcripts, **47**:140–142
  preimplantation embryo steroid effect,
    34:229–230
  zona reaction, **47**:135
ZP1, **47**:130–131, 134–135
ZP2, **47**:130, 132, 134–135, 137–141
ZP3, **47**:130–141
Zymogen granule, VAMP-2 localization,
  54:218–219

Contributor Index

A

Adachi, Osao, **46**:230
Adamo, Martin, **48**:1
Adams, D.D., **38**:120
Alam, A.S.M. Towhidul, **46**:87
Albeck, David, **51**:371
Albert, Paul R., **48**:59
Ameyama, Minoru, **46**:230
Arimura, Akira, **38**:258
Arita, Jun, **40**:145
Aurbach, G.D., **38**:206
Axelson, Magnus, **39**:31

B

Bai, Wenlong, **51**:289
Baserga, Renato, **53**:65
Bassing, Craig H., **48**:111
Beinlich, Cathy J., **46**:165
Benovic, Jeffrey L., **51**:193
Bernhard, Eric J., **53**:1
Bevis, Peter J.R., **46**:87
Bray, G.A., **45**:1
Breimer, Lars H., **46**:87
Brocklehurst, Keith W., **42**:109
Brown, E.M., **38**:206
Buse, John B., **42**:253

C

Cameron, Heather, **51**:371
Caron, Marc G., **46**:1
Chambers, T.J., **46**:41
Chandran, Uma R., **51**:315
Chao, Helen M., **51**:371
Chauhan, Jasbir, **45**:337
Childs, Gwen V., **50**:215
Chytil, Frank, **40**:105
Coburn, Stephen P., **48**:259

Cohn, David V., **43**:283
Collins, Sheila, **46**:1
Conn, P. Michael, **50**:152
Cooke, Nancy E., **50**:385
Coy, David H., **38**:258
Cullen, Kevin J., **45**:127

D

Dakshinamurti, Krishnamurti, **45**:337
D'Ambrosio, Consuelo, **53**:65
Dean, Jurrien, **47**:115
DeFranco, Donald B., **51**:315
Duine, Johannis A., **45**:223
Dumont, Jacques E., **51**:59
Duong, Le, **42**:109

E

Eil, Charles, **40**:235
Eisenbarth, George S., **42**
Elsas, Louis J., **43**:1103
Eto, Isao, **40**:45

F

Fain, John N., **41**:117
Fisler, J.S., **45**:1
Forsberg, Erik, **42**:109

G

Galione, Antony, **48**:199
Gandhi, Chandrashekhar R., **48**:157
Ganguly, J., **38**:1
George, Fredrick W., **43**:145
Giuliani, Cesidio, **50**:288
Glusker, Jenny Pickworth, **50**:1
Gorski, Jack, **43**:197
Gould, Elizabeth, **51**:371

Grant, Derrick S., **47**:161
Grasso, Luigi, **53**:139

H

Habener, Joel F., **51**:2
Haddox, Mari K., **42**:197
Hall, K., **40**:176
Hall, Peter F., **42**:315:253
Hall, T.J., **46**:41
Hammarstrom, S., **39**:1
Hanley, Rochelle M., **42**:197
Harper, Jeffrey F., **42**:197
Hastings, Nicolas, **51**:371
Heldman, Eli, **42**:109
Hidaka, Akinari, **50**:288
Hodgen, Gary D., **43**:251
Hurwitz, Shmuel, **45**:127

J

Janovick, Jo Ann, **50**:152
Jarett, Leonard, **41**:51
Jennes, Lothar, **50**:152
Johanson, Roy A., **42**:197
Jongejan, Jacob A., **45**:223

K

Katzenellenbogen, Benita S., **41**:213
Katzenellenbogen, John A., **41**:213
Kelner, Katrina, **42**:109
Kemp, Bruce E., **41**:79
Kibbey, Maura C., **47**:161
Kiechle, Frederick L., **41**:51
Kleinman, Hynda K., **47**:161
Kohn, Leonard D., **50**:288
Koldovsky, Otakar, **50**:78
Kotch, Lori E., **51**:403
Krieger, Dorothy T., **41**:1
Krumdieck, Carlos L., **40**:45
Kumarasamy, Ramasamy, **43**:283
Kuphal, David, **50**:152
Kuroda, Yasukazu, **51**:371

L

Laglia, Giovanna, **50**:288
Lee, Hon Cheung, **48**:199
Lefkowitz, Robert J., **46**:1
Legon, Stephen, **46**:87

Lelkes, Peter I., **42**:109
LeRoith, Derek, **48**:1
Levine, Mark, **42**:2, 109
Levine, Rachmiel, **39**:145
Levine, Robert, **42**:109
Liang, Li-Fang, **47**:115
Liberman, Uri A., **40**:235
Liebhaber, Stephen A., **50**:385
Linney, Elwood, **51**:403
Lippman, Marc E., **45**:127
Lohse, Martin J., **46**:1
Luine, Victoria, **51**:371

M

MacIntyre, Iain, **46**:87
Madan, Anuradha P., **51**:315
Maenhaut, Carine, **51**:59
Magarinos, Ana Maria, **51**:371
Marver, Diana, **38**:57
Marx, Stephen J., **40**:235
Matsushita, Kazunobu, **46**:230
McCormick, Donald B., **43**:103
McEwen, Bruce S., **51**:371
McKenna, W. Gillies, **53**:1
McKittrick, Christina R., **51**:371
Mercer, W. Edward, **53**:139
Meyerhof, Wolfgang, **51**:235
Miller, Christopher P., **51**:2
Mohr, Evita, **51**:235
Monder, Carl, **47**:187
Moonga, Baljit S., **46**:87
Morita, Kyoji, **42**:2;109
Morris, David J., **50**:459
Murthy, S.K., **38**:1
Muschell, Ruth J., **53**:1
Mutt, Viktor, **39**:231

N

Napolitano, Giorgio, **50**:288
Niall, Hugh D., **41**:79
Nunez, J., **39**:175

O

O'Dowd, Brian, **46**:1
Ohmori, Masayuki, **50**:288
Olson, Merle S., **48**:157
Olson, Robert E., **40**:1
Ong, David E., **40**:105

Orchinik, Miles, **51**:371
Ornberg, Richard, **42**:109

P

Parker, Keith L., **51**:339
Parker, M.G., **51**:267
Pavlides, Constatine, **51**:371
Pollard, Harvey B., **42**:109
Pommier, J., **39**:175
Porter, John C., **40**:145
Price, Paul A., **42**:65

R

Ramp, Warren K., **43**:283
Rao, M.R.S., **38**:1
Rechler, Matthew M., **47**:2
Reed, John C., **53**:99
Resnicoff, Mariana, **53**:65
Reuse, Sylvia, **51**:59
Reymond, Marianne J., **40**:145
Richter, Dietmar, **51**:235
Roberts, Jr., Charles T., **48**:1
Roger, Pierre P., **51**:59

S

Saji, Motoyasu, **50**:288
Samuelsson, B., **39**:1
Sara, V.R., **40**:176
Sarada, K., **38**:1
Schally, Andrew V., **38**:258
Schimmer, Bernard P., **51**:339
Schnaper, H. William, **47**:161
Shane, Barry, **45**:263
Sherwood, Judith B., **41**:161
Shimura, Hiroki, **50**:288
Shimura, Yoshie, **50**:288
Shinagawa, Emiko, **46**:230
Shull, James D., **43**:197
Sims, Ethan A.H., **43**:1
Sisson, Janice F., **40**:145
Sjovall, Jan, **39**:31
Stanislaus, Dinesh, **50**:152
Steiner, Alton L., **42**:197
Stephenson, Katherine, **48**:157
Sterne-Marr, Rachel, **51**:193

T

Tahiliani, Arun G., **46**:165
Tamura, Tsunenobu, **40**:45
Tang, Yuting, **51**:315
Tocci, Michael J., **53**:27

U

Underhill, T. Michael, **51**:403
Uren, Anthony G., **53**:175

V

Vaher, Paul, **51**:371
Valentinis, Barbara, **53**:65
Vallejo, Mario, **51**:2
Vaux, David L., **53**:175

W

Walseth, Timothy F., **48**:199
Wang, Xiao-Fan, **48**:111
Watanabe, Yoshifumi, **51**:371
Weeks, Benjamin S., **47**:161
Weigel, Nancy L., **51**:289
Weiland, Nancy, **51**:371
Werner, Haim, **48**:1
White, Perrin C., **47**:187
Wimalawansa, Sunil, **46**:87
Wilson, Jean D., **43**:145

X

Xiao, Nianxing, **51**:315

Y

Yamamura, Keizo, **47**:161
Yang, Jun, **51**:315
Yingling, Jonathan M., **48**:111
York, D.A., **45**:1
Youdim, Moussa, **42**:109

Z

Zaidi, Mone, **46**:87